一级注册消防工程师
核心考点

主　　　　编：尚德机构学术中心
编委会主任：高智威　孙　鹏
参加编写人员：郭　新　李　瑶　李永琪
苏　雅　王杉杉

图书在版编目（CIP）数据

一级注册消防工程师核心考点 / 尚德机构学术中心主编 .
—北京：中国石化出版社，2020.1
ISBN 978-7-5114-5646-5

Ⅰ．①一… Ⅱ．①尚… Ⅲ．①消防－安全技术－资格
考试－自学参考资料 Ⅳ．① TU998.1

中国版本图书馆 CIP 数据核字 (2020) 第 020550 号

中国石化出版社出版发行
地址：北京市东城区安定门外大街 58 号
邮编：100011 电话：（010）57512500
发行部电话：（010）57512575
http://www.sinopec-press.com
E-mail:press@sinopec.com
三河市富华印刷包装有限公司印刷
全国各地新华书店经销
*
787×1092 毫米 1/16 开本 17 印张 420 千字
2020 年 5 月第 1 版 2020 年 5 月第 1 次印刷
定价：49.90 元

前 言

近年来，我们国家在经济建设上取得了一系列令全世界瞩目的辉煌成就。越来越多的乡村变为城市，高楼大厦越来越多、越来越密集。欣喜之余，我们也注意到，在经济飞速发展的背后，也埋下了很多消防安全隐患。仅 2018 年就有千余条生命葬身火海，直接经济损失更是高达 30 多亿。一级注册消防工程师资格证书作为消防安全领域最具含金量的证书，自 2015 年设立资格考试以来，热度始终居高不下。但现实是残酷的，即使每年已有逾百万考生参加考试，最终能顺利通过、拿到证书的却也不过数万人。

一方面，我们对这种低通过率的情况表示理解，毕竟安全大事，马虎不得，所以考试务必严格且全面，并不是轻轻松松就能够通过的。但另一方面，我们更希望越来越多的人能够了解消防规定，投身消防事业。所以，为了能够助各位同学一臂之力，我们积极创新，删繁就简，在全面把握官方教材的基础上，将《消防安全技术综合能力》《消防安全技术实务》《消防安全案例分析》原先总计 1500 余页的教材整合为同学们面前这本 200 多页的三合一宝典。

在内容上，我们补充了各篇章的分数占比，整理归纳出消防考试的重点难点内容和高频考点，方便同学们能够准确把握重点，让学习变得简单高效。

在形式上，我们摒弃了过去的长篇大论，概括为一目了然的表格，并辅以最具代表性的练习题目，方便同学们海量记忆，精准记忆，再以练习促进学习。

所以，如果大家志在拿下一级消防工程师考试而又受时间所困不能精读教材，这本三合一的宝典绝对是大家通关路上的良师益友。对于希望一次性通过考试的同学，推荐你们关注我们的精讲课程，课程与这本书相辅相成，紧密结合。即使是零基础的同学，相信也能够迅速入门并且快速进步。

对于拿到这本书的你，我们始终是抱着钦佩之情的。我们钦佩你在繁忙的生活中挤出时间学习的态度，更钦佩你想要通过学习提高自我，改变命运的决心。所以，我们衷心地祝愿每一位考生，都能早日取得理想的成绩，成为想成为的人，过上理想的生活！

目 录

第一篇 消防法及相关法律法规与消防职业道德

第一章 消防法及相关法律法规 …… 1

第一节 中华人民共和国消防法 …… 1

第二节 相关法律 …… 6

第三节 部门规章 …… 8

第二章 消防工程师的职业道德 …… 13

第二篇 消防安全管理

第一章 社会单位消防安全管理 …… 15

第一节 消防安全重点单位 …… 15

第二节 消防安全组织及其职责 …… 17

第三节 消防安全制度及其落实 …… 18

第四节 消防安全重点部位的确定和管理 …… 20

第五节 火灾隐患及重大火灾隐患的判定 …… 21

第六节 消防档案 …… 24

第二章 社会单位消防安全宣传与教育培训 …… 24

第三章 应急预案编制与演练 …… 25

第一节 应急预案编制 …… 25

第二节 应急预案演练 …… 26

第四章 施工现场消防安全管理 …… 27

第一节 施工现场的火灾风险 …… 27

第二节 施工现场总平面布局 …… 28

第三节 施工现场内建筑的防火要求 …… 29

第四节 施工现场临时消防设施设置 …… 30

第五节 施工现场的消防安全管理 …… 32

第五章 大型群众性活动消防安全管理 …… 34

第三篇　消防安全评估

第一章　概述 ……36

第二章　火灾风险识别 ……37

第三章　火灾风险评估方法 ……38

第四章　建筑性能化防火设计和评估 ……39

第四篇　消防基础知识

第一章　燃烧 ……41

第一节　燃烧条件 ……41

第二节　燃烧类型及其特点 ……41

第三节　燃烧产物 ……43

第二章　火灾 ……44

第一节　火灾的定义、分类与危害 ……44

第二节　建筑火灾发展及蔓延的机理 ……45

第三节　防火和灭火的基本原理与方法 ……46

第三章　爆炸 ……46

第四章　易燃易爆危险品 ……48

第五篇　建筑防火

第一章　生产和储存物品的火灾危险性分类 ……50

第一节　生产的火灾危险性分类 ……50

第二节　储存物品的火灾危险性分类 ……51

第二章　建筑分类和耐火等级 ……53

第三章　总平面布局与平面布置 ……57

第一节　建筑消防安全布局 ……57

第二节　建筑防火间距 ……58

第三节　平面布置 ……62

第四节　救援设施 ……66

第四章　防火防烟分区与分隔 ……68

第一节　防火分区 ……68

第二节　防火分隔 ……70

第三节　防火分隔设施 ……70

第四节　防烟分区 ……73

第五章　安全疏散 ……74

第一节　安全疏散基本参数 ……74

第二节　安全出口与疏散出口 ……78
第三节　疏散走道与避难走道 ……81
第四节　疏散楼梯与楼梯间 ……83
第五节　避难层（间） ……86
第六节　逃生疏散辅助设施 ……87
第六章　建筑防爆 ……88
第一节　建筑防爆基本原则和措施 ……88
第二节　爆炸危险性厂房、库房的布置 ……89
第三节　爆炸危险性建筑的构造防爆 ……92
第四节　爆炸危险环境电气防爆 ……93
第七章　建筑设备防火防爆 ……94
第一节　采暖系统防火防爆 ……94
第二节　通风与空调系统防火防爆 ……95
第三节　燃油、燃气设施防火防爆 ……96
第四节　锅炉房和变压器防火防爆 ……97
第八章　建筑装修、保温材料防火 ……99
第一节　装修材料的分类与分级 ……99
第二节　装修防火的通用要求 ……100
第三节　特殊功能部位与用房装饰防火要求 ……100
第四节　单层、多层、高层公共建筑装修防火 ……101
第五节　地下民用建筑装修防火 ……102
第六节　建筑外保温系统防火 ……102
第九章　其他建筑、场所防火 ……104
第一节　石油化工防火 ……104
第二节　地铁防火 ……106
第三节　城市交通隧道防火 ……108
第四节　加油加气站防火 ……110
第五节　发电厂与变电站防火 ……112
第六节　飞机库防火 ……114
第七节　汽车库、修车库防火 ……114
第八节　洁净厂房防火 ……117
第九节　信息机房防火 ……118
第十节　古建筑防火 ……119
第十一节　人民防空工程防火 ……120

第六篇　消防设施

第一章　建筑消防设施和消防控制室 …… 121

第一节　消防设施安装调试与检测 …… 121

第二节　消防设施维护管理 …… 122

第三节　消防控制室管理 …… 123

第二章　消防给水系统 …… 126

第一节　系统构成及给水设施 …… 126

第二节　系统组件（设备）安装前检查 …… 131

第三节　系统安装调试与检测验收 …… 133

第三章　消火栓系统 …… 136

第一节　室外消火栓系统 …… 136

第二节　室内消火栓系统 …… 138

第三节　系统维护管理 …… 141

第四章　自动喷水灭火系统 …… 143

第一节　系统分类与组成 …… 143

第二节　系统工作原理与适用范围 …… 144

第三节　系统设计主要参数 …… 145

第四节　系统主要组件及设置要求 …… 147

第五节　系统控制 …… 150

第六节　系统组件（设备）安装前检查 …… 151

第七节　系统组件安装调试与检测验收 …… 152

第八节　维护管理 …… 157

第五章　水喷雾灭火系统 …… 159

第一节　灭火机理与分类 …… 159

第二节　工作原理与适用范围 …… 159

第三节　设计参数 …… 161

第四节　系统组件及设置要求 …… 161

第五节　系统组件（设备）安装前检查 …… 162

第六节　系统安装调试与检测验收 …… 163

第七节　维护管理 …… 164

第六章　细水雾灭火系统 …… 165

第一节　灭火机理与分类 …… 165

第二节　工作原理与适用范围 …… 166

第三节　系统设计参数 …… 167

第四节　组件（设备）安装前检查 …… 168

第五节　安装调试与检测验收 …… 168
第七章　气体灭火系统 …… 170
第一节　系统灭火机理 …… 170
第二节　系统分类和组成 …… 170
第三节　系统工作原理与控制方式 …… 171
第四节　系统适用范围 …… 172
第五节　系统设计参数 …… 173
第六节　系统组件及设置要求 …… 175
第七节　组件（设备）安装前检查 …… 176
第八节　安装调试与检测验收 …… 176
第九节　维护管理 …… 179
第八章　泡沫灭火系统 …… 180
第一节　灭火机理 …… 180
第二节　系统组成和分类 …… 180
第三节　系统形式的选择 …… 181
第四节　系统设计要求 …… 183
第五节　组件及设置要求 …… 185
第六节　泡沫液和系统组件现场检查 …… 187
第七节　系统组件安装调试与检测验收 …… 187
第八节　系统维护管理 …… 191
第九章　干粉灭火系统 …… 192
第一节　灭火剂的种类及其灭火机理 …… 192
第二节　系统的组成和分类 …… 192
第三节　系统工作原理及适用范围 …… 193
第四节　系统设计参数 …… 194
第五节　系统组件及设置要求 …… 195
第六节　系统组件（设备）安装前检查 …… 196
第七节　系统组件安装调试与检测验收 …… 197
第八节　系统维护管理 …… 199
第十章　建筑灭火器 …… 200
第一节　灭火器的分类 …… 200
第二节　灭火器的构造 …… 202
第三节　灭火器的灭火机理与适用范围 …… 203
第四节　灭火器的配置要求 …… 205
第五节　安装设置 …… 207

第六节　竣工验收 …………………………………………………………… 208
第七节　维护管理 …………………………………………………………… 209
第十一章　防烟排烟系统 ……………………………………………………… 212
第一节　基础知识 …………………………………………………………… 212
第二节　自然通风与自然排烟 ……………………………………………… 213
第三节　机械加压送风系统 ………………………………………………… 214
第四节　机械排烟系统 ……………………………………………………… 217
第五节　系统组件（设备）安装前检查 …………………………………… 219
第六节　系统安装检测与调试 ……………………………………………… 220
第七节　系统验收 …………………………………………………………… 221
第八节　系统维护管理 ……………………………………………………… 222
第十二章　消防供配电与电气防火 …………………………………………… 223
第一节　消防用电及负荷等级 ……………………………………………… 223
第二节　消防电源供配电系统 ……………………………………………… 224
第三节　防火措施的检查 …………………………………………………… 225
第十三章　消防应急照明和疏散指示系统 …………………………………… 227
第一节　系统分类与构成 …………………………………………………… 227
第二节　系统的功能与性能要求 …………………………………………… 228
第三节　系统设计要求 ……………………………………………………… 229
第四节　系统安装与调试 …………………………………………………… 233
第五节　系统检测验收与运行维护 ………………………………………… 237
第十四章　火灾自动报警系统 ………………………………………………… 239
第一节　火灾探测器、手动火灾报警按钮和火灾自动报警系统分类 …… 239
第二节　系统组成及适用范围 ……………………………………………… 240
第三节　系统设计要求 ……………………………………………………… 241
第四节　可燃气体探测报警系统 …………………………………………… 247
第五节　电气火灾监控系统 ………………………………………………… 248
第六节　消防控制室 ………………………………………………………… 249
第七节　系统安装调试 ……………………………………………………… 250
第八节　系统检测与维护 …………………………………………………… 255
第十五章　城市消防远程监控系统 …………………………………………… 257
第一节　系统组成 …………………………………………………………… 257
第二节　系统设计 …………………………………………………………… 257
第三节　系统安装与调试 …………………………………………………… 259
第四节　系统检测与维护 …………………………………………………… 259

第一篇　消防法及相关法律法规与消防职业道德

第一章　消防法及相关法律法规

第一节　中华人民共和国消防法

一、消防工作的方针、原则和责任制

消防法总则

考　点	内　容
方针	**预防为主，防消结合**
原则	**政府**统一领导，**部门**依法监管，**单位**全面负责，**公民**积极参与
制度	实行消防安全责任制，建立健全社会化的消防工作网络
领导	国务院领导全国的消防工作，地方各级人民政府负责本行政区域内的消防工作

【强化练习】

【单选题】

1. 根据《中华人民共和国消防法》的规定，消防工作贯彻的方针是（　）。

A. 消防为主、防消结合　　B. 预防为主、防消结合

C. 消防为主、防治结合　　D. 预防为主、防治结合

【正确答案】B

【解析】《消防法》在总则中规定消防工作贯彻预防为主、防消结合的方针。

二、单位及个人的消防安全责任

主　体	责　任
单位	（1）落实消防安全责任制，制定本单位的消防安全制度、消防安全操作规程，制定灭火和应急疏散预案； （2）按照国家标准、行业标准配置消防设施、器材，设置消防安全标志，并定期组织检验、维修，确保完好有效； （3）对建筑消防设施**每年至少进行一次**全面检测，确保完好有效，检测记录应当完整准确，存档备查； （4）保障疏散通道、安全出口、消防车通道畅通，保证防火防烟分区、防火间距符合消防技术标准； （5）组织防火检查，及时消除火灾隐患； （6）组织进行有针对性的消防演练； （7）法律、法规规定的其他消防安全职责

续表

主　体	责　任
消防安全重点单位	除履行单位消防安全职责外，还应当履行特殊的消防安全职责： （1）确定消防安全管理人，组织实施本单位的消防安全管理工作； （2）建立消防档案，确定消防安全重点部位，设置防火标志，实行严格管理； （3）实行每日防火巡查，并建立巡查记录； （4）对职工进行岗前消防安全培训，定期组织消防安全培训和消防演练
县级以上地方人民政府消防救援机构	将发生火灾可能性较大以及发生火灾可能造成重大的人身伤亡或者财产损失的单位，确定为本行政区域内的消防安全重点单位，并由应急管理部门报本级人民政府备案
同一建筑物由**两个以上单位管理**或者使用的	应当**明确各方**的消防安全**责任**，并确定责任人对共用的疏散通道、安全出口、建筑消防设施和消防车通道进行**统一管理**
公民和单位	（1）维护消防安全、保护消防设施、预防火灾、报告火警的义务；任何单位（和成年人）都有参加有组织的灭火工作的义务； （2）不得损坏、挪用或者擅自拆除、停用消防设施、器材，不得埋压、圈占、遮挡消火栓或者占用防火间距，不得占用、堵塞、封闭疏散通道、安全出口、消防车通道； （3）有权对**住房和城乡建设主管部门、消防救援机构**及其工作人员在执法中的违法行为进行检举、控告； （4）发现火灾应当立即报警，无偿为报警提供便利，不得阻拦报警；严禁谎报警情； （5）火灾扑灭后，相关人员应当按照消防救援机构的要求保护现场，接受事故调查，如实提供与火灾有关的情况

【强化练习】

【单选题】

1. 根据《消防法》中关于单位消防安全责任的规定，对建筑消防设施每年至少进行（　）次全面检测，确保完好有效，检测记录应当完整准确，存档备查。

A. 一　　B. 两　　C. 三　　D. 四

【正确答案】A

【解析】根据《消防法》中关于单位消防安全责任的规定，对建筑消防设施每年至少进行一次全面检测，确保完好有效，检测记录应当完整准确，存档备查。

三、公众聚集场所、大型群众性活动消防安全要求

场所 / 活动	消防安全检查 / 要求
公众聚集场所	（1）投入使用、营业前，建设单位或者使用单位向场所所在地的县级以上地方人民政府消防救援机构申请消防安全检查； （2）消防救援机构自申请之日起 10 个工作日内对场所进行消防安全检查； （3）对未经消防安全检查或者检查不合格的，擅自投入使用、营业的，直接给予责令停止施工、停止使用、停产停业和罚款等行政处罚
举办大型群众性活动	举办大型群众性活动时，**承办人**应当依法向公安机关申请安全许可，制定灭火和应急疏散预案并组织演练，明确消防安全责任分工，确定消防安全管理人员，保持消防设施和消防器材配置齐全、完好有效，保证疏散通道、安全出口、疏散指示标志、应急照明和消防车通道符合消防技术标准和管理规定

【强化练习】

【单选题】

1.《消防法》明确了消防救援机构实施消防安全检查的时限和工作要求，规定消防救援机构应当自受理申请之日起（　）个工作日内，根据消防技术标准和管理规定，对该场所进行消防安全检查。

A. 11　　B. 12　　C. 10　　D. 8

【正确答案】C

【解析】《消防法》明确了消防救援机构实施消防安全检查的时限和工作要求，规定消防救援机构应当自受理申请之日起 10 个工作日内，根据消防技术标准和管理规定，对该场所进行消防安全检查。

四、消防产品监督管理

考　点	内　容
消防产品监督管理制度	明确了消防产品的基本要求，规定消防产品**必须符合国家标准**；没有国家标准的，**必须符合行业标准**。禁止生产、销售或者使用不合格的消防产品以及国家明令淘汰的消防产品
	明确了消防产品强制认证制度，规定依法实行强制性产品认证的消防产品，应由具有法定资质的认证机构按照国家标准、行业标准的强制性要求认证合格后，方可生产、销售、使用
	明确了消防产品的监督管理主体，规定产品质量监督部门、工商行政管理部门、消防救援机构应当按照各自职责加强对消防产品质量的监督检查，并依法进行处罚

【强化练习】

【多选题】

1.（**2018 年真题**）某会展中心工程按照现行国家标准设计了火灾自动报警系统、自动喷水灭火系统、防排烟系统和消火栓系统等消防设施。根据《中华人民共和国消防法》，下列选择使用消防产品的要求正确的有（　）。

A. 有国家标准的消防产品必须符合国家标准

B. 优先选用专业消防设备生产厂生产的消防产品

C. 没有国家标准的消防产品，必须符合行业标准

D. 优先选用经技术鉴定的消防产品

E. 禁止使用不合格的消防产品以及国家明令淘汰的消防产品

【正确答案】ACE

【解析】《中华人民共和国消防法》明确了消防产品的基本要求，规定消防产品必须符合国家标准；没有国家标准的，必须符合行业标准。禁止生产、销售或者使用不合格的消防产品以及国家明令淘汰的消防产品。

五、法律责任的规定

《消防法》处罚行为	罚款 / 拘留
依法应当进行消防设计审查的建设工程，**未经依法审查或者审查不合格**，擅自施工的	责令停止施工，并处 3 万元以上 30 万元以下罚款
建筑施工企业不按照消防设计文件和消防技术标准施工，**降低消防质量**的	责令改正或停止施工，并处 1 万元以上 10 万元以下罚款
消防技术服务机构出具**虚假文件**的	责令改正，处 5 万元以上 10 万元以下罚款；并对直接负责的主管人员和其他直接责任人员处 1 万元以上 5 万元以下罚款

【知识拓展】

本部分高频考点为具体行为的处罚，教材未提及，现做如下总结：

行　为	处罚对象	罚款 / 拘留
（1）破坏设施器材，妨碍疏散 （2）埋压、圈占、遮挡消火栓	个人	500 元以下
非人员密集场所使用不符合市场准入、不合格、国家明令淘汰的消防产品	个人	500 元以下
	非经营场所	500 元以上 1000 元以下
	经营场所	5000 元以上 10000 元以下
人员密集场所使用不合格的消防产品或者国家明令淘汰的消防产品	个人	500 元以上 2000 元以下
	单位	5000 元以上 50000 元以下
电器产品、燃气用具的安装、使用及其线路、管路的设计等不符合规定	单位	1000 元以上 5000 元以下
未在验收后报住房和城乡建设主管部门备案	建设单位	5000 元以下
（1）消防设施、器材或者消防安全标志的配置、设置不符合国家标准、行业标准，或者未保持完好有效的；（2）损坏、挪用或者擅自拆除、停用消防设施、器材的；（3）占用、堵塞、封闭疏散通道、安全出口或者有其他妨碍安全疏散行为的；（4）埋压、圈占、遮挡消火栓或者占用防火间距的；（5）占用、堵塞、封闭消防车通道，妨碍消防车通行的；（6）人员密集场所在门窗上设置影响逃生和灭火救援的障碍物的；（7）对火灾隐患经消防救援机构通知后不及时采取措施消除的；（8）生产、储存、经营易燃易爆危险品的场所与居住场所设置在同一建筑物内，或者未与居住场所保持安全距离的	单位	5000 元以上 50000 元以下

续表

行　为	处罚对象	罚款 / 拘留
（1）违反消防安全规定进入生产、储存易燃易爆危险品场所的；（2）违反规定使用明火作业或者在具有火灾、爆炸危险的场所吸烟、使用明火的	/	轻微：警告或者500元以下罚款； 严重：处五日以下拘留
（1）指使或者强令他人违反消防安全规定，冒险作业的；（2）过失引起火灾的；（3）在火灾发生后阻拦报警，或者负有报告职责的人员不及时报警的；（4）扰乱火灾现场秩序，或者拒不执行火灾现场指挥员指挥，影响灭火救援的；（5）故意破坏或者伪造火灾现场的；（6）擅自拆封或者使用被消防救援机构查封的场所、部位的	个人	轻微：处警告或者500元以下罚款； 严重：处十日以上十五日以下拘留，可以并处500元以下罚款
人员密集场所发生火灾，工作人员不履行组织、引导在场人员疏散的义务	工作人员	严重：不构成犯罪的，处五日以上十日以下拘留

【强化练习】

【单选题】

1.（**2018年真题**）某商业广场首层为超市，设置了12个安全出口。超市经营单位为了防盗封闭了10个安全出口。根据《中华人民共和国消防法》，消防部门在责令超市经营单位改正的同时，应当并处（　）。

A. 五千元以上五万元以下罚款　　B. 责任人五日以下拘留

C. 一千元以上五千元以下罚款　　D. 警告或者五百元以下罚款

【正确答案】A

【解析】根据《中华人民共和国消防法》第六十条，单位违反本法规定，有下列行为之一的，责令改正，处五千元以上五万元以下罚款：占用、堵塞、封闭疏散通道、安全出口或者有其他妨碍安全疏散行为的，本题答案为A。

2.（**2017年真题**）某消防设施检测机构在某建设工程机械排烟系统未施工完成的情况下出具了检测结果为合格的《建筑消防设施检测报告》。根据《中华人民共和国消防法》，对该消防设施检查机构直接负责的主管人员和其他直接责任人员应予以处罚，下列罚款处罚中，正确的是（　）。

A. 五千元以上一万元以下罚款　　B. 一万元以上五万元以下罚款

C. 五万元以上十万元以下罚款　　D. 十万元以上二十万元以下罚款

【正确答案】B

【解析】消防产品质量认证、消防设施检测等消防技术服务机构出具虚假文件的，责令改正，处五万元以上十万元以下罚款，并对直接负责的主管人员和其他直接责任人员处一万元以上五万元以下罚款；有违法所得的，并处没收违法所得；给他人造成损失的，依法承担赔偿责任；情节严重的，由原许可机关依法责令停止执业或者吊销相应资质、资格。

第二节 相关法律

一、中华人民共和国行政处罚法

<table>
<tr><th>考　点</th><th colspan="2">内　容</th></tr>
<tr><td>行政处罚的种类</td><td colspan="2">警告；罚款；没收违法所得，没收非法财物；责令停产停业；暂扣或吊销许可证，暂扣或吊销执照；行政拘留；法律、行政法规规定的其他行政处罚。</td></tr>
<tr><td>行政处罚的原则</td><td colspan="2">（1）处罚法定原则；
（2）处罚公正、公开原则；
（3）处罚与教育相结合原则；
（4）权利保障原则。行政相对人享有陈述权、申辩权、申请复议权、行政诉讼权、要求行政赔偿的权利以及要求举行听证的权利；
（5）一事不再罚原则。即对行为人的同一个违法行为，不得给予两次及以上的处罚</td></tr>
<tr><td rowspan="3">行政处罚的程序</td><td>程　序</td><td>适用情况</td></tr>
<tr><td>简易程序</td><td>违法事实确凿并有法定依据，可以当场做出的对公民处以较少罚款、对法人或者其他组织处以较少罚款或警告的行政处罚。</td></tr>
<tr><td>一般程序
（受案、调查取证、告知、听取申辩和质证、决定）</td><td>听证程序只适用于行政机关做出责令停产停业、吊销许可证或者执照、较大数额罚款等行政处罚。</td></tr>
</table>

【知识拓展】

当事人逾期不履行行政处罚决定的，做出行政处罚决定的行政机关可以采取下列措施：

（1）到期不缴纳罚款的，每日按罚款数额的 3% 加处罚款；

（2）根据法律规定，将查封、扣押的财物拍卖或者将冻结的存款划拨抵缴罚款；

（3）申请人民法院**强制执行**。

【强化练习】

【单选题】

1.（**2018 年真题**）某消防技术服务机构，超越资质许可范围开展消防安全评估业务，消防部门依法责令其改正，并处一万五千元罚款，该机构到期未缴纳罚款。根据《中华人民共和国行政处罚法》，消防部门可以采取（　）的措施。

A. 限制法定代表人的人身自由　　　B. 吊销消防安全评估资质

C. 申请人民法院强制执行　　　　　D. 强制执行

【正确答案】C

【解析】根据《中华人民共和国行政处罚法》第五十一条，当事人逾期不履行行政处罚决定的，做出行政处罚决定的行政机关可以采取下列措施：(1) 到期不缴纳罚款的，每日按罚款数额的百分之三加处罚款；(2) 根据法律规定，将查封、扣押的财物拍卖或者将冻结的存款划拨抵缴罚款；(3) 申请人民法院强制执行。

二、《中华人民共和国刑法》

罪　责	行　为
失火罪	由于行为**人的过失**引起火灾，造成严重后果，危害公共安全
消防责任事故罪	违反消防管理法规，**经消防监督机构通知采取改正措施而拒绝执行**，造成严重后果，危害公共安全
重大责任事故罪	在生产、作业中**违反有关安全管理的规定**，因而发生重大伤亡事故或者造成其他严重后果
强令违章冒险作业罪	**强令他人违章冒险作业**，因而发生重大伤亡事故或者造成其他严重后果
重大劳动安全事故罪	**安全生产设施或者安全生产条件不符合国家规定**，因而发生重大伤亡事故或者造成其他严重后果
大型群众性活动重大安全事故罪	举办**大型群众性活动违反安全管理规定**，因而发生重大伤亡事故或者造成其他严重后果

【知识拓展】

<table>
<tr><th rowspan="2">罪　名</th><th colspan="4">立案标准</th><th colspan="3">刑　罚</th></tr>
<tr><th>死</th><th>伤</th><th>损失</th><th>其他</th><th>轻</th><th>严重</th><th>特别严重</th></tr>
<tr><td>失火罪</td><td rowspan="7">1 人以上</td><td rowspan="7">3 人以上</td><td>50 万以上</td><td>10 户以上
森林 2 公顷以上
其他 4 公顷以上</td><td>3 年以下</td><td colspan="2">3 ~ 7 年</td></tr>
<tr><td>消防责任事故罪</td><td rowspan="2">100 万以上</td><td rowspan="2">/</td><td rowspan="6">/</td><td rowspan="2">3 年以下</td><td rowspan="2">3 ~ 7 年</td></tr>
<tr><td>重大责任事故罪</td></tr>
<tr><td>强令违章冒险作业罪</td><td>50 万以上</td><td>矿山 100 万以上</td><td>5 年以下</td><td>5 年以上</td></tr>
<tr><td>重大劳动安全事故罪</td><td rowspan="2">100 万以上</td><td rowspan="3">/</td><td>3 年以下</td><td>3 ~ 7 年</td></tr>
<tr><td>大型群众性活动重大安全事故罪</td><td>3 年以下</td><td>3 ~ 7 年</td></tr>
<tr><td>工程重大安全事故罪</td><td>50 万以上</td><td>5 年以下</td><td>5 ~ 10 年</td></tr>
</table>

【强化练习】

【单选题】

1.（2018 年真题）某服装生产企业在厂房内设置了 15 人住宿的员工宿舍，总经理陈某拒绝执行消防部门责令搬迁员工宿舍的通知。某天深夜，该厂房发生火灾，造成员工宿舍内的两名员工死亡。根据《中华人民共和国刑法》，陈某犯消防责任事故罪，后果严重，应以予以处（　）。

A. 三年以下有期徒刑或者拘役　　B. 七年以上十年以下有期徒刑

C. 五年以上七年以下有期徒刑　　D. 三年以上五年以下有期徒刑

【正确答案】A

【解析】消防责任事故罪是指违反消防管理法规，经消防监督机构通知采取改正措施而拒绝执行，造成严重后果，危害公共安全的行为。根据《刑法》第一百三十九条第一款规定，违反消防管理法规，经消防监督机构通知采取改正措施而拒绝执行，造成严重后果的，处 3 年以下有期徒刑或者拘役；后果特别严重的，处 3 年以上 7 年以下有期徒刑。

第三节　部门规章

一、《机关、团体、企业、事业单位消防安全管理规定》

考　点	内　容
消防安全责任人、消防安全管理人的确定	单位应当确定消防安全责任人、消防安全管理人，并依法报当地消防救援机构备案。法人单位的法定代表人或者非法人单位的主要负责人，对本单位的消防安全工作全面负责
责任人的消防安全职责	（1）贯彻执行消防法规，保证单位消防安全符合规定，掌握本单位的消防安全情况； （2）将消防工作与本单位的生产、科研、经营、管理等活动统筹安排，批准实施年度消防工作计划； （3）为本单位的消防安全提供必要的经费和组织保障； （4）确定逐级消防安全责任，批准实施消防安全制度和保障消防安全的操作规程； （5）组织防火检查，督促落实火灾隐患整改，及时处理涉及消防安全的重大问题； （6）根据消防法规的规定建立专职消防队、志愿消防队； （7）组织制定符合本单位实际的灭火和应急疏散预案，并实施演练
管理人的消防安全职责	（1）拟订年度消防工作计划，组织实施日常消防安全管理； （2）组织制订消防安全制度和保障消防安全的操作规程并检查督促其落实； （3）拟订消防安全工作的资金投入和组织保障方案； （4）组织实施防火检查和火灾隐患整改工作； （5）组织实施对本单位消防设施、灭火器材和消防安全标志的维护保养，确保其完好有效，确保疏散通道和安全出口畅通； （6）组织管理专职消防队和志愿消防队； （7）在员工中组织开展消防知识、技能的宣传教育和培训，组织灭火和应急疏散预案的实施和演练； （8）单位消防安全责任人委托的其他消防安全管理工作

续表

考　点	内　容	
防火检查	单　位	频　率
	消防安全重点单位	**每日**进行防火巡查
	公众聚集场所	营业期间的防火巡查**至少每两小时一次**
	医院、养老院、寄宿制学校、托儿所、幼儿园	**加强夜间防火巡查**
	机关、团体、事业单位	**至少每季度**进行一次防火检查
	其他单位	**至少每月**进行一次防火检查
	消防安全重点单位	至少**每年**进行一次
	公众聚集场所	至少**每半年**进行一次
	单位（新上岗和进入新岗位的员工）	上岗前的消防安全培训
	消防安全重点单位	至少**每半年**进行一次
	其他单位	至少**每年**组织一次
建立消防档案	消防安全重点单位应当建立健全包括**消防安全基本情况**和**消防安全管理情况**的消防档案，并统一保管、备查	

【强化练习】

【单选题】

1.（**2018 年真题**）某 5 层购物中心，建筑面积 80000m^2，根据《机关、团体、企业、事业单位消防安全管理规定》（公安部令第 61 号），该购物中心在营业期间的防火巡查应当至少（　）。

A. 每日一次　　　　B. 每八小时一次

C. 每四小时一次　　　　D. 每两小时一次

【正确答案】D

【解析】本题考查公众聚集场所营业期间的防火巡查要求。公众聚集场所营业期间的防火巡查应当至少每两小时一次；营业结束时应当对营业现场进行检查，消除遗留火种。因此，本题正确答案为 D。

2.（**2017 年真题**）关于消防安全管理人及其职责的说法，错误的是（　）。

A. 消防安全管理人应是单位中负有一定领导职责和权限的人员

B. 消防安全管理人应负责拟定年度消防工作计划，组织制定消防安全制度

C. 消防安全管理人应每日测试主要消防设施功能并及时排除故障

D. 消防安全管理人应组织实施防火检查和火灾隐患整改工作

【正确答案】C

【解析】消防安全管理人是指单位中负有一定领导职务和权限的人员，受消防安全责任人委托，具体负责管理单位的消防安全工作，对消防安全责任人负责。消防安全管理人应当履行下列消防安全责任：(1) 拟订年度消防工作计划，组织实施日常消防安全管理工作。(2) 组织制订消防安全制度和保障消防安全的操作规程并检查督促其落实。(3) 拟订消防安全工作的资金投入和组织保障方案。(4) 组织实施防火检查和火灾隐患整改工作。(5) 组织实施对本单位消防设施、灭火器材和消防安全标志的维护保养，确保其完好有效，确保疏散通道和安全出口畅通。(6) 组织管理专职消防队和志愿消防队。(7) 在员工中组织开展消防知识、技能的宣传教育和培训，组织灭火和应急疏散预案的实施和演练。(8) 完成单位消防安全责任人委托的其他消防安全管理工作。

二、《社会消防安全教育培训规定》

考　点	内　容
在建工程的施工单位应当开展下列消防安全教育工作	(1) 建设工程施工前应当对施工人员进行消防安全教育； (2) 在建设工地醒目位置、施工人员集中住宿场所设置消防安全宣传栏，悬挂消防安全挂图和消防安全警示标识； (3) 对明火作业人员进行经常性的消防安全教育； (4) 组织灭火和应急疏散演练
消防安全培训机构	国家机构以外的社会组织或者个人利用非国家财政性经费，创办消防安全专业培训机构，面向社会从事消防安全专业培训的，应当经**省级教育行政部门或者人力资源社会保障部门**依法批准，并到省级民政部门申请民办非企业单位登记

【强化练习】

【单选题】

1.（2018 年真题）某在建工程的施工单位对施工人员开展消防安全教育培训，根据《社会消防安全教育培训规定》(公安部令第 109 号)，该施工单位开展消防安全教育培训的方法和内容不包括（　）。

A. 工程施工前对施工人员进行消防安全教育

B. 在工地醒目位置、住宿场所设置消防安全宣传栏和警示标识

C. 对施工人员进行消防产品进场检验方法培训

D. 对明火作业人员进行经常性的消防安全教育

【正确答案】C

【解析】在建工程的施工单位应当开展下列消防安全教育工作：(1) 建设工程施工

前应当对施工人员进行消防安全教育；（2）在建设工地醒目位置、施工人员集中住宿场所设置消防安全宣传栏，悬挂消防安全挂图和消防安全警示标识；（3）对明火作业人员进行经常性的消防安全教育；（4）组织灭火和应急疏散演练。

2.**（2017 年真题）**老张从部队转业后，准备个人出资创办一家消防安全专业培训机构，面向社会从事消防安全专业培训，他应当经（ ）或者人力资源和社会保障部门依法批准，并向同级人民政府部门申请民办非企业单位登记。

A. 省级教育行政部门　　　　B. 省级公安机关消防救援机构

C. 地市级教育行政部门　　　D. 地市级公安机关消防救援机构

【正确答案】A

【解析】国家机构以外的社会组织或者个人利用非国家财政性经费，创办消防安全专业培训机构，面向社会从事消防安全专业培训的，应当经省级教育行政部门或者人力资源社会保障部门依法批准，并到省级民政部门申请民办非企业单位登记。

三、《注册消防工程师管理规定》

<table>
<tr><th>考　点</th><th colspan="3">内　容</th></tr>
<tr><td>审批主体和监管职责</td><td colspan="3">（1）统一审批主体：一级、二级注册消防工程师注册统一由省级消防救援机构审批；
（2）明确监管职责：县级以上消防救援机构对本行政区域内注册消防工程师的注册、执业、继续教育实施指导和监督管理；
（3）推动行业自律</td></tr>
<tr><td rowspan="9">注册审批的条件和程序</td><td>审批部门</td><td colspan="2">省、自治区、直辖市消防救援机构</td></tr>
<tr><td>有效期</td><td colspan="2">三年，可延续注册</td></tr>
<tr><td>申请人条件</td><td colspan="2">（1）依法取得注册消防工程师资格证书；
（2）受聘于一个消防技术服务机构或者消防安全重点单位，并担任技术负责人、项目负责人或者消防安全管理人；
（3）无不予注册情形</td></tr>
<tr><td rowspan="3">注册形式</td><td>初始注册</td><td>应当自取得注册消防工程师资格证书之日起一年内提出</td></tr>
<tr><td>延续注册</td><td>注册有效期（三年）届满三个月前申请</td></tr>
<tr><td>变更注册</td><td>（1）变更聘用单位的；
（2）聘用单位名称变更的；
（3）注册消防工程师姓名变更的</td></tr>
<tr><td rowspan="2">注册消防工程师</td><td>受聘于消防技术服务机构</td><td>每个注册有效期应至少参与完成 3 个消防技术服务项目</td></tr>
<tr><td>受聘于消防安全重点单位</td><td>一个年度内应当至少签署 1 个消防安全技术文件</td></tr>
</table>

续表

<table>
<tr><th>考 点</th><th colspan="2">内 容</th></tr>
<tr><td>注册消防工程师不得有的行为</td><td colspan="2">（1）同时在两个以上消防技术服务机构，或者消防安全重点单位执业；
（2）以个人名义承接执业业务、开展执业活动；
（3）在聘用单位出具的虚假、失实消防安全技术文件上签名、加盖执业印章；
（4）变造、倒卖、出租、出借，或者以其他形式转让资格证书、注册证或者执业印章；
（5）超出本人执业范围或者聘用单位业务范围开展执业活动；
（6）不按照国家标准、行业标准开展执业活动，减少执业活动项目内容、数量，或者降低执业活动质量；
（7）违反法律、法规规定的其他行为</td></tr>
<tr><td>注册消防工程师注销注册情形</td><td colspan="2">注册消防工程师有下列情形之一的，注册审批部门应当予以注销注册，并将其注册证、执业印章收回或者公告作废：
（1）不具有完全民事行为能力或者年龄超过 70 周岁的；
（2）申请注销注册或者注册有效期满超过三个月未延续注册的；
（3）被撤销注册、吊销注册证的；
（4）执业期间受到刑事处罚的；
（5）聘用单位破产、解散、被撤销，或者被注销消防技术服务机构资质的；
（6）与聘用单位解除（终止）工作关系超过三个月的；
（7）法律、行政法规规定的其他情形</td></tr>
<tr><td rowspan="2">注册工程师的权利和义务</td><td>权利</td><td>（1）使用注册消防工程师称谓；
（2）在规定范围内从事消防安全技术执业活动；
（3）对违反相关法律、法规和技术标准的行为提出劝告，并向本级别注册审批部门或者上级主管部门报告；
（4）接受继续教育；
（5）获得与执业责任相应的劳动报酬；
（6）对侵犯本人权利的行为进行申诉</td></tr>
<tr><td>义务</td><td>（1）遵守法律、法规和有关管理规定，恪守职业道德；
（2）执行消防法律、法规、规章及有关技术标准；
（3）履行岗位职责，保证消防安全技术执业活动质量，并承担相应责任；
（4）保守知悉的国家秘密和聘用单位的商业、技术秘密；
（5）不得允许他人以本人名义执业；
（6）不断更新知识，提高消防安全技术能力；
（7）完成注册管理部门交办的相关工作</td></tr>
</table>

【强化练习】

【单选题】

1.**（2018 年真题）**高某取得了国家一级注册消防工程师资格，受聘于某消防技术服务机构并依法注册。高某在每个注册有效期应当至少参与完成（ ）个消防技术服务项目。

A. 10　　B. 7　　C. 5　　D. 3

【正确答案】D

【解析】受聘于消防技术服务机构的注册消防工程师，每个注册有效期应当至少参与完成 3 个消防技术服务项目；受聘于消防安全重点单位的注册消防工程师，一个年度内应当至少签署 1 个消防安全技术文件。

2.（**2017 年真题**）注册消防工程师享有诸多权利，但享有的权利不包括（　）。

A. 接受继续教育

B. 在规定范围内从事消防安全技术职业活动

C. 对侵犯本人权利的行为进行申诉

D. 不得允许他人以本人名义执业

【正确答案】D

【解析】注册消防工程师享有以下权利：（1）使用注册消防工程师称谓；（2）在规定范围内从事消防安全技术执业活动；（3）对违反相关法律、法规和技术标准的行为提出劝告，并向本级别注册审批部门或者上级主管部门报告；（4）接受继续教育；（5）获得与执业责任相应的劳动报酬；（6）对侵犯本人权利的行为进行申诉。D 选项为义务。

第二章　消防工程师的职业道德

考　点		内　容
注册消防工程师职业道德	特点	（1）具有执行消防法规标准的原则性； （2）具有维护社会公共安全的责任性； （3）具有高度的服务性； （4）具有与社会经济联系的密切性
	原则的作用	（1）指导、制约； （2）处理职业关系最基本的出发点和归宿
	根本原则	（1）**维护公共安全**原则；（2）**诚实守信**原则
	规范	（1）爱岗敬业；（2）依法执业；（3）客观公正；（4）公平竞争；（5）提高技能；（6）保守秘密；（7）奉献社会
职业道德修养的内容		（1）理论修养；（2）业务知识修养；（3）人生观修养；（4）职业道德品质修养
加强职业道德修养的途径和方法		（1）自我反思；（2）向榜样学习；（3）坚持“慎独”；（4）提高道德选择能力

【强化练习】

【单选题】

1.（**2015 年真题**）注册消防工程师职业道德最根本的原则是（　）和诚实守信。

A. 确保经济效益　　　　B. 维护公共安全

C. 确保工程进度　　　　　　　　　D. 团结协作配合

【正确答案】B

【解析】注册消防工程师职业道德最根本原则的包括：维护公共安全原则和诚实守信原则。故B选项正确。

第二篇　消防安全管理

第一章　社会单位消防安全管理

第一节　消防安全重点单位

一、消防安全重点单位的界定标准

场　所	界定标准
商场（市场）、宾馆（饭店）、体育场（馆）、会堂、公共娱乐场所等公众聚集场所	（1）建筑面积在 1000m²（含本数，下同）以上且经营可燃商品的商场（商店、市场）； （2）客房数在 50 间以上的（旅馆、饭店）； （3）公共的体育场（馆）、会堂； （4）建筑面积在 200m² 以上的公共娱乐场所
医院、养老院和寄宿制的学校、托儿所、幼儿园	（1）住院床位在 50 张以上的医院； （2）老人住宿床位在 50 张以上的养老院； （3）学生住宿床位在 100 张以上的学校； （4）幼儿住宿床位在 50 张以上的托儿所、幼儿园
国家机关	（1）县级以上的党委、人大、政府、政协； （2）县级以上的监察委、人民检察院、人民法院； （3）中央和国务院各部委； （4）共青团中央、全国总工会、全国妇联等的办事机关
广播、电视和邮政、通信枢纽	（1）广播电台、电视台； （2）城镇的邮政和通信枢纽单位
客运车站、码头、民用机场	（1）候车厅、候船厅的建筑面积在 500m² 以上客运车站和客运码头； （2）民用机场
公共图书馆、展览馆、博物馆、档案馆以及具有火灾危险性的文物保护单位	（1）建筑面积在 2000m² 以上的公共图书馆、展览馆； （2）公共博物馆、档案馆； （3）具有火灾危险性的县级以上文物保护单位
发电厂（站）和电网经营企业	/
易燃易爆危险化学品的生产、充装、储存、供应、销售单位	（1）生产易燃易爆危险化学品的工厂； （2）易燃易爆气体和液体的灌装站、调压站； （3）储存易燃易爆危险化学品的专用仓库（堆场、储罐场所）； （4）易燃易爆危险化学品的专业运输单位； （5）营业性汽车加油站、加气站，液化石油气供应站（换瓶站）； （6）经营易燃易爆危险化学品的化工商店（由省级消防救援机构根据实际情况确定）
劳动密集型生产、加工企业	生产车间员工在 100 人以上的服装、鞋帽、玩具等劳动密集型企业

续表

场　所	界定标准
重要的科研单位	界定标准由**省级消防救援机构**根据实际情况确定
高层公共建筑、地下铁道、地下观光隧道，粮、棉、木材、百货等物资仓库和堆场，重点工程的施工现场	（1）**高层公共建筑**的办公楼（写字楼）、公寓楼等； （2）城市**地下**铁道、**地下**观光隧道等**地下公共建筑**和城市重要的**交通隧道**； （3）国家储备粮库、总储备量**在 10000t 以上**的其他粮库； （4）总储量**在 500t 以上**的棉库； （5）总储量**在 10000m³ 以上**的木材堆场； （6）总储存价值**在 1000 万元以上**的可燃物品仓库、堆场； （7）**国家和省级**等**重点工程**的施工**现场**
其他发生火灾可能性较大以及一旦发生火灾可能造成人身重大伤亡或财产重大损失的单位	界定标准由**省级消防救援机构**根据实际情况确定

二、消防重点单位的界定程序

考　点	内　容
申报	**单位申报时需要注意下列要求：** （1）个体工商户如符合企业登记标准且经营规模符合消防安全重点单位界定标准的，要向当地消防救援机构备案； （2）重点工程的**施工现场**符合消防安全重点单位界定标准的，由**施工单位**负责申报备案； （3）同一栋建筑物中各自独立的产权单位或者使用单位，符合消防安全重点单位界定标准的，应当**各自独立申报备案**；建筑物本身符合消防安全重点单位界定标准的，**建筑物产权单位**也要独立申报备案； （4）符合消防安全重点单位界定标准的，不在同一县级行政区域且有隶属关系的单位，**法人单位**要向所在地消防救援机构申报备案；同一县级行政区域内且有隶属关系的单位，下属单位具备法人资格的，**各单位**都需要向所在地消防救援机构申报备案
核定	/
告知	对已确定的消防安全重点单位，消防救援机构采用《消防安全重点单位告知书》的形式告知
公告	消防救援机构于每年的**第一季度**对本辖区消防安全重点单位进行核查调整，由**应急管理部门**上报本级人民政府，并通过报刊、电视、互联网网站等媒体向全社会公告

【强化练习】

【单选题】

1.（**2018 年真题**）某 28 层大厦，建筑面积 50000m^2，分别由百货公司、宴会酒楼、温泉酒店使用，三家单位均符合消防安全重点单位界定标准，应当由（　）向当地消防部门申报消防安全重点单位备案。

A. 各单位分别　　　　B. 大厦物业管理单位

C. 三家单位联合　　　　D. 大厦消防设施维保单位

【正确答案】A

【解析】本题考查消防安全重点单位的界定程序中的申报程序。同一栋建筑物中各自独立的产权单位或者使用单位，符合重点单位界定标准的，应当各自独立申报备案；建筑物本身符合消防安全重点单位界定标准的，建筑物产权单位也要独立申报备案。故本题选 A。

第二节　消防安全组织及其职责

考点		内容
单位职责	消防安全重点单位	（1）明确承担单位消防安全管理的部门，确定消防安全管理人，并报当地消防救援机构救援备案，组织实施本单位消防安全管理。消防安全管理人应依法经过消防培训。 （2）建立消防档案，确定消防安全重点部位，设置防火标志，实行严格管理。 （3）按照相关标准和用电、用气安全管理规定，安装、使用电器产品、燃气用具和敷设电气线路、管线，并定期维护保养、检测。 （4）组织员工进行岗前消防安全培训，定期组织消防安全培训和疏散演练。 （5）根据需要建立微型消防站，积极参与消防安全区域联防联控，提高自防自救能力。 （6）积极应用消防远程监控、电气火灾监测、物联网技术等技防物防措施
	火灾高危单位	（1）定期召开消防安全工作例会，研究本单位消防工作，处理涉及消防经费投入、消防设施设备购置、火灾隐患整改等重大问题。 （2）鼓励消防安全管理人取得注册消防工程师执业资格，消防安全责任人和特有工种人员须经消防安全培训；自动消防设施操作人员应取得消防设施操作员资格证书。 （3）专职消防队或者微型消防站应当根据本单位火灾危险特性配备相应的消防装备器材，储备足够的灭火救援药剂和物资，定期组织消防业务学习和灭火技能训练。 （4）按照国家标准配备应急逃生设施设备和疏散引导器材。 （5）建立消防安全评估制度，由具有资质的机构定期开展评估，评估结果向社会公开。 （6）参加火灾公众责任保险
	多单位共用建筑	（1）建设（产权）单位提供符合消防安全要求的建筑物，并提供经住房和城乡建设主管部门验收合格或者竣工验收备案抽查合格、已备案的证明文件资料。 （2）产权单位、使用单位、管理单位等在订立的合同中，依照有关规定明确各方的消防安全责任，明确消防专有、共用部位，以及专有、共用消防设施的消防安全责任、义务。 （3）产权单位、使用单位确定责任人或者委托管理，对共用的疏散通道、安全出口、建筑消防设施和消防车通道进行统一管理；其他单位对各自使用、管理场所依法履行消防安全管理职责。 （4）物业服务单位按照合同约定提供消防安全管理服务，对管理区域内的共用消防设施和疏散通道、安全出口、消防车通道进行维护管理，及时劝阻和制止占用、堵塞、封闭疏散通道、安全出口、消防车通道等行为，劝阻和制止无效的，立即向相关主管部门报告；定期开展防火检查巡查和消防宣传教育。 （5）建筑局部施工需要使用明火时，施工单位和使用、管理单位要共同采取措施，将施工区和使用区进行防火分隔，清除动火区域的易燃物、可燃物，配置消防器材，专人监护，确保施工区和使用区的消防安全

续表

考 点		内 容
人员职责	专(兼)职消防安全管理人员	（1）掌握消防法律法规，了解本单位消防安全状况，及时向上级报告； （2）确定消防安全重点部位，提出落实消防安全管理措施的建议； （3）实施日常防火检查、巡查，及时发现火灾隐患，落实火灾隐患整改措施； （4）管理、维护消防设施、灭火器材和消防安全标志； （5）组织开展消防宣传，对全体员工进行教育培训； （6）编制灭火和应急疏散预案，组织演练； （7）记录有关消防安全管理工作开展情况，完善消防档案； （8）完成其他消防安全管理工作
	单位员工	（1）明确各自消防安全责任，认真执行本单位的消防安全制度和消防安全操作规程。维护消防安全，预防火灾； （2）保护消防设施和器材，保障消防通道畅通； （3）发现火灾，及时报警； （4）参加有组织的灭火工作； （5）发生火灾后，公共场所的现场工作人员立即组织、引导在场人员安全疏散； （6）接受单位组织的消防安全培训，做到懂火灾的危险性、懂预防火灾措施、懂扑救火灾方法、懂火灾现场逃生方法（四懂）；做到会报火警、会使用灭火器材、会扑救初起火灾、会组织疏散逃生（四会）

【强化练习】

【单选题】

1.（2018 年真题）某 3 层大酒店，建筑面积 8000m^2，可容纳 2000 人同时用餐，厨房用管道天然气作为热源，大酒店制定了火灾应急疏散预案，预案中关于处置燃气泄漏的措施。第一步应是（ ）。

A. 打燃气公司报警电话　　B. 立即关阀断气

C. 打 119 电话报警　　D. 立即关闭电源

【正确答案】B

【解析】本题为拓展知识点，对厨房内燃气、燃油管道、阀门必须进行定期检查，防止泄露。如发现燃气泄漏应首先关闭阀门，及时通风，并严禁使用任何明火和启动电源开关。

第三节　消防安全制度及其落实

考 点	内 容
消防安全制度的种类	（1）消防安全责任制；（2）消防安全教育、培训制度；（3）防火巡查、检查制度；（4）安全疏散设施管理制度；（5）消防设施器材维护管理制度；（6）消防（控制室）值班制度；（7）火灾隐患整改制度；（8）用火、用电安全管理制度；（9）灭火和应急疏散预案演练制度；（10）易燃易爆危险品和场所防火防爆管理制度；（11）专职（志愿）消防队组织管理制度；（12）燃气和电气设备检查和管理（包括防雷、防静电）制度；（13）消防安全工作考评和奖惩制度

续表

<table>
<tr><th>考　点</th><th>内　容</th></tr>
<tr><td rowspan="7">单位消防安全制度的落实</td><td>确定消防安全责任</td></tr>
<tr><td>定期开展防火巡查、检查：
（1）单位消防安全责任人、消防安全管理人对本单位每月至少组织一次防火检查；社会单位内设部门负责人每周至少开展一次防火检查；员工每天班前、班后进行本岗位防火检查，及时发现火灾隐患；
（2）单位按照规定对消防安全重点部位每日至少进行一次防火巡查；公众聚集场所在营业期间的防火巡查至少每 2h一次，营业结束时应当对营业现场进行检查，消除遗留火种；公众聚集场所，医院、养老院、寄宿制的学校、托儿所、幼儿园夜间防火巡查不少于两次</td></tr>
<tr><td>组织消防安全知识宣传教育培训：
员工上岗、转岗前，应经过消防安全培训合格；在岗人员每半年进行一次消防安全教育培训</td></tr>
<tr><td>开展灭火和疏散逃生演练：
（1）员工发现火灾立即呼救，起火部位现场员工于 1min 内形成灭火第一战斗力量，在第一时间内采取如下措施：灭火器材、设施附近的员工利用现场灭火器、消火栓等器材、设施灭火；电话或者火灾报警按钮附近的员工打“119”电话报警，报告消防控制室或者单位值班人员；安全出口或者通道附近的员工负责引导人员疏散；
（2）火灾确认后，单位于 3min 内形成灭火第二战斗力量</td></tr>
<tr><td>建立健全消防档案</td></tr>
<tr><td>消防安全重点单位实行“三项报告”备案制度：
“三项报告”备案包括：
（1）消防安全管理人员报告备案；
（2）消防设施维护保养报告备案；
（3）消防安全自我评估报告备案</td></tr>
</table>

【强化练习】

【单选题】

1.**（2017 年真题）**某大型商场制定了消防应急预案，内容包括初期火灾处置程序和措施，下列处置程序和措施中，错误的是（　）。

A. 发现火灾时，起火部位现场员工应当于 3min 内形成灭火第一战斗力量

B. 发现起火时，应立即打 119 电话报警

C. 发现起火时，安全出口或通道附近的员工应在第一时间负责引导人员进行疏散

D. 发现火灾时，消火栓附近的员工应立即利用消火栓灭火

【正确答案】A

【解析】员工发现火灾立即呼救，起火部位现场员工于 1min 内形成灭火第一战斗力量，在第一时间内采取相应措施。火灾确认后，单位于 3min 内形成灭火第二战斗力量，故答案选择 A。

第四节　消防安全重点部位的确定和管理

考　点	内　容
消防安全重点部位确定要考虑的因素	（1）**容易发生火灾的部位**。如化工生产车间，油漆、烘烤、熬炼、木工、电焊气割操作间，化验室、汽车库、化学危险品仓库等。 （2）发生**火灾后对消防安全有重大影响**的部位。如与火灾扑救密切相关的变配电室，消防控制室，消防水泵房等。 （3）**性质重要、发生事故影响全局**的部位。如发电站、锅炉房、档案室等。 （4）**财产集中**的部位。如储存大量原料、成品的仓库、货场等。 （5）**人员集中**的部位。如单位内部的礼堂、托儿所、集体宿舍、医院病房等
消防安全重点部位的管理	（1）**制度管理**。 （2）**标识化管理**：每个消防安全重点部位都必须设立“消防安全重点部位”指示牌、禁止烟火警告牌和消防安全管理标识牌，做到“消防安全重点部位明确、禁止烟火明确”（**两明确**）和“防火负责人落实、志愿消防员落实、防火安全制度落实、消防器材落实、灭火预案落实”（**五落实**）。 （3）**教育管理**。 （4）**档案管理**：消防安全重点部位的档案管理做到“**四个一**”（一制度：消防安全重点部位防火安全制度；一表：消防安全重点部位工作人员登记表；一图：消防安全重点部位基本情况照片成册图；一计划：消防安全重点部位灭火施救计划）。 （5）**日常管理**：防火检查可采取“六查、六结合”的方法，可收到较好的效果。“六查”即：单位组织每月查；所属部门每周查；班组每天查；专职消防员巡回查；部门之间互抽查；节日期间重点查。 （6）**应急管理**：灭火演练做到“四熟练”：熟练使用灭火器材，熟练报告火警，熟练疏散群众，熟练扑灭初起火灾

【强化练习】

【单选题】

1.（**2018 年真题**）某星级宾馆属于消防安全重点单位，关于该星级宾馆消防安全重点部位的确定的说法，错误的是（　）。

A. 应将空调机房确定为消防安全重点部位

B. 应将厨房、发电机房确定为消防安全重点部位

C. 应将夜总会确定为消防安全重点部位

D. 应将变配电室、消防控制室确定为消防安全重点部位

【正确答案】A

【解析】确定消防安全重点部位从以下几个方面来考虑：（1）容易发生火灾的部位，如化工生产车间，油漆、烘烤、熬炼、木工、电焊气割操作间等。（2）发生火灾后对消防安全有重大影响的部位，如与火灾扑救密切相关的变配电室，消防控制室，消防水泵房等。（3）性质重要、发生事故影响全局的部位，如发电站、变配电站（室），通信设备机房、生产总控制室，电子计算机房，锅炉房等。（4）财产集中的部位，如储

存大量原料、成品的仓库、货场，使用或者存放先进技术设备的实验室、车间、仓库等。（5）人员集中的部位，如单位内部的礼堂（俱乐部），托儿所，集体宿舍，医院病房等。

2.（2017 年真题）单位在确定消防重点部位以后，应加强对消防重点部位的管理。下列管理措施中，不属于消防重点部位管理措施的是（　）。

A. 制度管理　　B. 隐患管理　　C. 立牌管理　　D. 教育管理

【正确答案】B

【解析】消防安全重点部位确定以后，应从管理的民主性、系统性、科学性着手做好六个方面的管理，以保障单位的消防安全。（1）制度管理；（2）标识化管理（立牌管理）；（3）教育管理；（4）档案管理；（5）日常管理；（6）应急管理。

第五节　火灾隐患及重大火灾隐患的判定

一、火灾隐患

火灾隐患	一般火灾隐患和重大火灾隐患
判断火灾隐患	（1）影响人员安全疏散或者灭火救援行动，不能立即改正的； （2）消防设施未保持完好有效，影响防火灭火功能的； （3）擅自改变防火分区，容易导致火势蔓延、扩大的； （4）在人员密集场所违反消防安全规定，使用、储存易燃易爆危险品，不能立即改正的； （5）不符合城市消防安全布局要求，影响公共安全的； （6）其他可能增加火灾实质危险性或者危害性的情形

二、重大火灾隐患

考　点	内　容
判定原则	科学严谨、实事求是、客观公正
不予判定的情形	（1）依法进行了消防设计专家评审，并**已采取相应技术措施**的； （2）单位、场所**已经停产停业或者停止使用**的； （3）不足以导致**重大、特别重大火灾事故或者严重社会影响**的
直接判定的情形	（1）生产、储存和装卸易燃易爆危险品的工厂、仓库和专用车站、码头、储罐区，未设置在城市的边缘或相对独立的安全地带； （2）生产、储存、经营易燃易爆危险品的场所与人员密集场所、居住场所设置在同一建筑物内，或与人员密集场所、居住场所的防火间距**小于国家工程建设消防技术标准规定值的 75%**； （3）城市建成区内的加油站、天然气或液化石油气加气站、加油加气合建站的储量达到或超过《汽车加油加气站设计与施工规范》对一级站的规定； （4）甲、乙类生产场所和仓库设置在建筑的地下室或半地下室； （5）公共娱乐场所、商店、地下人员密集场所的安全出口数量不足或其**总净宽度小于规定值的 80%**； （6）旅馆、公共娱乐场所、商店、地下人员密集场所未按国家工程建设消防技术标准的规定设置自动喷水灭火系统或火灾自动报警系统；

续表

考 点	内 容
直接判定的情形	（7）易燃可燃液体、可燃气体储罐（区）未按规定设置固定灭火、冷却、可燃气体浓度报警、火灾报警设施； （8）在人员密集场所违反消防安全规定使用、储存或销售易燃易爆危险品； （9）托儿所、幼儿园的儿童用房以及老年人活动场所，所在楼层位置不符合国家工程建设消防技术标准的规定； （10）人员密集场所的居住场所采用彩钢夹芯板搭建，且彩钢夹芯板芯材的燃烧性能等级低于《建筑材料及制品燃烧性能分级》规定的 A 级
综合判定要素	**总平面布置：** （1）未按规定或规划要求设置消防车道或消防车道被堵塞、占用； （2）建筑之间的既有防火间距被占用或小于规定值的 80%，明火和散发火花地点与易燃易爆生产厂房、装置设备之间的防火间距小于规定值； （3）在厂房、库房、商场中设置员工宿舍，或是在住宅等民用建筑中从事生产、储存、经营等活动，且不符合《住宿与生产储存经营合用场所消防安全技术要求》的规定； （4）地下车站的站厅乘客疏散区、站台及疏散通道内设置商业经营活动场所。
	防火分隔： （1）原有防火分区被改变并导致实际防火分区的建筑面积大于国家工程建设消防技术标准规定值的 50%； （2）防火门、防火卷帘等防火分隔设施损坏的数量大于该防火分区相应防火分隔设施总数的 50%； （3）丙、丁、戊类厂房内有火灾或者爆炸危险的部位未采取防火分隔等防火防爆技术措施
	安全疏散设施及灭火救援条件 （1）建筑内的避难走道、避难间、避难层的设置不符合规定，或避难走道、避难间、避难层被占用； （2）人员密集场所内疏散楼梯间的设置形式不符合规定； （3）除公共娱乐场所等外的其他场所或建筑物的安全出口数量或宽度不符合规定，或既有安全出口被封堵； （4）按规定，建筑物应设置独立的安全出口或疏散楼梯而未设置； （5）商店营业厅内的疏散距离**大于规定值的 125%**； （6）高层建筑和地下建筑未按规定设置疏散指示标志、应急照明，或所设置设施的损坏率大于标准规定要求**设置数量的 30%**；其他建筑未按规定设置疏散指示标志、应急照明，或所设置设施的损坏率大于标准规定要求设置**数量的 50%**； （7）设有人员密集场所的高层建筑的封闭楼梯间或防烟楼梯间的门的损坏率大于其设置**总数的 20%**，其他建筑的封闭楼梯间或防烟楼梯间的门的损坏率大于其设置**总数的 50%**； （8）人员密集场所内疏散走道、疏散楼梯间、前室的室内装修材料的燃烧性能等级不符合《建筑内部装修设计防火规范》的规定； （9）人员密集场所的疏散走道、楼梯间、疏散门或安全出口设置栅栏、卷帘门； （10）人员密集场所的外窗被封堵或被广告牌等遮挡； （11）高层建筑的消防车道、救援场地设置不符合要求或被占用，影响火灾扑救； （12）消防电梯无法正常运行
	消防给水灭火设施
	消防排烟设施

续表

<table>
<tr><th>考　点</th><th>内　容</th></tr>
<tr><td rowspan="4">综合判定要素</td><td>消防供电
（1）消防用电设备的供电负荷级别不符合规定；
（2）消防用电设备未按规定采用专用的供电回路；
（3）未按规定设置消防用电设备末端自动切换装置，或已设置但不符合标准的规定或不能正常自动切换</td></tr>
<tr><td>火灾自动报警系统</td></tr>
<tr><td>消防安全管理</td></tr>
<tr><td>其他</td></tr>
</table>

【强化练习】

【单选题】

1.（**2018 年真题**）对某商业大厦进行消防安全检查，发现存在火灾隐患，根据现行国家标准《重大火灾隐患判定方法》（GB 35181），可以直接判定为重大火灾隐患的是（　）。

A. 消防电梯故障

B. 火灾自动报警系统集中控制器电源不能正常切换

C. 防排烟风机不能联动启动

D. 第十层开办幼儿园且有 80 名儿童住宿

【正确答案】D

【解析】对于符合下列判定要素之一的，直接判定为重大火灾隐患：托儿所、幼儿园的儿童用房以及老年人活动场所，所在楼层位置不符合国家工程建设消防技术标准的规定。D 项可以直接判定为重大火灾隐患。

2.（**2017 年真题**）对某大型工厂进行防火检查，发现的下列火灾隐患中，可以直接判定为重大火灾隐患的是（　）。

A. 室外消防给水系统消防泵损坏

B. 将氨压缩机房设置在厂房的地下一层

C. 在主厂房边的消防车道上堆满了货物

D. 在 2 号车间与 3 号车间之间的防火间距空地建了一个临时仓库

【正确答案】B

【解析】重大火灾隐患直接判定中规定，甲、乙类生产场所和仓库设置在建筑的地下室或者半地下室。氨压缩机房属于乙类厂房，所以答案选择 B。

第六节　消防档案

考　点	内　容
消防档案的作用	（1）消防档案是消防安全重点单位的“户口簿”； （2）消防档案反映单位对消防安全管理工作的重视程度； （3）有利于强化单位消防安全管理工作的责任意识，推动单位的消防安全管理工作朝着规范化、制度化的方向发展
消防档案的内容	**消防安全基本情况**是消防档案的主要内容； **消防安全管理情况**包括：（1）消防救援机构依法填写制作的各类法律文书：《消防监督检查记录表》《责令改正通知书》；（2）有关工作记录。包括：①消防设施定期检查记录、自动消防设施检查检测报告以及维修保养的记录；②火灾隐患及其整改情况记录；③防火检测、巡查记录；④有关燃气、电气设备检测等记录；⑤消防安全培训记录；⑥灭火和应急疏散预案的演练记录；⑦火灾情况记录；⑧消防奖惩情况记录
管理要求	（1）消防档案由消防安全重点单位统一保管、备查； （2）消防档案要完整和安全

第二章　社会单位消防安全宣传与教育培训

考　点		内　容
消防安全教育培训的主要内容和形式	单位	（1）重点对下列人员进行不同形式的消防安全教育培训：①新上岗和进入新岗位的职工岗前培训。②在岗的职工定期培训。③消防安全管理相关人员专业培训。 （2）**职工消防安全教育培训的内容**：本单位的火灾危险性、防火灭火措施、消防设施及灭火器材的操作使用方法、人员疏散逃生知识等
	学校	（1）在开学初、放寒（暑）假前、学生军训期间，对学生普遍进行专题消防安全教育； （2）结合不同课程实验课的特点和要求，对学生进行有针对性的消防安全教育； （3）组织学生到当地消防站参观体验； （4）每学年至少组织学生开展一次应急疏散演练； （5）对寄宿学生进行经常性的安全用火用电教育和应急疏散演练； （6）高等学校每学年至少举办一次消防安全专题讲座
	社区居民委员会	（1）利用文化活动站、学习室等场所，对居民、村民进行经常性防火和灭火技能的消防安全宣传教育； （2）组织志愿消防队、治安联防队和灾害信息员、保安人员等开展防火和灭火等消防安全教育培训； （3）在**火灾多发季节、农业收获季节、重大节日和乡村民俗活动期间**，有针对性地开展关于防火和灭火技能的消防安全教育培训； （4）社区居民委员会、村民委员会应当确定至少一名专（兼）职消防安全员，具体负责消防安全宣传教育工作

第三章　应急预案编制与演练

第一节　应急预案编制

<table>
<tr><th>考　点</th><th colspan="2">内　容</th></tr>
<tr><td rowspan="3">应急预案编制依据</td><td>法规制度依据</td><td>包括消防法律法规规章、涉及消防安全的相关法律规定和本单位消防安全制度</td></tr>
<tr><td>客观依据</td><td>包括单位的基本情况、消防安全重点部位情况等</td></tr>
<tr><td>主观依据</td><td>包括员工的文化程度、消防安全素质和防火灭火技能等</td></tr>
<tr><td>应急预案编制范围</td><td colspan="2">消防安全重点单位、在建重点工程、其他需要制定应急预案的单位或场所</td></tr>
<tr><td>应急预案的分类</td><td colspan="2">多层建筑类；高层建筑类；地下建筑类；一般的工矿企业类；化工类；其他类</td></tr>
<tr><td>应急预案制定的程序</td><td colspan="2">（1）明确范围，明确重点部位；（2）调查研究，收集资料；（3）科学计算，确定人员力量和器材装备；（4）确定灭火救援应急行动意图；（5）严格审查，不断充实完善</td></tr>
<tr><td rowspan="5">应急预案的编制内容</td><td>单位基本情况</td><td>包括单位基本概况和消防安全重点部位情况，消防设施、灭火器材情况，消防组织、志愿消防队员及装备配备情况</td></tr>
<tr><td>应急组织机构</td><td>火场指挥部；灭火行动组；疏散引导组；安全防护救护组；火灾现场警戒组；后勤保障组；机动组</td></tr>
<tr><td>报警和接警处置程序</td><td>报警：以快捷方便为原则确定发现火灾后的报警方式，如口头报警、有线报警、无线报警等。报警的对象为“119”火警台（“三台合一”的地区为“110”指挥中心）、单位值班领导、消防控制中心等。
接警：单位领导接警后，启动应急预案，按预案确定内部报警的方式和疏散的范围，组织指挥初起火灾的扑救和人员疏散工作，安排力量做好警戒工作</td></tr>
<tr><td>初起火灾处置程序和措施</td><td>（1）指挥部、各行动小组和志愿消防队迅速集结，按照职责分工，进入相应位置开展灭火救援行动；
（2）发现火灾时，起火部位现场员工应当于 1min 内形成灭火第一战斗力量，若火势扩大，单位应当于 3min 内形成灭火第二战斗力量；
（3）相关部位人员负责关闭空调系统和煤气总阀门，及时疏散易燃易爆危险品及其他重要物品</td></tr>
<tr><td>应急疏散的组织程序和措施</td><td>（1）疏散通报；
（2）疏散引导：①划定安全区；②明确责任人；③及时变更修正；④突出重点</td></tr>
</table>

【强化练习】

【单选题】

1.（**2016 年真题**）某消防安全重点单位根据有关规定制定了消防应急疏散预案，进行疏散引导工作，下列工作内容之中，不属于疏散引导工作的是（ ）。

A. 拨打 119 电话　　B. 根据火场情况划定安全区

C. 明确疏散引导责任人　　D. 根据需要及时变更疏散线路

【正确答案】A

【解析】疏散引导工作包括：(1) 划定安全区。(2) 明确责任人。(3) 及时变更修正。(4) 突出重点。

第二节　应急预案演练

考　点	内　容	
应急预案演练目的	检验预案、完善准备、锻炼队伍、磨合机制、科普宣教	
应急预案演练原则	(1) 结合实际、合理定位；(2) 着眼实战、讲求实效； (3) 精心组织、确保安全；(4) 统筹规划、厉行节约	
应急预案演练分类	**按组织形式划分**	桌面演练、实战演练
	按演练内容划分	**单项演练、综合演练**
	按演练目的与作用划分	检验性演练、示范性演练、研究性演练
应急预案演练规划	演练领导小组、策划部、保障部、评估组、参演人员	
应急预案演练准备	制定演练计划、设计演练方案、演练动员与培训、应急预案演练保障	
	应急预案演练保障：(1) 人员保障；(2) 经费保障；(3) 场地保障；(4) 物资和器材保障；(5) 通信保障；(6) 安全保障。**（物资和器材保障包括：①信息材料；②物资设备；③通信器材；④演练情景模型。物资设备主要包括各种应急抢险物资、特种装备、办公设备、录音摄像设备、信息显示设备等）**	
应急预案演练实施	演练启动、演练执行、演练结束与终止	
应急预案演练评估与总结	演练评估、演练总结、成果运用、文件归档与备案、考核与奖惩	

【强化练习】

【单选题】

1.（**2016 年真题**）消防应急预案演练可以按照组织形式、演练内容、演练目的与作用等不同分类方法进行划分，下列演练中，属于按照演练内容划分的是（ ）。

A. 检验性演练　　B. 示范性演练

C. 研究性演练　　D. 综合性演练

【正确答案】D

【解析】按演练内容划分，应急预案演练可分为单项演练和综合演练。

【多选题】

2.（2017 年真题）某五星级酒店拟进行应急预案演练，在应急预案演练保障方面，酒店拟从人员、经费、场地、物质和器材等各方面都给予保障。在物质和器材方面，酒店应提供（　）。

A. 信息材料　　B. 建筑模型

C. 应急抢险物资　　D. 录音摄像设备

E. 通信器材

【正确答案】ACDE

【解析】在应急预案演练保障中，物资和器材方面主要包括：（1）信息材料。（2）物资设备。物资设备主要包括各种应急抢险物资，特种装备、办公设备、录音摄像设备、信息显示设备等。（3）通信器材。（4）演练情景模型。

第四章　施工现场消防安全管理

第一节　施工现场的火灾风险

考　点	内　容
施工现场的火灾危险性	（1）易燃、可燃材料多；（2）临建设施多，防火标准低；（3）动火作业多；（4）临时用电安全隐患大；（5）施工临时员工多，流动性强，素质参差不齐；（6）既有建筑进行扩建、改建火灾危险性大；（7）易燃、可燃的隔音、保温材料用量大；（8）现场施工消防安全管理不善
施工现场常见的火灾成因	（1）焊接、切割作业引发的火灾； （2）电气故障引发的火灾； （3）用火不慎、遗留火种

【强化练习】

【单选题】

1. 施工现场的火灾危险性不包括（　）。

A. 易燃、可燃材料多　　B. 临建设施多，防火标准低

C. 临时用电安全隐患大　　D. 施工单位员工少，人员固定，素质低

【正确答案】D

【解析】本题考查的是施工现场的火灾危险性。施工现场的火灾危险性包括：①易燃、可燃材料多；②临建设施多，防火标准低；③动火作业多；④临时用电安全隐患大；⑤施工临时员工多，流动性强，素质参差不齐；⑥既有建筑进行扩建、改建火灾危险性大；⑦易燃、可燃的隔音、保温材料用量大；⑧现场施工消防安全管理不善。故此题答案选 D。

第二节　施工现场总平面布局

考　点	内　容
临时消防车通道	**临时消防车通道设置要求** （1）施工现场内应设置临时消防车道，与在建工程、临时用房、可燃材料堆场及其加工场的距离，**不宜 < 5m，且宜 > 40m**； （2）施工现场周边道路满足消防车通行及灭火救援要求时，施工现场内可**不设置临时消防车道**； （3）临时消防车道宜**为环形**，如设置环形车道确有困难，应在临时消防车道尽端设置尺寸≥ **12m × 12m 的回车场**； （4）临时消防车道的净宽度和净空高度均**不应 < 4m**； （5）临时消防车道的**右侧**应设置消防车行进路线指示标识； （6）临时消防车道路基、路面及其下部设施应能承受消防车通行压力及工作荷载
	临时消防救援场地的设置 （1）需设置的场所：①建筑高度 > 24m 的在建工程；②建筑工程单体**占地面积** > 3000m^2 的在建工程；③**超过 10 栋**，且为成组布置的临时用房。 （2）设置要求：①在建工程**装饰装修阶段设置**；②设置在成组布置的临时用房场地的长边一侧及在建工程的**长边一侧**；③场地宽度应满足消防车正常操作要求且**不应** > 6m，与在建工程外脚手架的净距**不宜** < 2m，且**不宜** > 6m

【强化练习】

【单选题】

1. 需设临时消防救援场地的施工现场的是（　）。

A. 建筑高度＞ 20m 的在建工程

B. 建筑工程单体占地面积＞ 1000m^2 的在建工程

C. 超过 8 栋，且为成组布置的临时用房

D. 建筑工程单体占地面积＞ 3000m^2 的在建工程

【正确答案】D

【解析】本题考查的是临时消防救援场地的设置。需设临时消防救援场地的施工现场：①建筑高度＞ 24m 的在建工程；②建筑工程单体占地面积＞ 3000m^2 的在建工程；③超过 10 栋，且为成组布置的临时用房。故此题答案选 D。

第三节　施工现场内建筑的防火要求

考　点		内　容
临时用房防火要求	宿舍、办公用房	（1）建筑构件的燃烧性能等级应为 A 级。 （2）建筑层数**不应超过 3 层**，每层建筑面积**不应** > 300m^2。 （3）建筑层数为 3 层或每层建筑面积大于 200m^2 时，应设置**不少于 2 部**疏散楼梯，房间疏散门至疏散楼梯的**最大距离不应** > 25m。 （4）单面布置用房时，疏散走道的净宽度**不应** < 1m；双面布置用房时，疏散走道的净宽度**不应** < 1.5m。 （5）疏散楼梯的净宽度不应小于疏散走道的净宽度。 （6）宿舍房间的建筑面积**不应** > 30m^2，其他房间的建筑面积**不宜** < 100m^2。 （7）房间内任一点至最近疏散门的距离不应大于 15m，房门的净宽度**不应**< 0.8m；房间建筑面积超过 50m^2 时，房门的净宽度不应< 1.2m。 （8）隔墙应从楼地面基层隔断至顶板基层底面
	特殊临时用房	（1）建筑构件的燃烧性能等级应为 **A 级**。 （2）建筑层数应为 1 层，建筑面积不应 > 200m^2；可燃材料、易燃易爆危险品库房应分别布置在不同的临时用房内，每栋临时用房的面积均**不应超过** 200m^2。 （3）可燃材料库房应采用不燃材料将其分隔成若干间库房，如施工过程中某种易燃易爆危险品需用量大，可分别存放于多间库房内。单个房间的建筑面积**不应超过** 30m^2，易燃易爆危险品库房单个房间的建筑面积**不应超过** 20m^2。 （4）房间内任一点至最近疏散门的**距离不应** > 10m，房门的净宽度**不应** < 0.8m
	其他防火要求	（1）宿舍、办公用房**不应与**厨房操作间、锅炉房、变配电房等组合建造； （2）施工现场人员较为密集的用房，如**会议室**、**文化娱乐室**、**培训室**、**餐厅**等房间应设置在临时用房的**第一层**，其疏散门应向疏散方向开启
在建工程防火要求	临时疏散通道	（1）应采用**不燃**、**难燃材料**建造，其耐火极限**不应低于** 0.5h。 （2）设置在地面上的临时疏散通道**净宽度不应** < 1.5m；利用在建工程施工完毕的水平结构、楼梯作临时疏散通道，其净宽度**不应** < 1.0m；用于疏散的爬梯及设置在脚手架上的临时疏散通道，其净宽度**不应** < 0.6m。 （3）临时疏散通道为坡道，且**坡度** > 25° 时，应修建楼梯或台阶踏步或设置防滑条。 （4）临时疏散通道应保证疏散人员安全，侧面如为临空面，必须沿临空面设置**高度**≥ **1.2m 的防护栏杆**
	既有建筑进行扩建、改建施工	（1）施工区和非施工区之间应采用不开设门、窗、洞口的耐火极限不低于 3.0h 的**不燃烧体**隔墙进行防火分隔； （2）外脚手架搭设不应影响安全疏散、消防车正常通行及灭火救援操作。外脚手架、支模架的架体宜采用**不燃或难燃材料搭设**。其中，**高层建筑**和**既有建筑改造工程的外脚手架、支模架**的架体应采用**不燃材料**搭设

【强化练习】

【单选题】

1.（**2015 年真题**）既有建筑改造工程的外脚手架，应采用（　）材料搭设。

A. 难燃　　B. 可燃　　C. 易燃　　D. 不燃

【正确答案】 D

【解析】 高层建筑和既有建筑改造工程的外脚手架、支模架的架体应采用不燃材料搭设。

第四节　施工现场临时消防设施设置

<table>
<tr><th>考　点</th><th colspan="4">内　容</th></tr>
<tr><td rowspan="2">灭火器设置</td><td colspan="4">1. 设置场所
（1）易燃易爆危险品存放及使用场所；
（2）动火作业场所；
（3）可燃材料存放、加工及使用场所；
（4）厨房操作间、锅炉房、发电机房、变配电房、设备用房、宿舍、办公用房等临时用房；
（5）其他具有火灾危险的场所</td></tr>
<tr><td colspan="4">2. 设置要求：灭火器的配置数量应按照《建筑灭火器配置设计规范》经计算确定，且每个场所的灭火器数量不应少于 2 具</td></tr>
<tr><td rowspan="13">临时室外消防给水系统设置</td><td colspan="4">1. 设置条件：临时用房建筑面积之和 > 1000m^2 或在建工程单体体积 > 10000m^3 时，应设置；施工现场处于市政消火栓 150m 保护范围内且市政消火栓的数量满足水量要求，可不设置</td></tr>
<tr><td colspan="4">2. 室外消防用水量
（1）临时用房的临时室外消防用水量</td></tr>
<tr><td>建筑面积之和</td><td>火灾延续时间 /h</td><td>消火栓用水量 /（L/s）</td><td>每支水枪最小流量 /（L/s）</td></tr>
<tr><td>1000m^2 ＜面积≤ 5000m^2</td><td rowspan="2">1</td><td>10</td><td>5</td></tr>
<tr><td>面积＞ 5000m^2</td><td>15</td><td>5</td></tr>
<tr><td colspan="4">（2）在建工程的临时室外消防用水量</td></tr>
<tr><td>在建工程（单体）体积</td><td>火灾延续时间 /h</td><td>消火栓用水量 /（L/s）</td><td>每支水枪最小流量 /（L/s）</td></tr>
<tr><td>10000m^3 ＜体积≤ 30000m^3</td><td>1</td><td>15</td><td>5</td></tr>
<tr><td>体积＞ 30000m^3</td><td>2</td><td>20</td><td>5</td></tr>
<tr><td colspan="4">3. 设置要求
（1）临时给水管网宜根据施工现场实际情况布置成环状；
（2）临时室外消防给水干管的最小管径不应 < DN100mm；
（3）室外消火栓应沿在建工程、临时用房、可燃材料堆场及其加工场均匀布置，距在建工程、临时用房、可燃材料堆场及其加工场的外边线不应 < 5m；
（4）室外消火栓的间距不应 > 120m；
（5）室外消火栓的最大保护半径不应 > 150m</td></tr>
</table>

续表

<table>
<tr><th>考　点</th><th colspan="4">内　容</th></tr>
<tr><td rowspan="7">临时室内消防给水系统设置</td><td colspan="4">1. 设置条件：建筑高度 > 24m 或单体体积超过 30000m³ 的在建工程，应设置</td></tr>
<tr><td colspan="4">2. 室内消防用水量</td></tr>
<tr><td>建筑高度、在建工程（单体）体积</td><td>火灾延续时间 /h</td><td>消火栓用水量 /（L/s）</td><td>每支水枪最小流量 /（L/s）</td></tr>
<tr><td>24m ＜建筑高度≤ 50m 或
30000m³ ＜体积≤ 50000m³</td><td>1</td><td>10</td><td>5</td></tr>
<tr><td>建筑高度＞ 50m 或
体积＞ 50000m³</td><td>1</td><td>15</td><td>5</td></tr>
<tr><td colspan="4">3. 设置要求
（1）竖管要求：便于操作，数量≥ 2 根；管径不应＜ DN100mm。
（2）水泵接合器要求：与室外消火栓或消防水池取水口的距离宜为 15 ～ 40m。
（3）接口及消防软管要求：位置明显，易于操作；消火栓前端应设置截止阀；消火栓接口或软管接口的间距，多层建筑≤ 50m, 高层建筑≤ 30m。
（4）消防水带、水枪、软管设置要求：每个设置点不应少于 2 套。
（5）中转水池及加压水泵的要求：建筑高度超过 100m 的在建工程，应在适当楼层增设中转水池及加压水泵。中转水池的有效容积不应 < 10m³；上、下两个中转水池的高差不宜超过 100m</td></tr>
<tr><td colspan="4">4. 其他要求
（1）给水压力应满足消防水枪充实水柱长度≥ 10m 的要求；给水压力不能满足要求时，应设置消火栓泵，消火栓泵不应少于 2 台，且应互为备用。
（2）应急阀门不应超过 2 个，且应设置在易于操作的场所，并设置明显标识</td></tr>
<tr><td rowspan="2">临时应急照明设置</td><td colspan="4">1. 设置场所
（1）自备发电机房及变配电房；
（2）水泵房；
（3）无天然采光的作业场所及疏散通道；
（4）高度超过 100m 的在建工程的室内疏散通道；
（5）发生火灾时仍需坚持工作的其他场所</td></tr>
<tr><td colspan="4">2. 设置要求
（1）应急照明的照度不应低于正常工作所需照度的 90%，疏散通道的照度值不应 < 0.5lx。（2）临时消防应急照明灯具自备电源的连续供电时间不应 < 60min</td></tr>
</table>

【强化练习】

【单选题】

1. **（2018 年真题）**某在建 30 层写字楼，建筑高度 98m，建筑面积 150000m²，周边没有城市供水设施。根据现行国家标准《建筑工程施工现场消防安全技术规程》（GB 50720），该在建工程临时室外消防用水量应按（　）计算。

A. 火灾延续时间 1.0h，消火栓用水量 10L/s

B. 火灾延续时间 0.5h，消火栓用水量 15L/s

C. 火灾延续时间 1.5h，消火栓用水量 20L/s

D. 火灾延续时间 2.0h，消火栓用水量 20L/s

【正确答案】D

【解析】本题考查临时室外消防给水系统设置要求。在建工程的临时室外消防用水量不应小于下表的规定。

在建工程（单体）体积	火灾延续时间 /h	消火栓用水量 /（L/s）	每支水枪最小流量 /（L/s）
10000m^3 ＜体积≤ 30000m^3	1	15	5
体积＞ 30000m^3	2	20	5

2.（**2015 年真题**）某 5 层综合楼在建工程，建筑高度为 26m，单层建筑面积为 2000m^2。该工程施工工地设置有临时室内、室外消防给水系统。下列关于临时消防给水系统设置的做法中，错误的是（　）。

A. 室外消防给水管管径为 *DN*100

B. 室外消防给水系统竖管管径为 *DN*100

C. 室内消防给水系统竖管在建筑封顶时将竖管连接成环状

D. 室内消防给水系统的消防用水量为 10L/s

【答案】D

【解析】施工现场临时室外消防给水系统的设置应符合下列要求：（1）临时给水管网宜根据施工现场实际情况布置成环状。（2）临时室外消防给水干管的管径应依据施工现场临时消防用水量和干管内水流计算速度进行计算确定，且最小管径不应＜ *DN*100mm。建筑高度＞ 24m 或单体体积超过 30000m³ 的在建工程，应设置临时室内消防给水系统。建筑高度＞ 50m 或单体体积超过 50000m³ 的在建工程，消火栓用水量不应＜ 15L/s。本工程体积 =2000×26=52000m³ ＞ 50000m³，故 D 错误。

第五节　施工现场的消防安全管理

考　点		内　容
基本要求	**安全管理制度**	主要内容：（1）消防安全教育与培训制度；（2）可燃及易燃易爆危险品管理制度；（3）用火、用电、用气管理制度；（4）消防安全检查制度；（5）应急预案演练制度
	灭火及应急疏散预案	主要内容：（1）应急**灭火处置机构**及各级人员应急处置职责；（2）报警、**接警处置**的程序和**通信联络**的方式；（3）**扑救初起火灾**的程序和措施；（4）**应急疏散及救援**的程序和措施
	消防安全检查	主要内容：（1）**可燃物及易燃易爆危险品**的管理是否落实；（2）**动火作业**的防火措施是否落实；（3）**用火、用电、用气**是否存在违章操作，电、气焊及保温防水施工是否执行操作规程；（4）**临时消防设施**是否完好有效；（5）**临时消防车道**及临时疏散设施是否畅通

续表

考　点	内　容
可燃材料及易燃易爆危险品管理	可燃材料宜存放于库房内，如露天存放时，应分类成垛堆放，**垛高不应超过 2m**，**单垛体积不应超过 50m³**，垛与垛之间的最小**间距不应＜ 2m**，且应采用不燃或难燃材料覆盖；易燃易爆危险品应分类专库储存，库房内通风良好，并设置禁火标志
用火管理	（1）施工现场动火作业前，应由动火作业人提出动火作业申请； （2）每个动火作业点均应**设置一个监护人**； （3）五级（含五级）以上风力时，应停止焊接、切割等室外动火作业； （4）施工现场不应采用明火取暖
用电管理	（1）距配电屏 2m 范围内不应堆放可燃物，5m 范围内不应设置可能产生较多易燃易爆气体、粉尘的作业区； （2）可燃材料库房不应使用高热灯具，易燃易爆危险品库房内应使用防爆灯具； （3）**普通灯具与易燃物距离不宜＜ 300mm；聚光灯、碘钨灯等高热灯具与易燃物距离不宜＜ 500mm**
用气管理	（1）气瓶应远离火源，**距火源距离不应＜ 10m**，并应采取避免高温和防止曝晒的措施； （2）空瓶和实瓶同库存放时，应分开放置，**两者间距不应＜ 1.5m**； （3）**氧气瓶与乙炔瓶**的工作**间距不应＜ 5m**，气瓶与**明火作业点**的距离**不应＜ 10m**； （4）氧气瓶内剩余气体的**压力不应＜ 0.1MPa**

【强化练习】

【单选题】

1.（**2018 年真题**）某大型冷库在建工程，施工现场需要进行动火作业。根据现行国家标准《建设工程施工现场消防安全技术规范》（GB 50720），氧气瓶与乙炔气瓶的工作间距、气瓶与明火作业点的最小距离分别不应＜（　）。

A. 5m,8m　　B. 4m,9m　　C. 4m,10m　　D. 5m,10m

【正确答案】D

【解析】气瓶使用时，应符合下列规定：氧气瓶与乙炔瓶的工作间距不应＜ 5m，气瓶与明火作业点的距离不应＜ 10m。

2.（**2016 年真题**）根据《建设工程施工现场消防安全技术规范》（GB 50720），施工单位应编制现场灭火及应急疏散预案，下列内容中，不属于灭火及应急疏散预案主要内容的是（　）。

A. 应急疏散及救援的程序和措施

B. 应急灭火处置机构及各级人员应急处置职责

C. 动火作业的防火措施

D. 报警、接警处置的程序和通讯联络的方式

【正确答案】C

【解析】灭火及应急疏散预案应包括下列主要内容：①应急灭火处置机构及各级人员应急处置职责；②报警、接警处置的程序和通信联络的方式；③扑救初起火灾的程序和措施；④应急疏散及救援的程序和措施。

第五章　大型群众性活动消防安全管理

考　点	内　容
大型群众性活动的主要特点	(1) 规模大；(2) 临时性；(3) 协调难
大型群众性活动的火灾因素	(1) 电气引起火灾；(2) 明火管理不善引起火灾；(3) 吸烟不慎引起火灾；(4) 燃放烟花爆竹引起火灾
重大活动消防安全保卫工作原则	(1) 坚持预防为主的原则；(2) 坚持依法管理的原则；(3) 坚持群众参与的原则
大型群众性活动消防安全管理工作原则	(1) 以人民为中心，减少火灾；(2) 居安思危，预防为主；(3) 统一领导，分级负责；(4) 依法申报，加强监管；(5) 快速反应，协同应对
大型群众性活动消防安全管理工作职责	(1) 承办单位**消防安全责任人**。**承办单位**消防安全责任人作为大型群众性活动消防安全保卫工作领导小组组长，是大型群众性活动消防安全工作的**第一责任人**。 (2) 承办单位**消防安全管理人**。承办单位消防安全管理人作为大型群众性活动消防安全保卫工作领导小组副组长，对大型群众性活动承办单位的消防安全责任人负责。 (3) **活动场地产权单位**。应当向大型群众性活动的承办单位提供符合消防安全要求的建筑物、场所和场地。 (4) **灭火行动组**。工作职责：①制定灭火和应急疏散预案；②实施预案演练；③组织消防安全检查；④现场消防安全保卫；⑤事故现场保护；⑥事故分析。 (5) **通信保障组**。工作职责：①建立通信平台。②保证将领导小组组长的各项指令第一时间传达到每一个参战单位和人员，实现上下通信畅通无阻。③与当地消防机构保持紧密联系，确保第一时间向消防部门报警，争取灭火救援时间，最大限度地减少人员伤亡和财产损失。 (6) **疏散引导组**。工作职责：①掌握活动举办场所各安全通道、出口位置，了解安全通道、出口畅通情况。②在关键部位设置工作人员，确保通道、出口畅通。③在发生火灾或突发事件的第一时间，引导参加活动的人员从最近的安全通道、出口疏散，确保参加活动人员生命安全。 (7) **安全防护救护组**。 (8) **防火巡查组**。工作职责：①现场**消防设施**是否完好有效。②现场**安全出口、疏散通道**是否畅通。③活动现场消防**重点部位**的运行状况、工作人员在岗情况。④活动过程**用火用电**情况。⑤**其他**消防不安全因素。⑥纠正消防**违章行为**。⑦及时向活动的消防安全管理人**报告巡查情况**
档案管理	(1) 消防安全**基本情况**的内容；(2) 消防安全**管理情况**的内容
大型群众性活动消防安全工作的实施	分**前期筹备**、**集中审批**和**现场保卫**三个阶段

续表

考　点	内　容
大型群众性活动消防安全管理的工作内容	（1）**防火巡查**：①及时**纠正违章**行为。②妥善处置火灾危险，无法当场处置的，应当**立即报告**。③发现初起火灾应当立即**报警并及时扑救**。 （2）**防火检查**。大型群众性活动应当在**活动前 12h 内进行防火检查**。 （3）**制定灭火和应急疏散预案**：①组织机构，包括灭火行动组、通信联络组、疏散引导组、安全防护救护组。②报警和接警处置程序。③应急疏散的组织程序和措施。④扑救初起火灾的程序和措施。⑤通信联络、安全防护救护的程序和措施。承办单位应当按照灭火和应急疏散预案，在活动举办前**至少进行一次**演练，并结合实际，不断完善预案

【强化练习】

【单选题】

1.（**2017 年真题**）某公司拟在一体育馆举办大型周年庆典活动，根据相关要求成立了活动领导小组，并安排公司的一名副经理担任疏散引导组的组长。根据相关规定，疏散引导组职责中不包括（　）。

A. 熟悉体育馆所在安全通道、出口的位置

B. 在每个安全出口设置工作人员，确保通道、出口畅通

C. 安排人员在发生火灾时第一时间引导参加活动的人员从最近的安全出口疏散

D. 进行灭火和应急疏散预案的演练

【正确答案】D

【解析】疏散引导组履行以下工作职责：（1）掌握活动举办场所各安全通道、出口位置，了解安全通道、出口畅通情况。（2）在关键部位设置工作人员，确保通道、出口畅通。（3）在发生火灾或突发事件的第一时间，引导参加活动的人员从最近的安全通道、出口疏散，确保参加活动人员生命安全。

第三篇　消防安全评估

第一章　概　　述

考　点	内　容	
风险管理	原则	（1）控制损失、创造价值；（2）融入组织管理过程；（3）支持决策过程；（4）应用系统的、结构化的方法；（5）以有效的信息为基础；（6）环境依赖；（7）广泛参与、充分沟通；（8）持续改进
	过程	（1）风险评估。包括**风险识别、风险分析、风险评价**。（2）风险应对。（3）监督和检查。（4）沟通和记录
火灾风险评估的分类	按建筑所处状态	**预先**评估：在开发、设计阶段； **现状**评估：投入运行前或已经投入运行
	按指标处理方式	**定性**评估：依靠人的观察能力； **半定量**评估：在风险量化的基础上进行； **定量**评估：涉及参数实现了完全量化的评估
火灾风险评估的作用	（1）社会化消防工作的基础；（2）公共消防设施建设的基础； （3）重大活动消防安全工作的基础；（4）确定火灾保险费率的基础	
火灾风险评估的基本流程	（1）前期准备；（2）火灾危险源的识别；（3）定性、定量评估；（4）消防安全管理水平评估；（5）确定对策、措施及建议；（6）确定评估结论；（7）编制火灾风险评估报告	

【强化练习】

【多选题】

1. 根据建筑（区域）风险评估指标的处理方式，风险评估可以分为（　）。

A. 预先评估　　B. 现状评估　　C. 定性评估

D. 半定量评估　　E. 定量评估

【正确答案】CDE

【解析】根据建筑（区域）风险评估指标的处理方式，风险评估可以分为定性评估、半定量评估和定量评估。

第二章　火灾风险识别

<table>
<tr><th>考　点</th><th colspan="3">内　容</th></tr>
<tr><td rowspan="2">火灾中的危险源</td><td colspan="3">第一类：包括可燃物、火灾烟气及燃烧产生的有毒、有害气体成分</td></tr>
<tr><td colspan="3">第二类：人们为了防止火灾发生、减小火灾损失所采取的消防措施中的隐患</td></tr>
<tr><td rowspan="9">火灾风险源分析</td><td rowspan="2">火灾危险源</td><td>主观因素</td><td>用火不慎、纵火、吸烟不慎等</td></tr>
<tr><td>客观因素</td><td>电气、危险品、环境等</td></tr>
<tr><td rowspan="2">建筑防火</td><td>被动防火</td><td>防火间距、耐火等级、防火分区、消防扑救条件、防火分隔设施</td></tr>
<tr><td>主动防火</td><td>灭火器材、消防给水、火灾自动报警系统、防排烟系统、自动灭火系统、疏散设施</td></tr>
<tr><td>人员状况</td><td colspan="2">人员荷载（人员密度）、人员素质、人员熟知度、人员体质</td></tr>
<tr><td rowspan="2">消防安全管理</td><td>内部管理</td><td>消防安全责任制、消防设施维护管理、消防安全培训、隐患检查整改机制</td></tr>
<tr><td>消防监督管理</td><td>消防宣传、消防培训、监督检查</td></tr>
<tr><td>消防救援力量</td><td colspan="2">消防站、消防救援人员、消防装备、到场时间（出警距离、道路交通状况）、应急预案、后勤保障（心理保障、食宿保障、医疗保障）</td></tr>
</table>

【强化练习】

【单选题】

1.（**2017 年真题**）影响公共建筑疏散设计指标的主要因素是（　）。

A. 人员密度　　B. 人员对环境的熟知度

C. 人员心理承受能力　　D. 人员身体状况

【正确答案】A

【解析】本题为拓展知识。评估建筑物或活动场地人员是否能安全疏散，主要表现在人员荷载、人员素质、人员熟知度和人员体质几个方面。人员荷载是决定疏散分析结论的基础，也是评估建筑物疏散安全性的前提条件。人员密度即人员荷载。

2.（**2015 年真题**）进行火灾风险识别中，需判定火灾危险源。下列火灾危险源因素中，属于人为因素的是（　）。

A. 人员应急反应能力　　B. 吸烟起火

C. 消防安全责任　　D. 可燃油浸变压器油温过高导致起火

【正确答案】B

【解析】人为因素：用火不慎引起火灾；不安全吸烟引起火灾；人为纵火。

第三章　火灾风险评估方法

<table>
<tr><th>考　点</th><th colspan="4">内　容</th></tr>
<tr><td rowspan="17">火灾风险评估方法</td><td rowspan="4">安全检查表法</td><td colspan="2">形式</td><td>提问式、对照式</td></tr>
<tr><td colspan="2">编制方法</td><td>经验法、系统安全分析法</td></tr>
<tr><td colspan="2">编制与实施</td><td>（1）确定系统；（2）找出危险点；（3）确定项目与内容，编制成表；（4）检查应用；（5）整改；（6）反馈</td></tr>
<tr><td colspan="2">优点</td><td>（1）全面性和系统性；（2）有明确的检查目标；（3）简单易懂；（4）有利于明确责任；（5）有利于安全教育；（6）事先编制、集思广益；（7）不断完善</td></tr>
<tr><td rowspan="3">预先危险性分析法</td><td colspan="2">步骤</td><td>（1）调查了解过去的经验和相似情况；（2）辨识、确定危险源，并制成表格；（3）研究危险源转化成火灾事故的触发条件；（4）危险分级</td></tr>
<tr><td colspan="2">危险分级</td><td>Ⅰ级：安全的（可忽视的）。Ⅱ级：临界的；
Ⅲ级：危险的。Ⅳ级：破坏性的（灾难性的）</td></tr>
<tr><td colspan="2">辨识危险性</td><td>（1）直接火灾；（2）间接火灾；（3）自动反应；（4）人的因素</td></tr>
<tr><td rowspan="3">事件树分析法</td><td colspan="2">编制程序</td><td>（1）确定初始事件；（2）判定安全功能；（3）绘制事件树；（4）简化事件树</td></tr>
<tr><td colspan="2">定性分析</td><td>（1）找出事故连锁；（2）找出预防事故的途径</td></tr>
<tr><td colspan="2">定量分析</td><td>（1）各发展途径的概率；（2）事故发生概率；（3）事故预防</td></tr>
<tr><td rowspan="4">事故树分析法</td><td rowspan="2">符号及意义</td><td>事件</td><td>①结果事件：矩形符号；②底事件：圆形符号；
③特殊事件：菱形符号</td></tr>
<tr><td>转移</td><td>①转出：△内记入向何处转出；
②转入：△内记入从何处转入</td></tr>
<tr><td colspan="2">定性分析</td><td>割集和最小割集；径集和最小径集</td></tr>
<tr><td colspan="2">定量分析</td><td>系统的单元故障概率；人为失误概率；顶事件的发生概率</td></tr>
</table>

【强化练习】

【多选题】

1.**（2015 年真题）**某化工企业拟采用安全检查表法对甲醇合成车间进行火灾风险评估。编制安全检查表的主要步骤应包括（　）。

A. 确定检查对象　　B. 找出危险点　　C. 预案演练

D. 确定检查内容　　E. 编制检查表

【正确答案】ABDE

【解析】安全检查表的编制与实施：（1）确定系统：确定系统是指确定所要检查的对象。（2）找出危险点。（3）确定项目与内容，编制成表。（4）检查应用。（5）整改。（6）反馈。

第四章　建筑性能化防火设计和评估

<table>
<tr><th>考　点</th><th colspan="4">内　容</th></tr>
<tr><td>性能化防火设计的主要内容</td><td colspan="4">（1）确定设计火灾场景与设定火灾；（2）确定不同类型建筑的火灾荷载密度；（3）烟气运动的分析方法；（4）人员安全疏散分析；（5）主动消防设施的对火反应特性分析；（6）火灾危害和火灾风险的分析与评估；（7）性能化防火设计与评估中所用方法的有效性分析</td></tr>
<tr><td rowspan="6">热释放速率</td><td colspan="4">（1）稳态火灾：热释放速率计算公式：
$$\dot{Q}=\dot{m}h_c$$
式中　$\dot{Q}$——稳态火灾的热释放速率；
$\dot{m}$——燃料的质量燃烧速率；
h_c——燃料的燃烧值。
（2）t^2 模型：
t^2 模型描述火灾过程中火源热释放速率随时间的变化关系，当不考虑火灾的初期点燃过程时，计算公式：
$$\dot{Q}=at^2$$
式中　$\dot{Q}$——火源热释放速率；
a——火灾发展系数；
t——火灾发展时间。
（3）火焰水平蔓延速度参数值：</td></tr>
<tr><th>可燃材料</th><th>火焰蔓延分级</th><th>α /(kW/s^2)</th><th>$\dot{Q}$=1MW 时所需的时间 /s</th></tr>
<tr><td>没有注明</td><td>慢速</td><td>0.0029</td><td>584</td></tr>
<tr><td>无棉制品、聚酯床垫</td><td>中速</td><td>0.0117</td><td>292</td></tr>
<tr><td>塑料泡沫、堆积的木板、装满邮件的邮袋</td><td>快速</td><td>0.0469</td><td>146</td></tr>
<tr><td>甲醇、快速燃烧的软垫座椅</td><td>极快</td><td>0.1876</td><td>73</td></tr>
<tr><td>烟气流动的驱动作用</td><td colspan="4">（1）正向烟囱效应及逆向烟囱效应；（2）浮力作用；（3）气体热膨胀作用；（4）外部风向作用；（5）供暖、通风和空调系统</td></tr>
<tr><td>烟气流动的计算方法及模型选用原则</td><td colspan="4">（1）经验模型：是指以试验测定的数据和经验为基础，通过将试验研究的一些经验性模型或是将一些经过简化处理的半经验模型加上重要的热物性数据编制而成的数学模型。常用：美国国家标准与技术研究院开发的 FPETOOL 模型、计算烟羽流温度的 Alpert 模型和计算火焰长度的 Hasemi 模型；
（2）区域模型：ASET、ASET-B、HARVARD-V 等；
（3）场模型：用于火灾数值模拟的专用软件有瑞典隆德大学的 SOFIE、美国 NIST 开发的 FDS 和英国的 JASMINE 等</td></tr>
<tr><td rowspan="3">影响人员安全疏散的因素</td><td>人员内在</td><td colspan="3">人员心理因素、人员生理因素、人员现场状态因素、人员社会关系因素</td></tr>
<tr><td>外在环境</td><td colspan="3">建筑物空间几何形状、建筑功能布局、建筑内具备的防火条件</td></tr>
<tr><td colspan="4">环境变化因素、救援和应急组织影响因素</td></tr>
<tr><td>人员疏散分析模型</td><td colspan="4">常用模型：离散化模型、连续性模型；
常用人员疏散模拟软件：EVACNET、EGRESS、EXIT89、EXODUS、SIMULEX、STEPS</td></tr>
</table>

续表

考　点	内　容
提高疏散安全性措施	（1）增加疏散出口数量，缩短独立疏散出口间的距离；增加疏散出口及疏散通道的宽度，提高疏散通行能力；（2）改善区域烟气控制措施；（3）改善火灾探测、报警系统设计；（4）完善疏散指示系统设计

【强化练习】

【单选题】

1.（2017 年真题）采用 t^2 火模型描述火灾发展过程时，装满书籍的厚布邮袋火灾是（　）t^2 火。

A. 超快速　　B. 中速　　C. 慢速　　D. 快速

【正确答案】D

【解析】

可燃材料	火焰蔓延分级	α /（kW/s^2）	$\dot{Q}$=1MW 时所需的时间 /s
没有注明	慢速	0.0029	584
无棉制品、聚酯床垫	中速	0.0117	292
塑料泡沫、堆积的木板、装满邮件的邮袋	快速	0.0469	146
甲醇、快速燃烧的软垫座椅	极快	0.1876	73

2.（2015 年真题）对建筑进行性能化防火设计时，火灾数值模拟软件 FDS 采用的火灾模型是（　）。

A. 场模型　　B. 局部模型　　C. 区域模型　　D. 混合模型

【正确答案】A

【解析】场模型中用于火灾数值模拟的专用软件有瑞典隆德大学的 SOFIE、美国 NIST 开发的 FDS 和英国的 JASMINE 等。

【多选题】

3.（2015 年真题）对建筑进行性能化防火设计评估中，在计算人员安全疏散时间时，应确定人员密度、疏散宽度、行走速度等相关参数。行走速度的确定需考虑影响行走速度的因素。影响行走速度的因素主要包括（　）。

A. 灭火器配置　　B. 人员自身条件　　C. 报警时间

D. 建筑情况　　E. 人员密度

【正确答案】BDE

【解析】本题为拓展知识。人员自身的条件、人员密度和建筑的情况均对人员的行走速度有一定的影响。

第四篇　消防基础知识

第一章　燃　　烧

第一节　燃烧条件

考　点	内　容
燃烧类型	**有焰燃烧、无焰燃烧**
着火三角形	（1）**可燃物**。凡是能与空气中的氧或其他氧化剂引起化学反应的物质，均称为可燃物。按其化学组成可分为无机可燃物和有机可燃物；按其所处的状态，分为可燃固体、可燃液体、可燃气体。 （2）**助燃物**。凡是能与可燃物结合能导致和支持燃烧的氧化剂。 （3）**引火源**。常见的有：明火；电弧、电火花；雷击；高温
着火四面体	**有焰燃烧的四个条件**，即可燃物、助燃物、引火源和链式反应自由基

【强化练习】

【单选题】

1.（**2015 年真题**）用着火四面体来表示燃烧发生和发展的必要条件时，“四面体”是指可燃物、氧化剂、引火源和（　）。

A. 氧化反应　　B. 热分解反应　　C. 链传递　　D. 链式反应自由基

【正确答案】D

【解析】大部分燃烧发生和发展需要四个必要条件：可燃物、助燃物、引火源和链式反应自由基。

第二节　燃烧类型及其特点

一、按燃烧发生瞬间的特点分类

考点	内　容	
着火	点燃	可燃混合气因受外加点火热源加热，引发局部火焰，并相继发生火焰传播至整个可燃混合物的现象。点火热源通常是电热线圈、电火花、炽热体、点火火焰等
	自燃	（1）可燃物质在没有外部火源的作用时，因受热或自身发热并蓄热所产生的燃烧； （2）自燃点是指可燃物**发生自燃的最低温度**； （3）分为**化学自燃**和**热自燃**
爆炸	是指物质由一种状态迅速地转变成另一种状态，并在瞬间以机械功的形式释放出巨大的能量，或是气体、蒸气在瞬间发生剧烈膨胀等现象。特征是爆炸点周围发生剧烈的压力突变	

二、按燃烧物形态分类

考　点	内　容
气体燃烧	（1）扩散燃烧，如家用煤气燃烧； （2）预混燃烧，如氧乙炔焊、汽灯的燃烧
液体燃烧	（1）**不同类别液体燃烧特征**：①可燃液态烃类燃烧，产生橘色火焰并散发浓密的黑色烟云；②醇类燃烧，产生透明的蓝色火焰，几乎不产生烟雾；③某些醚类燃烧时，液体表面伴有明显的沸腾状，较难扑灭。 （2）**特殊现象**：①闪燃；②沸溢（原油燃烧）；③喷溅（重质油品燃烧）
固体燃烧	（1）**蒸发燃烧**：硫、磷、钾、钠、蜡烛、松香、樟脑、萘的燃烧； （2）**表面燃烧**：木炭、焦炭、铁、铜等可燃固体的燃烧； （3）**分解燃烧**：木材、草、棉花、煤、橡胶、塑料、纺织品的燃烧； （4）**阴燃（固体特有）**：纸张、锯末、纤维织物、胶乳橡胶等能发生阴燃

三、按可燃物与助燃物混合方式分类

考　点	内　容
扩散燃烧	最常见的：家用煤气燃烧、固体燃烧、可燃液体液面燃烧
预混燃烧	密闭空间内，可燃气体泄露与空气混合后遇点火源发生的爆炸

四、燃烧性能参数

考　点	内　容
闪点	在规定的试验条件下，可燃性液体或固体表面产生的蒸气在试验火焰作用下发生闪燃的最低温度
燃点	在规定的试验条件下，物质在外部引火源作用下表面起火并持续一定时间所需的最低温度
自燃点	在规定的条件下，可燃物质产生自燃的最低温度。在这一温度时，物质与空气（氧）接触，不需要明火的作用就能发生燃烧

【强化练习】

【单选题】

1.（**2016 年真题**）对于原油储罐，当罐内原油发生燃烧时，不会产生（　）。

A. 闪燃　　　　B. 热波

C. 蒸发燃烧　　　　D. 阴燃

【正确答案】D

【解析】本题考查的是液体燃烧。液体燃烧有三类的特殊现象：闪燃、沸溢、喷溅。原油发生燃烧是典型的沸溢现象。沸溢形成必须具备三个条件：原油具有形成热波的特性，即沸程宽，密度相差较大；原油中含有乳化水，水遇热波变成蒸汽；原油黏度较大，使水蒸气不容易从下向上穿过油层。因此，阴燃现象不会产生，D 选项符合题意。

第三节　燃烧产物

一、常见可燃物的燃烧产物

物质名称	主要燃烧产物
木材、纸张	二氧化碳、一氧化碳
棉花、人造纤维	二氧化碳、一氧化碳
羊毛	二氧化碳、一氧化碳、硫化氢、氨、氰化物
聚四氟乙烯	二氧化碳、一氧化碳、氟化氢
聚苯乙烯	二氧化碳、一氧化碳、苯、甲苯、乙醛
尼龙	二氧化碳、一氧化碳、氨、氰化物、乙醛
酚醛树脂	二氧化碳、一氧化碳、氰化物
聚氨酯	二氧化碳、一氧化碳、氰化物
环氧树脂	二氧化碳、一氧化碳、丙醛
聚氯乙烯	二氧化碳、一氧化碳、氯化氢、光气、氯气

二、几种典型物质的燃烧及主要燃烧产物

物　质	成　分	燃烧产物
高聚物	只含碳和氢，如聚乙烯、聚丙烯、聚苯乙烯	燃烧时有熔滴，产生 CO
	含有氧，如有机玻璃、赛璐珞	燃烧时变软，无熔滴，产生 CO
	含有氮，如三聚氰胺甲醛树脂、尼龙	燃烧时有熔滴，产生 CO、NO、HCN 等有毒气体
	含有氯，如聚氯乙烯	无熔滴，有炭瘤，产生 HCl，有毒且溶于水后有腐蚀性

金属	某些金属燃烧时的火焰颜色							
	金属名称	Na	K	Ca	Ba	Sr	Cu	Mg
	火焰颜色	黄色	紫色	砖红色	绿色	红色	蓝色	白色

【强化练习】

【多选题】

1.（**2018 年真题**）聚氯乙烯电缆燃烧时，燃烧产物有（　）。

A. 氮氧化物　　B. 炭瘤　　C. 熔滴

D. 腐蚀性气体　　E. 水蒸气

【正确答案】BD

【解析】本题考查的是高聚物的燃烧产物。聚氯乙烯电缆是含有氯的高聚物，燃烧时无熔滴，有炭瘤，并产生 HCl 气体，有毒且溶于水后有腐蚀性。故本题选 BD 选项。

第二章 火 灾

第一节 火灾的定义、分类与危害

<table>
<tr><th>考 点</th><th colspan="5">内 容</th></tr>
<tr><td rowspan="11">分类</td><td rowspan="6">按照燃烧对象的性质分类</td><td>A 类火灾</td><td colspan="3">固体物质火灾，例如木材、棉、毛、麻、纸张</td></tr>
<tr><td>B 类火灾</td><td colspan="3">液体或可熔化固体物质火灾，例如汽油、煤油、原油、甲醇、乙醇、沥青、石蜡等</td></tr>
<tr><td>C 类火灾</td><td colspan="3">气体火灾，例如煤气、天然气、甲烷、乙烷、氢气</td></tr>
<tr><td>D 类火灾</td><td colspan="3">金属火灾，例如钾、钠、镁、钛、锆、锂</td></tr>
<tr><td>E 类火灾</td><td colspan="3">带电火灾，例如变压器等设备的电气火灾</td></tr>
<tr><td>F 类火灾</td><td colspan="3">烹饪器具内的烹饪物（动物油脂、植物油脂）火灾</td></tr>
<tr><td rowspan="5">按照火灾事故造成的灾害损失程度分类</td><td>类型</td><td>死亡 / 人</td><td>重伤 / 人</td><td>损失 / 元</td></tr>
<tr><td>特别重大火灾</td><td>≥ 30</td><td>≥ 100</td><td>≥ 1 亿</td></tr>
<tr><td>重大火灾</td><td>10 ≤死亡＜ 30</td><td>50 ≤重伤＜ 100</td><td>5000 万≤损失＜ 1 亿</td></tr>
<tr><td>较大火灾</td><td>3 ≤死亡＜ 10</td><td>10 ≤重伤＜ 50</td><td>1000 万≤损失＜ 5000 万</td></tr>
<tr><td>一般火灾</td><td>＜ 3</td><td>＜ 10</td><td>＜ 1000 万</td></tr>
<tr><td>危害</td><td colspan="5">（1）危害生命安全；（2）造成经济损失；（3）破坏文明成果；（4）影响社会稳定；（5）破坏生态环境</td></tr>
<tr><td>原因</td><td colspan="5">（1）电气；（2）吸烟不慎；（3）生活用火不慎；（4）生产作业不慎；（5）玩火；（6）放火；（7）雷击</td></tr>
</table>

【强化练习】

【单选题】

1.（**2017 年真题**）关于火灾类别的说法，错误的是（ ）。

A. D 类火灾是物体带电燃烧的火灾

B. A 类火灾是固体物质火灾

C. B 类火灾是液体火灾或可溶化固体物质火灾

D. C 类火灾是气体火灾

【正确答案】A

【解析】火灾按照燃烧对象的性质分类，总共分为六类。D 类火灾是金属火灾，E 类火灾是带电火灾。故 A 选项说法错误。

第二节　建筑火灾发展及蔓延的机理

考　点	内　容
传热基础	（1）**热传导**。热传导属于接触传热，热传导是固体中热传递的主要方式。 （2）**热对流**。火灾初期，热对流对火灾的发展起主导作用。 （3）**热辐射**。为非接触式热量传递方式，是建筑之间火灾传播的主要途径
流动过程	**烟气流动路线**： 第一条（最主要）：着火房间→走廊→楼梯间→上部各楼层→室外； 第二条：着火房间→室外； 第三条：着火房间→相邻上层房间→室外
	着火房间的烟气流动：烟气羽流、顶棚射流（多数情况下，顶棚射流层的厚度约为距离顶棚以下高度 H 的 5% ～ 12%，顶棚射流层内最大温度和最大速度出现在距离顶棚以下高度 H 的 1% 处）、烟气层沉降
	走廊的烟气流动：呈层流流动状态。特点：（1）烟气在上层流动，空气在下层流动，分层流动状态能保持 40 ～ 50m 的流程。（2）烟气层的厚度在一定的流程内维持不变，通常 20 ～ 30m
	竖井中的烟气流动：当竖井比外部温度高时，内部压力比外部高，气体向上流动，形成压力中性平面
	烟气流动的驱动力：烟囱效应、火风压、外界风； 烟气在水平方向的扩散，**初期为** 0.1 ～ 0.3m/s，**中期为** 0.5 ～ 0.8m/s；垂直方向通常为 1 ～ 5m/s，竖井中上升流动速度 6 ～ 8m/s
室内火灾特殊现象	**轰燃**：（1）判断标准：①顶棚附近的气体温度超过某一特定值（约 600℃）；②地面的辐射热通量超过某一特定值（约 20kW/m^2）；③火焰从通风开口喷出。 （2）出现征兆：①屋顶的热烟气层开始出现火焰；②出现滚燃现象；③热烟气层突然下降；④温度突然增加
	回燃：通常发生在通风不良的室内火灾门窗打开或者被破坏的时候

【强化练习】

【单选题】

1.（2017 年真题）净高 6m 以下的室内空间，顶棚射流的厚度通常为室内净高的 5% ～ 12%，其最大温度和速度出现在顶棚以下室内净高的（　）处。

A. 5%　　B. 1%　　C. 3% ～ 5%　　D. 5% ～ 10%

【正确答案】B

【解析】研究表明，假设顶棚距离可燃物的垂直高度为多数情况下顶棚射流层的厚度约为距离顶棚以下高度 H 的 5% ～ 12%, 而顶棚射流层内最大温度和最大速度出现在距离顶棚以下高度 H 的 1% 处。

第三节　防火和灭火的基本原理与方法

考点	内　容
防火的基本方法	（1）**控制可燃物**；（2）**隔绝助燃物**；（3）**控制引火源**
灭火的基本原理与方法	（1）**冷却灭火**。用水扑灭； （2）**隔离灭火**；如自动喷水－泡沫联用系统； （3）**窒息灭火**；低于最低氧浓度，灌注非助燃气体； （4）**化学抑制灭火**。常见的灭火剂：**干粉灭火剂**和**七氟丙烷**灭火剂

【强化练习】

【单选题】

1.（2016 年真题）下列灭火器中，灭火剂的灭火机理为化学抑制作用的是（　）。

A. 泡沫灭火器　　　　B. 二氧化碳灭火器

C. 水基型灭火器　　　　D. 干粉灭火器

【正确答案】D

【解析】本题考查的是化学抑制灭火。化学抑制灭火的常见灭火剂有干粉灭火剂和七氟丙烷灭火剂。本题正确答案是 D。

第三章　爆　　炸

<table>
<tr><th>考　点</th><th colspan="3">内　容</th></tr>
<tr><td rowspan="8">爆炸分类</td><td rowspan="2">物理爆炸</td><td colspan="2">物质因状态变化导致压力发生突变而形成的爆炸</td></tr>
<tr><td colspan="2">例如：压缩气体、油桶受热爆炸</td></tr>
<tr><td rowspan="5">化学爆炸</td><td>炸药爆炸</td><td>特点：属于凝聚体系爆炸，炸药本身含有氧，不需要外界供氧；
对周围介质的破坏作用：直接作用、冲击波作用、外壳碎片的分散杀伤作用</td></tr>
<tr><td>可燃气体爆炸</td><td>分为混合气体爆炸、气体单分解爆炸</td></tr>
<tr><td rowspan="3">可燃粉尘爆炸</td><td>条件：（1）粉尘本身可燃；（2）必须悬浮在空气中，且浓度处于一定范围；（3）有足以引起爆炸的引火源</td></tr>
<tr><td>特点：（1）爆炸压力上升和下降速度缓慢，持续时间长，释放能量大，破坏性强；（2）可能发生二次爆炸，形成连锁爆炸；（3）所需点火能大、引爆时间长、过程复杂</td></tr>
<tr><td>影响因素：（1）粉尘本身的物理化学性质；（2）粉尘浓度；（3）环境条件；（4）可燃气体和惰性气体的含量</td></tr>
<tr><td>核爆炸</td><td colspan="2">由原子核裂变或聚变反应，释放出核能所形成的爆炸，例如原子弹、氢弹、中子弹的爆炸</td></tr>
</table>

续表

<table>
<tr><th>考　点</th><th colspan="3">内　容</th></tr>
<tr><td rowspan="2">爆炸极限</td><td>气体和液体</td><td colspan="2">影响爆炸极限的因素：(1) 火源能量。(2) 初始压力。(3) 初温。(4) 惰性气体。可燃混合气体中加入惰性气体，会使爆炸极限范围变小，一般上限降低，下限变化比较复杂。当加入的惰性气体超过一定量以后，任何比例的混合气体均不可能发生爆炸</td></tr>
<tr><td>可燃粉尘</td><td colspan="2">许多工业粉尘的爆炸下限为 20 ～ 60g/m³，爆炸上限为 2000 ～ 6000g/m³</td></tr>
<tr><td rowspan="7">爆炸危险源</td><td>直接原因</td><td colspan="2">(1) 物料；(2) 作业行为；(3) 生产设备；(4) 生产工艺；(5) 人为故意破坏、地震、台风、雷击等自然灾害</td></tr>
<tr><td rowspan="5">常见爆炸引火源</td><td>火源类别</td><td>火源举例</td></tr>
<tr><td>机械火源</td><td>撞击、摩擦</td></tr>
<tr><td>热火源</td><td>高温热表面、日光照射并聚焦</td></tr>
<tr><td>电火源</td><td>电火花、静电火花、雷电</td></tr>
<tr><td>化学火源</td><td>明火、化学反应热、发热自燃</td></tr>
<tr><td>最小点火能</td><td colspan="2">定义：能够引燃某种可燃混合物所需的最低电火花能量值，通常采用 mJ 作为单位。大部分可燃气体的最小点火能不超过 1mJ。最小点火能是衡量可燃气体、蒸气、粉尘火灾危险性的特性指标之一。物料的最小点火能量越小，火灾危险性越大</td></tr>
</table>

【强化练习】

【单选题】

1. (**2017 年真题**) 下列初始条件中，可使甲烷爆炸极限范围变窄的是（　）。

A. 注入氮气　　B. 提高温度

C. 增大压力　　D. 增大点火能量

【正确答案】A

【解析】可燃混合气体中加入惰性气体，会使爆炸极限范围变小。因此选项 A 正确。

【多选题】

2. 下列选项中，属于化学火源的是（　）。

A. 明火　　B. 撞击

C. 摩擦　　D. 化学反应热

E. 自燃

【正确答案】ADE

【**解析**】引火源是发生爆炸的必要条件之一，常见引起爆炸的引火源主要有机械火源、热火源、电火源及化学火源，如下表所示，故正确答案为A、D、E。

火源类别	火源举例
机械火源	撞击、摩擦
热火源	高温热表面、日光照射并聚焦
电火源	电火花、静电火花、雷电
化学火源	明火、化学反应热、发热自燃

第四章　易燃易爆危险品

考　点	内　容	
爆炸品	火药、炸药、爆炸性药品及其制品的总称。危险特性包括**爆炸性**和**敏感度**	
易燃气体	分级	Ⅰ级：爆炸下限＜10%，或爆炸极限范围≥12个百分点
		Ⅱ级：爆炸下限≥10%且≤13%，且爆炸极限范围＜12个百分点
	危险性	（1）易燃易爆性；（2）扩散性；（3）可缩性和膨胀性；（4）带电性；（5）腐蚀性、毒害性
易燃液体	分级	Ⅰ级：初沸点≤35℃，如汽油、正戊烷、环戊烯、乙醛、丙酮
		Ⅱ级：闪点＜23℃，初沸点＞35℃，如石油醚、石油原油、苯、甲醇等
		Ⅲ级：23℃≤闪点≤60℃，初沸点＞35℃，如煤油、樟脑油、松节油等
	危险性	（1）易燃性；（2）爆炸性；（3）受热膨胀性；（4）流动性；（5）带电性；（6）毒害性
易燃固体	**分类：**易燃烧的固体和通过摩擦可能起火的固体、固态退敏爆炸品、自反应物质。 **火灾危险性：**燃点低、易点燃；遇酸、氧化剂易燃易爆；本身或燃烧产物有毒	
易于自燃的物质	**分类：**发火物质、自热物质； **火灾危险性：**遇空气自燃性、遇湿自燃性、积热自燃性	
遇水放出易燃气体的物质	**火灾危险性：**遇水或遇酸燃烧性、自燃性、爆炸性、其他	

【**强化练习**】

【**单选题**】

1.（**2016年真题**）汽油闪点低，易挥发，流动性好，存有汽油的储罐受热不会发生（　）现象。

A. 蒸汽燃烧及爆炸　　　　　　B. 容器爆炸

C. 泄漏产生流淌火　　　　　　D. 沸溢和喷溅

【正确答案】D

【解析】汽油是典型的易燃液体。易燃液体的火灾危险性有：易燃性、爆炸性、受热膨胀性、流动性、带电性、毒害性。ABC 选项符合题意。沸溢指的是在含有水分、黏度较大的重质石油产品，如原油、重油、沥青油等燃烧时的一种现象。喷溅是指热波达到水垫时，水垫的水大量蒸发，蒸汽体积迅速膨胀，以至把水垫上面的液体层抛向空中，向罐外喷射的现象。

第五篇　建筑防火

第一章　生产和储存物品的火灾危险性分类

第一节　生产的火灾危险性分类

一、评定物质火灾危险性的主要指标

考　点	内　容	
评定物质火灾危险性的主要指标	气体	（1）**爆炸极限**（爆炸极限范围越大，爆炸下限越低，火灾危险性越大）；（2）**自燃点**（自燃点越低，火灾爆炸危险性越大）
	液体	**闪点**（主要指标，评定可燃液体火灾危险性的最直接的指标是蒸气压，**蒸气压越高，闪点越低，危害性越大**）
	固体	（1）**绝大多数的可燃固体：燃点和熔点**； （2）粉状可燃固体：爆炸浓度下限； （3）遇水燃烧固体：与水反应速度快慢和放热量的大小； （4）自燃性固体：自燃点； （5）受热分解可燃固体：分解温度

二、生产的火灾危险性分类

类　别	火灾危险性特征	分类举例
甲	（1）闪点＜ 28℃的液体； （2）爆炸下限＜ 10% 的气体； （3）常温下能自行分解或在空气中氧化能导致迅速**自燃**或**爆炸**的物质； （4）常温下受到**水**或空气中**水蒸气**的作用，能产生可燃气体并引起**燃烧**或**爆炸**的物质； （5）遇酸、受热、撞击、摩擦、催化以及遇有机物或硫黄等易燃的无机物，极易引起燃烧或爆炸的**强氧化剂**； （6）受撞击、摩擦或与氧化剂、有机物接触时能引起**燃烧或爆炸**的物质； （7）在**密闭**设备内操作温度**不小于**物质本身**自燃点**的生产	（1）冰片精制部位、农药厂**乐果厂房**、**汽油**加铅室、橡胶制品的**涂胶和胶浆**部位、植物油加工厂的**浸出车间**； （2）**乙炔站，氢气站，石油气体分馏（或分离）厂房**、**水煤气**或焦炉煤气的净化（如脱硫）厂房压缩机室，**液化石油气**灌瓶间； （3）**硝化棉**厂房，**赛璐珞**厂房，**黄磷**制备厂房，**甲胺**厂房、**丙烯腈**厂房； （4）金属**钠**、**钾**加工房，**三氯化磷**厂房，**五氧化二磷**厂房； （5）**氯酸**钠、氯酸钾厂房，**过氧**化氢、过氧化钠、过氧化钾厂房，次氯酸钙厂房； （6）**赤磷**制备厂房，**五硫化二磷**厂房； （7）洗涤剂厂房石蜡**裂解**部位，冰醋酸**裂解**厂房

续表

类　别	火灾危险性特征	分类举例
乙	（1）闪点≥ 28℃，但＜ 60℃的液体； （2）爆炸下限≥ 10% 的气体； （3）**不属于甲类的氧化剂**； （4）**不属于甲类的易燃固体**； （5）**助燃气体**； （6）能与空气形成爆炸性混合物的浮游状态的粉尘、纤维、闪点≥ 60℃的液体雾滴	（1）**松节油或松香**蒸馏厂房，**甲酚**厂房，氯丙醇厂房，**樟脑油**提取部位，**煤油灌桶间**； （2）**一氧化碳**压缩机室及净化部位，**发生炉煤气**或鼓风炉煤气净化部位，**氨**压缩机房等； （3）**发烟硫酸**或发烟硝酸浓缩部位，**高锰酸钾**厂房、重铬酸钠（红矾钠）厂房； （4）**樟脑**或**松香**提炼厂房，**硫黄**回收厂房，焦化厂**精萘**厂房； （5）**氧气站**，**空分**厂房； （6）**铝粉**或**镁粉**厂房，金属制品**抛光部位**，**煤粉**厂房，**面粉**厂的碾磨部位，活性炭厂房、**谷物筒仓**工作塔，亚麻厂的**除尘器和过滤器室**
丙	（1）闪点≥ 60℃的液体； （2）可燃固体	（1）焦化厂**焦油**厂房，**柴油**灌桶间，**苯甲酸**厂房，**甘油**、**桐油**的制备厂房，**油浸变压器室**，**沥青**加工厂房，植物油加工厂的**精炼部位**； （2）煤、木工厂房，针织品厂房，谷物加工房，针织品厂房，服装加工厂房，电视机、收音机装配厂房
丁	（1）对不燃烧物质进行加工，并在高温或熔化状态下经常**产生强辐射热、火花或火焰**的生产； （2）利用气体、液体、固体作为燃料或将气体、液体进行燃烧做其他用的各种生产； （3）常温下使用或加工难燃烧物质的生产	（1）**金属冶炼、锻造、铆焊、热轧、铸造、热处理厂房**； （2）锅炉房，玻璃原料熔化厂房，陶瓷制品的烘干、烧成厂房，配电室（每台装油量≤ 60kg 的设备）等； （3）**难燃铝塑料**材料的加工厂房，**酚醛泡沫塑料**的加工厂房，印染厂的**漂炼部位**，化纤厂后加工**润湿部位**
戊	常温下使用或加工**不燃烧物质**的生产	制砖车间，石棉加工车间，氟利昂厂房，金属（镁合金除外）冷加工车间，电动车库

第二节　储存物品的火灾危险性分类

一、储存物品的火灾危险性分类

类　别	火灾危险性特征	举　例
甲	（1）闪点＜ 28℃的液体； （2）爆炸下限＜ 10% 的气体，受到水或水蒸气能产生爆炸下限＜ 10% 气体的固体物质； （3）常温下能自行分解或在空气中氧化能导致迅速**自燃或爆炸**的物质； （4）常温下受到水或空气中水蒸气的作用**产生可燃气体**并引起燃烧或爆炸的物质； （5）遇酸、受热、撞击、摩擦以及遇有机物或硫黄等易燃的无机物，极易引起燃烧或爆炸的**强氧化剂**； （6）受撞击、摩擦或与氧化剂、有机物接触时能引起燃烧或爆炸的物质	（1）**汽油**，己烷、戊烷，甲酸甲酯、醋酸甲酯、硝酸乙酯，**石脑油**，**甲苯**，**甲醇**，**乙醇**，**乙醚**，丙酮、丙烯，苯，**38 度及以上的白酒**； （2）**乙炔**、氢、甲烷，丙烯，丁二烯，环氧乙烷，**水煤气**，**硫化氢**，**电石**，**碳化铝**； （3）**硝化棉、黄磷、赛璐珞棉、喷漆棉**； （4）金属**钠、钾、锂、钙**，**氢化钠**，氢化锂，四氢化锂铝； （5）**氯酸钾**、氯酸钠，**过氧化钾**，过氧化钠，**硝酸铵**； （6）**赤磷**，五硫化二磷，三硫化二磷

续表

类　别	火灾危险性特征	举　例
乙	（1）**闪点≥ 28℃，但 < 60℃的液体；** （2）爆炸下限≥ 10% 的气体； （3）**不属于甲类的氧化剂；** （4）**不属于甲类的易燃固体；** （5）助燃气体； （6）常温下与空气接触能缓慢氧化，积热不散引起自燃的物品	（1）**煤油，松节油，樟脑油，冰醋酸；** （2）**氨气**、一氧化碳； （3）**硝酸**铜，铬酸，亚硝酸钾，重**铬酸**钠，铬酸钾，硝酸，硝酸汞，硝酸钴，发烟**硫酸，漂白粉；** （4）硫黄，**镁粉，铝粉，**赛璐珞板（片），**樟脑，生松香；** （5）**氧气，氟气，液氯；** （6）**漆布及其制品，**油布及其制品，油纸及其制品，油绸及其制品
丙	（1）闪点≥ 60℃的液体； （2）可燃固体	（1）**动物油、植物油，润滑油、机油、重油，闪点不小于 60℃的柴油，蜡、沥青、白兰地成品库；** （2）化学、人造纤维及其织物，纸张、棉、**谷物，面粉，天然橡胶及其制品，**电视机，冷库中的鱼、肉间
丁	难燃烧物品	**自熄性塑料**及其制品，**酚醛泡沫塑料**及其制品，**水泥刨花板**
戊	不燃烧物品	钢材、铝材、玻璃及其制品，**玻璃棉、岩棉**、陶瓷棉、**硅酸铝纤维**、水泥、石、膨胀珍珠岩
储存火灾危险性确定原则 （1）同一座仓库或仓库的任一防火分区内储存不同火灾危险性物品时，仓库或防火分区的火灾危险性应**按火灾危险性最大的物品确定**； （2）丁、戊类储存物品仓库的火灾危险性，当**可燃包装质量大于物品本身质量 1/4 或可燃包装体积大于物品本身体积的 1/2** 时，应按**丙类**确定		

【强化练习】

【单选题】

1.（**2015 年真题**）某仓库存储有百货、陶瓷器具、玻璃制品、塑料玩具、自行车。该仓库的火灾危险性类别应确定为（　）。

A. 甲类　　　　B. 乙类

C. 丙类　　　　D. 丁类

【正确答案】C

【解析】同一座仓库或仓库的任一防火分区内储存不同火灾危险性物品时，仓库或防火分区的火灾危险性应按火灾危险性最大的物品确定。百货、自行车的火灾危险性为丙类，陶瓷器具、玻璃制品的火灾危险性为戊类，塑料玩具的火灾危险性为丁类；因此 C 选项符合要求。

第二章　建筑分类和耐火等级

<table>
<tr><th>考　点</th><th colspan="4">内　容</th></tr>
<tr><td rowspan="2">建筑分类</td><td>按使用性质分类</td><td colspan="3">民用建筑（分为住宅建筑和公共建筑；单层、多层民用建筑和高层民用建筑）、工业建筑（分为加工、生产类厂房和仓储类库房）、农业建筑</td></tr>
<tr><td>按建筑结构分类</td><td colspan="3">木结构、砖木结构、砖混结构、钢筋混凝土结构、钢结构、钢混结构、其他结构</td></tr>
<tr><td>建筑检查</td><td colspan="4">（1）建筑高度：建筑高度 > 27m 的住宅建筑和其他建筑高度 > 24m 的非单层厂房、仓库和其他民用建筑属于高层建筑。超过 100m 的高层建筑称为超高层建筑；
（2）建筑层数：按照建筑的自然层确定。室内顶板面高出室外设计地面的高度≤ 1.5m 的地下或半地下室，设置在建筑底部且室内高度≤ 2.2m 的自行车库、储藏室、敞开空间，以及建筑屋顶上凸出的局部设备用房、出屋面的楼梯间，不计入建筑层数；
（3）生产的火灾危险性；
（4）储存物品的火灾危险性；
（5）民用建筑类别：分为公共建筑和住宅建筑；
（6）汽车库、修车库、停车场类别：室外坡道、屋面露天停车场的建筑面积可不计入汽车库的面积；公共汽车库的面积可按规定值增加 2 倍</td></tr>
<tr><td rowspan="6">建筑材料的燃烧性能及分级</td><td colspan="4">1. 我国建筑材料及制品燃烧性能分级</td></tr>
<tr><td>燃烧性能等级</td><td>名　称</td><td>燃烧性能等级</td><td>名　称</td></tr>
<tr><td>A</td><td>不燃材料（制品）</td><td>B_2</td><td>可燃材料（制品）</td></tr>
<tr><td>B_1</td><td>难燃材料（制品）</td><td>B_3</td><td>易燃材料（制品）</td></tr>
<tr><td colspan="4">2. 燃烧性能等级判据的主要参数
（1）材料；（2）燃烧滴落物 / 微粒；（3）临界热辐射通量；（4）燃烧增长速率指数；（5）THR_{600}</td></tr>
<tr><td colspan="4">3. 燃烧性能等级的附加信息和标识
（1）产烟特性等级（分为 s1、s2、s3）；（2）燃烧滴落物 / 微粒等级（分为 d0、d1、d2）；（3）烟气毒性等级（分为 t0、t1、t2）</td></tr>
<tr><td>建筑构件的燃烧性能</td><td colspan="4">（1）不燃性构件：如钢材、混凝土、砖、石、砌块、石膏板等；
（2）难燃性构件：如沥青混凝土、经阻燃处理后的木材、塑料、水泥刨花板；
（3）可燃性构件，如木材、竹子、刨花板、宝丽板、塑料等</td></tr>
<tr><td rowspan="2">建筑构件的耐火极限</td><td colspan="4">概念：是指在标准耐火试验条件下，建筑构件、配件或结构从受到火的作用时起，至失去承载能力、完整性或隔热性时止所用时间，用小时（h）表示</td></tr>
<tr><td colspan="4">影响因素：（1）材料本身的属性；（2）建筑配件结构特性；（3）材料与结构间的构造方式；（4）标准所规定的试验条件；（5）材料的老化性能；（6）火灾种类和使用环境要求</td></tr>
</table>

续表

<table>
<tr><th>考　点</th><th colspan="6">内　容</th></tr>
<tr><td rowspan="25">建筑耐火等级（厂房、仓库）</td><td colspan="6">建筑耐火等级是由组成建筑的墙、柱、楼板、屋顶承重构件、吊顶等主要构件的燃烧性能和耐火极限决定的，共分四级。具体分级中，以楼板的耐火极限为基准。</td></tr>
<tr><td colspan="6">厂房和仓库的耐火等级　　单位：h</td></tr>
<tr><td colspan="2" rowspan="2">构件名称</td><td colspan="4">耐火等级</td></tr>
<tr><td>一级</td><td>二级</td><td>三级</td><td>四级</td></tr>
<tr><td rowspan="5">墙</td><td>防火墙</td><td>不燃性 3.00</td><td>不燃性 3.00</td><td>不燃性 3.00</td><td>不燃性 3.00</td></tr>
<tr><td>承重墙</td><td>不燃性 3.00</td><td>不燃性 2.50</td><td>不燃性 2.00</td><td>难燃性 0.50</td></tr>
<tr><td>楼梯间、前室的墙，电梯井的墙</td><td>不燃性 2.00</td><td>不燃性 2.00</td><td>不燃性 1.50</td><td>难燃性 0.50</td></tr>
<tr><td>疏散走道两侧的隔墙</td><td>不燃性 1.00</td><td>不燃性 1.00</td><td>不燃性 0.50</td><td>难燃性 0.25</td></tr>
<tr><td>非承重外墙
房间隔墙</td><td>不燃性 0.75</td><td>不燃性 0.50</td><td>难燃性 0.50</td><td>难燃性 0.25</td></tr>
<tr><td colspan="2">柱</td><td>不燃性 3.00</td><td>不燃性 2.50</td><td>不燃性 2.00</td><td>难燃性 0.50</td></tr>
<tr><td colspan="2">梁</td><td>不燃性 2.00</td><td>不燃性 1.50</td><td>不燃性 1.00</td><td>难燃性 0.50</td></tr>
<tr><td colspan="2">楼板</td><td>不燃性 1.50</td><td>不燃性 1.00</td><td>不燃性 0.75</td><td>难燃性 0.50</td></tr>
<tr><td colspan="2">屋顶承重构件</td><td>不燃性 1.50</td><td>不燃性 1.00</td><td>难燃性 0.50</td><td>可燃性</td></tr>
<tr><td colspan="2">疏散楼梯</td><td>不燃性 1.50</td><td>不燃性 1.00</td><td>不燃性 0.75</td><td>可燃性</td></tr>
<tr><td colspan="2">吊顶</td><td>不燃性 0.25</td><td>难燃性 0.25</td><td>难燃性 0.15</td><td>可燃性</td></tr>
<tr><td colspan="6">部分厂房（仓库）的耐火等级要求</td></tr>
<tr><td colspan="2">名　称</td><td>最低耐火等级</td><td colspan="3">备　注</td></tr>
<tr><td colspan="2">高层厂房</td><td>二级</td><td colspan="3">/</td></tr>
<tr><td colspan="2">甲、乙类厂房</td><td>二级</td><td colspan="3">建筑面积≤ 300m² 的独立甲、乙类单层厂房可采用三级</td></tr>
<tr><td colspan="2">使用或产生丙类液体的厂房和有火花、赤热表面、明火的丁类厂房</td><td>二级</td><td colspan="3">当建筑面积≤ 500m² 的单层丙类厂房或建筑面积≤ 1000m² 的单层丁类厂房，可采用三级</td></tr>
<tr><td colspan="2">使用或储存特殊贵重的机器、仪表、仪器等设备或物品</td><td>二级</td><td colspan="3">/</td></tr>
</table>

续表

<table>
<tr><th>考　点</th><th colspan="3">内　容</th></tr>
<tr><td rowspan="9">建筑耐火等级（厂房、仓库）</td><td>锅炉房</td><td>二级</td><td>当为燃煤锅炉房且锅炉的总蒸发量不大于 4t/h 时，可采用三级</td></tr>
<tr><td>油浸变压器室、高压配电装置室</td><td>二级</td><td>/</td></tr>
<tr><td>高架仓库、高层仓库、甲类仓库、多层乙类仓库、储存可燃液体的多层丙类仓库</td><td>二级</td><td>/</td></tr>
<tr><td>粮食筒仓</td><td>二级</td><td>/</td></tr>
<tr><td>散装粮食平房仓</td><td>二级</td><td>/</td></tr>
<tr><td>单、多层丙类厂房和多层丁、戊类厂房</td><td>三级</td><td>/</td></tr>
<tr><td>单层乙类仓库、单层丙类仓库，储存可燃固体的多层丙类仓库和多层丁、戊类仓库</td><td>三级</td><td>/</td></tr>
<tr><td>粮食平房仓</td><td>三级</td><td>/</td></tr>
</table>

<table>
<tr><td rowspan="15">建筑耐火等级（民用建筑）</td><td colspan="2" rowspan="2">构件名称</td><td colspan="4">耐火等级　　单位：h</td></tr>
<tr><td>一级</td><td>二级</td><td>三级</td><td>四级</td></tr>
<tr><td rowspan="6">墙</td><td>防火墙</td><td>不燃性 3.00</td><td>不燃性 3.00</td><td>不燃性 3.00</td><td>不燃性 3.00</td></tr>
<tr><td>承重墙</td><td>不燃性 3.00</td><td>不燃性 2.50</td><td>不燃性 2.00</td><td>难燃性 0.50</td></tr>
<tr><td>非承重墙</td><td>不燃性 1.00</td><td>不燃性 1.00</td><td>不燃性 0.50</td><td>可燃性</td></tr>
<tr><td>楼梯间、前室的墙，电梯井的墙</td><td>不燃性 2.00</td><td>不燃性 2.00</td><td>不燃性 1.50</td><td>难燃性 0.50</td></tr>
<tr><td>疏散走道两侧的隔墙</td><td>不燃性 1.00</td><td>不燃性 1.00</td><td>不燃性 0.50</td><td>难燃性 0.25</td></tr>
<tr><td>房间隔墙</td><td>不燃性 0.75</td><td>不燃性 0.50</td><td>难燃性 0.50</td><td>难燃性 0.25</td></tr>
<tr><td colspan="2">柱</td><td>不燃性 3.00</td><td>不燃性 2.50</td><td>不燃性 2.00</td><td>难燃性 0.50</td></tr>
<tr><td colspan="2">梁</td><td>不燃性 2.00</td><td>不燃性 1.50</td><td>不燃性 1.00</td><td>难燃性 0.50</td></tr>
<tr><td colspan="2">楼板</td><td>不燃性 1.50</td><td>不燃性 1.00</td><td>不燃性 0.50</td><td>可燃性</td></tr>
<tr><td colspan="2">屋顶承重构件</td><td>不燃性 1.50</td><td>不燃性 1.00</td><td>可燃性 0.50</td><td>可燃性</td></tr>
<tr><td colspan="2">疏散楼梯</td><td>不燃性 1.50</td><td>不燃性 1.00</td><td>不燃性 0.50</td><td>可燃性</td></tr>
<tr><td colspan="2">吊顶（包括吊顶格栅）</td><td>不燃性 0.25</td><td>难燃性 0.25</td><td>难燃性 0.15</td><td>可燃性</td></tr>
</table>

续表

<table>
<tr><th>考 点</th><th colspan="6">内 容</th></tr>
<tr><td rowspan="11">建筑钢结构的设计耐火极限</td><td rowspan="2">构件类型</td><td colspan="6">耐火等级　　单位：h</td></tr>
<tr><td>一级</td><td>二级</td><td colspan="2">三级</td><td colspan="2">四级</td></tr>
<tr><td>柱、柱间支撑</td><td>3.00</td><td>2.50</td><td colspan="2">2.00</td><td colspan="2">0.50</td></tr>
<tr><td>楼面梁、楼面桁架、楼盖支撑</td><td>2.00</td><td>1.50</td><td colspan="2">1.00</td><td colspan="2">0.50</td></tr>
<tr><td rowspan="2">楼板</td><td rowspan="2">1.5</td><td rowspan="2">1.00</td><td>厂房、仓库</td><td>民用建筑</td><td>厂房、仓库</td><td>民用建筑</td></tr>
<tr><td>0.75</td><td>0.5</td><td>0.50</td><td>不要求</td></tr>
<tr><td rowspan="2">屋顶承重构件、屋盖支撑、系杆</td><td rowspan="2">1.50</td><td rowspan="2">1.00</td><td>厂房、仓库</td><td>民用建筑</td><td colspan="2" rowspan="2">不要求</td></tr>
<tr><td>0.50</td><td>不要求</td></tr>
<tr><td>上人平屋面板</td><td>1.50</td><td>1.00</td><td colspan="2">不要求</td><td colspan="2">不要求</td></tr>
<tr><td rowspan="2">疏散楼梯</td><td rowspan="2">1.50</td><td rowspan="2">1.00</td><td>厂房、仓库</td><td>民用建筑</td><td colspan="2" rowspan="2">不要求</td></tr>
<tr><td>0.75</td><td>0.50</td></tr>
</table>

<table>
<tr><td rowspan="15">最多允许层数和耐火等级的适应性</td><th>建筑类别</th><th>耐火等级及火灾危险性</th><th>最多允许层数</th></tr>
<tr><td rowspan="4">厂房</td><td>二级乙类</td><td>6</td></tr>
<tr><td>三级丙类</td><td>2</td></tr>
<tr><td>三级丁戊类</td><td>3</td></tr>
<tr><td>甲类、四级丁戊类</td><td>单层</td></tr>
<tr><td rowspan="3">仓库</td><td>甲类、三级乙类、四级丁戊类</td><td>单层</td></tr>
<tr><td>三级丙类固体、丁戊类</td><td>3</td></tr>
<tr><td>一、二级乙类气体、丙类液体</td><td>5</td></tr>
<tr><td rowspan="2">多层民用建筑</td><td>三级</td><td>5</td></tr>
<tr><td>四级</td><td>2</td></tr>
<tr><td rowspan="2">展览、医院和疗养院的住院部分、托儿所、幼儿园儿童房、电影院、礼堂等</td><td>三级</td><td>2</td></tr>
<tr><td>四级</td><td>单层</td></tr>
<tr><td rowspan="2">老年人照料设施
（不允许四级）</td><td>独立建造一、二级</td><td>高度宜≤ 32m
高度应≤ 54m</td></tr>
<tr><td>独立建造的三级</td><td>2</td></tr>
</table>

<table>
<tr><td>检查方法</td><td>（1）对比样品；（2）检查涂层外观；（3）检查涂层厚度；（4）检查膨胀倍数</td></tr>
</table>

【强化练习】

【单选题】

1.（**2018 年真题**）根据现行国家标准《建筑钢结构防火规范》（GB 51249），下列民用建筑钢结构的防火设计方案中，错误的是（　）。

A. 一级耐火等级建筑，钢结构楼盖支撑设计耐火极限取 2.00h

B. 二级耐火等级建筑，钢结构楼面梁设计耐火极限取 2.50h

C. 一级耐火等级建筑，钢结构柱间支撑设计耐火极限取 2.50h

D. 二级耐火等级建筑，钢结构屋盖支撑设计耐火极限取 1.00h

【正确答案】C

【解析】钢结构构件的设计耐火极限应根据建筑的耐火等级，按现行国家标准《建筑设计防火规范》（GB 50016）的规定确定。柱间支撑的设计耐火极限应与柱相同，接盖支样的设计耐火极限应与梁相同，屋盖支撑和系杆的设计耐火极限应与屋顶承重构件相同。C 选项，一级耐火等级的柱子，耐火极限不应低于 3.00h。

第三章　总平面布局与平面布置

第一节　建筑消防安全布局

考　点	内　容
建筑消防安全布局	1. 建筑选址 （1）周围环境：生产、储存和装卸**易燃易爆危险物品**的工厂、仓库和专用车站、码头，必须设置在**城市的边缘或者相对独立的安全地带**。（2）地势条件：存放**甲、乙、丙类液体**的仓库宜布置在**地势较低**的地方；若布置在地势较高处，则应采取防止液体流散的措施。**乙炔站**等企业，**严禁布置在可能被水淹没的地方**。（3）风向：散发可燃气体、可燃蒸气和可燃粉尘的车间、装置等、液化石油气储罐区、易燃材料的露天堆场宜布置在**全年最小频率风向的上风侧**。 2. 建筑总平面布局 （1）合理布置建筑；（2）合理划分功能区域
建筑防火间距确定原则	（1）防止火灾蔓延；（2）保障灭火救援场地需要；（3）节约土地资源；（4）防火间距的计算

第二节　建筑防火间距

一、厂房的防火间距

单位：m

<table>
<tr><th colspan="3" rowspan="3">名　称</th><th>甲类厂房</th><th colspan="3">乙类厂房（仓库）</th><th colspan="4">丙、丁、戊类厂房（仓库）</th><th colspan="5">民用建筑</th></tr>
<tr><th>单、多层</th><th colspan="2">单、多层</th><th>高层</th><th colspan="3">单、多层</th><th>高层</th><th colspan="3">裙房，单、多层</th><th colspan="2">高层</th></tr>
<tr><th>一、二级</th><th>一、二级</th><th>三级</th><th>一、二级</th><th>一、二级</th><th>三级</th><th>四级</th><th>一、二级</th><th>一、二级</th><th>三级</th><th>四级</th><th>一类</th><th>二类</th></tr>
<tr><td>甲类厂房</td><td>单多层</td><td>一二级</td><td>12</td><td>12</td><td>14</td><td>13</td><td>12</td><td>14</td><td>16</td><td>13</td><td colspan="3" rowspan="4">25</td><td colspan="2" rowspan="4">50</td></tr>
<tr><td rowspan="3">乙类厂房</td><td rowspan="2">单多层</td><td>一二级</td><td>12</td><td>10</td><td>12</td><td>13</td><td>10</td><td>12</td><td>14</td><td>13</td></tr>
<tr><td>三级</td><td>14</td><td>12</td><td>14</td><td>15</td><td>12</td><td>14</td><td>16</td><td>15</td></tr>
<tr><td>高层</td><td>一二级</td><td>13</td><td>13</td><td>15</td><td>13</td><td>13</td><td>15</td><td>17</td><td>13</td></tr>
<tr><td rowspan="4">丙类厂房</td><td rowspan="3">单多层</td><td>一二级</td><td>12</td><td>10</td><td>12</td><td>13</td><td>10</td><td>12</td><td>14</td><td>13</td><td>10</td><td>12</td><td>14</td><td>20</td><td>15</td></tr>
<tr><td>三级</td><td>14</td><td>12</td><td>14</td><td>15</td><td>12</td><td>14</td><td>16</td><td>15</td><td>12</td><td>14</td><td>16</td><td rowspan="2">25</td><td rowspan="2">20</td></tr>
<tr><td>四级</td><td>16</td><td>14</td><td>16</td><td>17</td><td>14</td><td>16</td><td>18</td><td>17</td><td>14</td><td>16</td><td>18</td></tr>
<tr><td>高层</td><td>一二级</td><td>13</td><td>13</td><td>15</td><td>13</td><td>13</td><td>15</td><td>17</td><td>13</td><td>13</td><td>15</td><td>17</td><td>20</td><td>15</td></tr>
<tr><td rowspan="4">丁戊类厂房</td><td rowspan="3">单多层</td><td>一二级</td><td>12</td><td>10</td><td>12</td><td>13</td><td>10</td><td>12</td><td>14</td><td>13</td><td>10</td><td>12</td><td>14</td><td>15</td><td>13</td></tr>
<tr><td>三级</td><td>14</td><td>12</td><td>14</td><td>15</td><td>12</td><td>14</td><td>16</td><td>15</td><td>12</td><td>14</td><td>16</td><td rowspan="2">18</td><td rowspan="2">15</td></tr>
<tr><td>四级</td><td>16</td><td>14</td><td>16</td><td>17</td><td>14</td><td>16</td><td>18</td><td>17</td><td>14</td><td>16</td><td>18</td></tr>
<tr><td>高层</td><td>一二级</td><td>13</td><td>13</td><td>15</td><td>13</td><td>13</td><td>15</td><td>17</td><td>13</td><td>13</td><td>15</td><td>17</td><td>15</td><td>13</td></tr>
<tr><td rowspan="3">室外变、配电站</td><td rowspan="3">变压器总油量 / t</td><td>≥ 5，≤ 10</td><td rowspan="3">25</td><td rowspan="3">25</td><td rowspan="3">25</td><td rowspan="3">25</td><td>12</td><td>15</td><td>20</td><td>12</td><td>15</td><td>20</td><td>25</td><td colspan="2">20</td></tr>
<tr><td>＞ 10，≤ 50</td><td>15</td><td>20</td><td>25</td><td>15</td><td>20</td><td>25</td><td>30</td><td colspan="2">25</td></tr>
<tr><td>＞ 50</td><td>20</td><td>25</td><td>30</td><td>20</td><td>25</td><td>30</td><td>35</td><td colspan="2">30</td></tr>
</table>

二、仓库的防火间距

1. 甲类仓库之间及其与其他建筑、明火或散发火花地点、铁路、道路等的防火间距

单位：m

名　称		甲类仓库			
		3、4		1、2、5、6	
		≤ 5	> 5	≤ 10	> 10
高层民用建筑、重要公共建筑		50			
裙房、其他民用建筑、明火或散发明火地点		30	40	25	30
甲类仓库		20	20	20	20
厂房和乙丙丁戊类仓库	一、二级	15	20	12	15
	三级	20	25	15	20
	四级	25	30	20	25
电力系统电压为 35 ～ 500kV 且每台≥ 10MV·A 的室外变、配点站，工业企业变压器总油量＞ 5t 的室外降压变电站		30	40	25	30
厂外铁路中心线：40　厂内铁路中心线：30　厂外道路路边：20					
厂内道路路边	主要	10			
	次要	5			

2. 乙、丙、丁、戊类仓库之间及其与民用建筑之间的防火间距

单位：m

名　称			乙类仓库			丙类仓库				丁、戊类仓库			
			单、多层		高层	单、多层			高层	单、多层			高层
			一、二级	三级	一、二级	一、二级	三级	四级	一、二级	一、二级	三级	四级	一、二级
乙丙丁戊类仓库	单、多层	一、二级	10	12	13	10	12	14	13	10	12	14	13
		三级	12	14	15	12	14	16	15	12	14	16	15
		四级	14	16	17	14	16	18	17	14	16	18	17
	高层	一、二级	13	15	13	13	15	17	13	13	15	17	13
民用建筑	裙房，单、多层	一、二级	25			10	12	14	13	10	12	14	13
		三级				12	14	16	15	12	14	16	15
		四级				14	16	18	17	14	16	18	17
	高层	一类	50			20	25	25	20	15	18	18	15
		二类				15	20	20	15	13	15	15	13

三、民用建筑的防火间距

单位：m

建筑类别		高层民用建筑	裙房和其他民用建筑		
		一、二级	一、二级	三级	四级
高层民用建筑	一、二级	13	9	11	14
单多层民用建筑（含裙房）	一、二级	9	6	7	9
	三级	11	7	8	10
	四级	14	9	10	12

四、消防通道

1. 车道形式

类　别	具　体	消防车道的选择
工厂、仓库	（1）高层厂房，占地面积＞3000m^2的甲、乙、丙类厂房； （2）占地面积＞1500m^2的乙、丙类仓库	应设置**环形**消防车道。确有困难时候，可沿建筑的**两个长边**设置消防车道
民用建筑	（1）高层民用建筑建筑； （2）座位超过3000的体育馆； （3）座位超过2000的会堂； （4）占地面积＞3000m^2的商店、展览、多层公共建筑	
沿街、有封闭内院、天井	沿街道部分长度＞150m或总长度＞220m	设置穿过建筑的消防车道。确有困难时，应沿建筑四周设置环形消防车道
	设有短边且长度＞24m的有封闭内院或天井的建筑	宜设置进入内院或天井的消防车道

2. 车道参数要求

净宽度	净空高速	最小转弯半径		
≥4m	≥4m	普通：9m	登高车：12m	特种车：16～20m

3. 回车场

面积	高层建筑	重型消防车
一般≥12m×12m	不宜＜15m×15m	不宜＜18m×18m

五、消防车登高操作场地

项　目	具体内容
布置	（1）**高层**建筑应至少沿一个**长边或周边长度的1/4**且不小于**一个长边长度**的底边**连续**布置消防车登高操作场地，范围内的**裙房进深不得＞4m**； （2）**建筑高度≤50m**时，可间隔布置，间隔距离宜**不宜＜30m**
场地设置	（1）场地靠建筑外墙一侧的边缘距离建筑外墙不宜＜5m，且≤10m； （2）**场地的坡度不宜＞3%，长度不应＜15m，宽度不应＜10m**； （3）**建筑高度＞50m时，场地的长度不应＜20m，宽度不应＜10m**

六、厂房、仓库和民用建筑防火间距调整措施

<table>
<tr><th>建筑类别</th><th colspan="3">防火间距</th></tr>
<tr><td rowspan="5">厂房</td><td colspan="3">（1）甲、乙类厂房与重要公共建筑的防火间距≥ 50m，与明火或散发火花地点的防火间距≥ 30m；
（2）单、多层戊类厂房之间及与戊类仓库的防火间距可按规定减少 2m，与民用建筑的防火间距可将戊类厂房等同民用建筑</td></tr>
<tr><td>防火间距</td><td colspan="2">具体情形</td></tr>
<tr><td>不限，但甲类≥ 4m</td><td colspan="2">（1）两座厂房相邻较高一面外墙为防火墙；
（2）相邻两座高度相同的一、二级耐火等级建筑中相邻任一侧外墙为防火墙且屋顶的耐火极限≥ 1h</td></tr>
<tr><td>甲乙≥ 6m，丙丁戊≥ 4m</td><td colspan="2">（1）两座一、二级耐火等级的厂房，当相邻较低一面外墙为防火墙且较低一座厂房的屋顶无天窗，屋顶的耐火极限≥ 1h；
（2）相邻较高一面外墙的门、窗等开口部位设置甲级防火门、窗或防火分隔水幕，按规范设置的防火卷帘</td></tr>
<tr><td>可减小 25%</td><td colspan="2">两座丙、丁、戊类厂房相邻两面外墙均为不燃性墙体，当无外露的可燃性屋檐，每面外墙上的门、窗、洞口面积之和各≤外墙面积的 5%，且门、窗、洞口不正对开设时，其防火间距可按规定减少 25%</td></tr>
<tr><td rowspan="4">仓库</td><td>可减小</td><td colspan="2">（1）单、多层戊类仓库之间的防火间距，可按规定减少 2m；
（2）两座仓库的相邻外墙均为防火墙时，防火间距可以减小，但丙类仓库≥ 6m，丁、戊类仓库≥ 4m</td></tr>
<tr><td rowspan="2">防火间距不限</td><td rowspan="2">总占地面积≤一座仓库的最大允许占地面积规定</td><td>两座仓库相邻较高一面外墙为防火墙</td></tr>
<tr><td>相邻两座高度相同的一、二级耐火等级建筑中相邻任一侧外墙为防火墙且屋顶的耐火极限≥ 1h</td></tr>
<tr><td colspan="3">除乙类第 6 项物品外的乙类仓库，与民用建筑的防火间距宜≥ 25m，与重要公共建筑的防火间距≥ 50m</td></tr>
<tr><td rowspan="4">民用建筑</td><td>不应减小</td><td colspan="2">建筑高度＞ 100m 的民用建筑，防火间距不可减少</td></tr>
<tr><td>防火间距不限</td><td colspan="2">（1）两座建筑相邻较高一面外墙为防火墙，或高出相邻较低一座一、二级耐火等级建筑的屋面 15m 及以下范围内的外墙为防火墙；
（2）相邻两座高度相同的一、二级耐火等级建筑中相邻任一侧外墙为防火墙，屋顶的耐火极限≥ 1h</td></tr>
<tr><td>高层≥ 4m
单多层≥ 3.5m</td><td colspan="2">（1）相邻两座建筑中较低一座建筑的耐火等级不低于二级，相邻较低一面外墙为防火墙且屋顶无天窗，屋顶的耐火极限≥ 1h；
（2）相邻两座建筑中较低一座建筑的耐火等级不低于二级且屋顶无天窗，相邻较高一面外墙高出较低一座建筑的屋面 15m 及以下范围内的开口部位设置甲级防火门、窗，或设置符合规范的分隔水幕或者防火卷帘</td></tr>
<tr><td>可减小 25%</td><td colspan="2">相邻两座单、多层建筑，当相邻外墙为不燃性墙体且无外露的可燃性屋檐，每面外墙上无防火保护的门、窗、洞口不正对开设且该门、窗、洞口的面积之和≤外墙面积的 5%</td></tr>
<tr><td colspan="4">注：（1）耐火等级低于四级的既有建筑，其耐火等级可按四级确定；
（2）防火间距的测量：允许负偏差≤规定值的 5%</td></tr>
</table>

【强化练习】

【单选题】

1.（**2015 年真题**）某工厂有一座建筑高度为 21m 的丙类生产厂房，耐火等级为二级。现要在旁边新建一座建筑耐火等级为二级、建筑高度为 15m、屋顶耐火极限不低于 1.00h 且屋面无天窗的丁类生产厂房。如该丁类生产厂房与丙类厂房相邻一侧的外墙采用无任何开口的防火墙，则两座厂房之间的防火间距不应＜（　）m。

A. 10　　B. 3.5　　C. 4　　D. 6

【正确答案】C

【解析】根据《建筑设计防火规范》（GB 50016）的规定，两座一、二级耐火等级的厂房，当相邻较低一面外墙为防火墙且较低一座厂房的屋顶无天窗，屋顶的耐火极限不低于 1.00h，或相邻较高一面外墙的门、窗等开口部位设置甲级防火门、窗或防火分隔水幕或按规范第 6.5.3 条的规定设置防火卷帘时，甲、乙类厂房之间的防火间距不应小于 6m；丙、丁、戊类厂房之间的防火间距不应＜ 4m。因为该丙类生产厂房建筑高度为 21m，耐火等级为二级。当在旁边新建一座建筑耐火等级为二级、建筑高度为 15m、屋顶耐火极限不低于 1.00h 且屋面无天窗的丁类生产厂房时，如该丁类生产厂房与丙类厂房相邻一侧的外墙采用无任何开口的防火墙，则两座厂房之间的防火间距不应＜ 4m。

第三节　平面布置

一、设备用房布置

场　所	布置要求
锅炉房、变压器室	（1）燃油或燃气锅炉房设置在首层或地下一层靠外墙部分，但常（负）压燃油或燃气锅炉可设置在地下二层或屋顶上。设置在屋顶上的常（负）压燃气锅炉，距离通向屋面的安全出口不应＜ 6m 时，可设置在屋顶上。采用相对密度≥ 0.75 的可燃气体为燃料的锅炉，不得设置在地下或半地下。 （2）疏散门直通室外或安全出口。 （3）采用耐火极限不低于 2h 防火隔墙和 1.5h 不燃性楼板分隔，不开设洞口，设置门窗时，采用甲级门窗。 （4）锅炉房内储油间总储存量不应＞ $1m^3$，分隔应采用耐火极限不低于 3h 的防火隔墙和甲级防火门
柴油发电机房	（1）**宜布置在首层或地下一、二层**，不应布置在人员密集场所的上一层、下一层或贴邻； （2）采用不低于 **2h 防火隔墙及 1.5h 不燃性楼板**分隔，门应该采用**甲级门**； （3）机房内储油间总储存量不应＞ $1m^3$，分隔应采用耐火极限不低于 3h 的防火隔墙与甲级防火门

续表

<table>
<tr><th>场　所</th><th colspan="4">布置要求</th></tr>
<tr><td rowspan="8">液化石油气瓶组</td><td colspan="4">（1）设置独立的瓶组间；
（2）液化石油气气瓶的总容积不应＞ $1m^3$ 的瓶组间与其他建筑相邻时，采用自然气化方式供气；
（3）液化石油气气瓶的总容积＞ $1m^3$、≤ $4m^3$ 的独立瓶组间，防火间距规定：</td></tr>
<tr><td colspan="2" rowspan="2">名　称</td><td colspan="2">总容积 V/m^3</td></tr>
<tr><td>$V \leqslant 2$</td><td>$2 < V \leqslant 4$</td></tr>
<tr><td colspan="2">明火或散发火花地点</td><td>25</td><td>30</td></tr>
<tr><td colspan="2">重要公共建筑、一类高层民用建筑</td><td>15</td><td>20</td></tr>
<tr><td colspan="2">裙房和其他民用建筑</td><td>8</td><td>10</td></tr>
<tr><td rowspan="2">道路（路边）</td><td>主要</td><td colspan="2">10</td></tr>
<tr><td>次要</td><td colspan="2">5</td></tr>
<tr><td>消防控制室</td><td colspan="4">（1）单独建造耐火等级不应低于二级；
（2）宜设在首层或地下一层靠外墙部位。宜采用耐火极限不低于 2h 防火隔墙及 1.5h 楼板分隔，疏散门应直通室外或安全出口；
（3）严禁与消防控制室无关的电气线路和管道穿过；
（4）不应设置在有电磁场干扰的地方</td></tr>
<tr><td>消防设备用房</td><td colspan="4">（1）附设在建筑内的消防控制室、灭火设备室、消防水泵房和通风空气调节机房、变配电室等，耐火极限不低于 2h 防火隔墙及 1.5h 楼板分隔；
（2）通风、空气调节机房、消防水泵房和变配电室甲级门，消防控制室、灭火设备室乙级门；
（3）消防水泵房的设置应符合下列规定：①单独建造的消防水泵房，其耐火等级不应低于二级；②附设在建筑内的消防水泵房，不应设置在地下三层及以下或室内地面与室外出入口地坪高差大于 10m 的地下楼层；③疏散门应直通室外或安全出口</td></tr>
</table>

二、人员密集场所布置

建筑类别	布置要求
观众厅、会议厅、多功能厅	（1）宜布置在首层或二三层，三级耐火等级的，不应布置在 3 层及以上。 （2）设在其他楼层的要求： ①一个厅、室的面积**不宜超过 400m²**； ②一个厅、室的**疏散门不应少于 2 个**； ③当设置在高层建筑内时，应设置自动报警系统和自动喷水灭火系统等； ④设置在地下或半地下时，宜设置**在地下一层**，不应设置在地下三层及以下楼层
歌舞娱乐放映游艺场所	（1）宜布置在首层或二三层靠外墙部位，不宜布置在袋形走道的两侧和尽端，并应采用耐火极限**不低于 2h 的防火墙隔和不低于 1h 的不燃性楼板**分隔，采用乙级防火门。 （2）设在其他楼层的要求： ①**不应设在地下二层及以下**，设置在地下一层时，与室外出入口的高差**不应＞ 10m**； ②布置在地下或四层及以上楼层时，**一个厅、室的面积不宜超过 200m²**； ③应设置自动报警系统和自动喷水灭火系统等

续表

建筑类别	布置要求
剧场、电影院、礼堂	宜设立在**独立的建筑内**。采用三级耐火等级建筑时，**不应超过 2 层**；确需要设置在其他建筑内时，**至少设置一个安全出口和疏散楼梯**，并符合： （1）耐火极限**不低于 2h** 的防火墙隔和**甲级防火门**。 （2）设置在一、二级耐火等级建筑内时，观众厅宜布置在**首层、二层或三层**；确需要布置在四层及以上楼层时，一个厅、室的疏散门**不应少于 2 个**，且面积不宜＞ 400m²。 （3）设置在三级耐火等级建筑内时，不应设置在地下三层及以下楼层。 （4）设置在地下或半地下时，宜设置**在地下一层**，不应设置在地下三层及以下楼层。 （5）当设置在高层建筑内时，应设置自动报警系统和自动喷水灭火系统等
商店、展览建筑	（1）采用三级耐火等级建筑时，**不应超过 2 层**；采用四级耐火等级建筑时，应为**单层**。 （2）营业厅、展览厅设置在三级耐火等级的建筑内时，应布置在**首层或二层**；设在四级耐火等级的建筑内时，应布置在**首层**。 （3）营业厅、展览厅**不应设置在地下三层**及以下楼层。 （4）地下或半地下营业厅、展览厅不应经营、储存和展示甲、乙类火灾危险性物品

三、特殊场所布置

场　所	布置要求
儿童活动场所	（1）应设置在独立的建筑内，且**不应在布置在地下或半地下。** （2）一二级耐火等级建筑时，**不应超过 3 层**；三级耐火等级建筑时，**不应超过 2 层**；四级耐火等级时，应为单层。 （3）设立在其他民用建筑内，应符合。 ①采用耐火等级**不低于 2h 的防火隔墙及 1h 的楼板**分隔，**乙级防火门、窗。** ②设置在一、二级耐火等级建筑时，应布置在首层、二层或三层；三级耐火等级建筑时，应布置在首层或二层；四级耐火等级建筑时，应布置在首层。 ③高层建筑内时，应设置独立的安全出口和疏散楼梯。 ④设置在单、多层建筑内时，宜设置独立的安全出口和疏散楼梯
老年人照料设施	（1）独立建造的一、二级，高度不宜＜ 32m，且不应＞ 54m；三级不应超过 2 层； （2）采用耐火等级**不低于 2h 的防火隔墙不低于 1h 的楼板分隔，乙级防火门、窗；** （3）老年人公共活动房、康复与医疗用房设置在**地下、半地下**的，应设置在**地下一层**（设置在**地上四层**及以上），每间建筑面积**不应 > 200m²** 且使用人数**不应超过 30 人**
医院和疗养院住院部分	（1）**不应在布置在地下或半地下；** （2）三级耐火等级建筑时，不应超过两层（应布置在首层或二层）；四级耐火等级建筑时，应为单层（应布置在首层）； （3）相邻护理单元质检，应采用耐火等级**不低于 2.0h** 的防火隔墙，**乙级**防火门，防火门应采用**常开防火门**
教学建筑、食堂、菜市场	（1）采用三级耐火等级建筑时，不应超过两层（应布置在首层或二层）； （2）采用四级耐火等级建筑时，应为单层（应布置在首层）

四、住宅建筑及设置商业服务网点的住宅建筑

场　所	布置要求
住宅部分与非住宅部分之间	（1）采用耐火极限不低于 2h 且无门、无窗、洞口的隔墙不低于 1.5h 的不燃性楼板分隔； （2）当为高层建筑时：采用防火墙和耐火极限不低于 2h 的不燃性楼板
设置商业服务网点的住宅建筑	居住部分与服务网点之间采用耐火极限不低于 2h 且无门、窗、洞口的防火隔墙不低于 1.5h 不燃性楼板分隔；安全出口和疏散楼梯分别设置
商业服务网点每个分隔单元之间	耐火极限不低于 2h 且无门、窗、洞口的防火隔墙分隔，当任一层建筑面积 ＞ $200m^2$ 时，该层应设置两个安全出口或疏散门。每个分隔单元内任一点至最近直通室外的出口的直线距离不应大于《建筑设计防火规范》中的规定

五、工业建筑附属用房布置

场　所	布置要求
办公室 休息室	（1）甲乙类生产场所（仓库）不应设置在地下或半地下； （2）**不应**设置在**甲乙类**厂房内；但可**贴邻**：耐火等级至少**二级**，不低于 **3h 的防爆墙**，**独立**的安全出口； （3）甲乙类仓库：**严禁**附设，**不应**贴邻； （4）丙类厂房（丙丁类仓库内）：**2.5h 防火隔墙 +1h 楼板 + 乙级防火门**，至少 1 个独立安全出口； （5）员工宿舍**严禁**设置在**厂房、仓库**内
附属仓库	（1）甲乙类：应靠外墙，储量不宜超 1 **昼夜**用量，**用量少**可放宽 1 ～ 2 **昼夜**用量； （2）甲乙丙类：**防火墙 + 耐火极限不低于 1.5h 不燃性**楼板； （3）丁戊类：耐火极限不低于 2h 防火隔墙 +1h 楼板
丙类中间储罐	（1）应设置在单独房间，容量**不应** > $5m^3$； （2）房间：耐火极限不低于 **3h 防火隔墙 +1.5h 楼板**，**甲级**防火门

【强化练习】

【单选题】

1.（2018 年真题）某建筑高度为 110m 的 35 层住宅建筑，首层设有商业服务网点，该住宅建筑下列构件耐火极限设计方案中，错误的是（　）。

A. 居住部分与商业服务网点之间隔墙的耐火极限为 2.00h

B. 居住部分与商业服务网点之间楼板的耐火极限为 1.50h

C. 居住部分疏散走道两侧隔墙的耐火极限为 1.00h

D. 居住部分分户墙的耐火极限为 2.00h

【正确答案】B

【解析】根据《建筑防火设计规范》第 5.4.11 条，设置商业服务网点的住宅建筑，其居住部分与商业服务网点之间应采用耐火极限不低于 2.00h 且无门、窗、洞口的防火隔墙和 1.50h 的不燃性楼板完全分隔，住宅部分和商业服务网点部分的安全出口和就散

楼梯应分别独立设置。第 5.1.4 条，建筑高度大于 100m 的民用建筑，其楼板的耐火极限不应低于 2.00h。

【多选题】

2.**（2018 年真题）**下列办公建筑内会议厅的平面布置方案中，正确的有（　）。

A. 耐火等级为一级的办公建筑，将建筑面积为 $600m^2$ 的会议厅布置在地上四层

B. 耐火等级为二级的办公建筑，将建筑面积为 $300m^2$ 的会议厅布置在地下一层

C. 耐火等级为一级的办公建筑，将建筑面积为 $200m^2$ 的会议厅布置在地下二层

D. 耐火等级为三级的办公建筑，将建筑面积为 $200m^2$ 的会议厅布置在地上三层

E. 耐火等级为二级的办公建筑，将建筑面积为 $500m^2$ 的会议厅布置在地上三层

【正确答案】CE

【解析】根据《建筑设计防火规范》GB 50016—2014（2018 年版）5.4.8 建筑内的会议厅、多功能厅等人员密集的场所，宜布置在首层、二层或三层。设置在三级耐火等级的建筑内时，不应布置在三层及以上楼层。故 D 选项错误；确需布置在一、二级耐火等级建筑的其他楼层时，应符合下列规定：（1）一个厅、室的疏散门应＞ 2 个，且建筑面积≤ $400m^2$；（2）设置在地下或半地下时，宜设置在地下一层，不应设置在地下三层及以下楼层；故 CE 选项正确（其中 E 选项为地上三层，无面积限制），A 选项错误；由于民用建筑的地下部分必须为一级耐火等级，B 选项为二级耐火等级的建筑，故 B 选项错误。

第四节　救援设施

设　施	检查内容	
消防电梯	设置范围	（1）建筑**高度** > 33m 的住宅建筑； （2）**一类高层**公共建筑和建筑**高度** > 32m 的**二类高层**公共建筑、5 层及以上且**总建筑面积** > $3000m^2$（包括设置在其他建筑内五层以及以上楼层）的**老年人照料设施**； （3）设置消防电梯建筑的**地下或半地下室**，**埋深** > 10m 且总建筑面积 > $3000m^2$ 的其他地下或半地下建筑（室）； （4）符合下列条件的建筑可**不设置消防电梯**： ①建筑高度 > 32m **且设置电梯**，任一层工作平台上的**人数不超过 2 人**的高层**塔台**。②局部建筑高度 > 32m，且局部高出部分的每层**建筑面积不应** > $50m^2$ 的**丁、戊类厂房**
	设置要求	（1）**数量**设置。每个防火分区**不少于 1 台**； （2）**前室**设置。前室的短边**不应** < 2.4m； （3）消防电梯井、机房的设置。相邻之间采用耐火极限**不低于** 2.00h 的防火墙隔开，墙板上采用甲级防火门； （4）**排水**。排水井的容量**不应**＜ $2m^3$，排水泵的排水量**不应**＜ 10L/s

续表

设　施	检查内容
直升机停机坪	（1）建筑高度＞100m 且标准层建筑面积＞2000m² 的公共建筑，在屋顶宜设置停机坪； （2）检查内容：①停机坪与设备机房、电梯机房、水箱间等距离，**不宜＜5m**。②直通出口的设置。从建筑主体通向停机坪的**出口不少于 2 个**，且**每个出口的宽度≥0.9m**。③设施配置
消防救援口	检查内容： （1）设置位置。与消防车登高操作场地相对应，窗口的玻璃应易于破碎； （2）尺寸。**净高度和净宽度均≥1m**，窗口下沿距室内地面**不宜＞1.2m**； （3）设置数量。设置间距**不宜＞20m**，且保证每个消防分区**不少于 2 个**； （4）专用消防口的设置

【强化练习】

【单选题】

1.**（2018 年真题）**根据现行行业标准《建筑消防设施检测技术规程》（GA 503），不属于消防设施检测项目的（　）。

A. 电动排烟窗　　B. 电动防火阀　　C. 消防救援窗口　　D. 灭火器

【正确答案】C

【解析】本题的关键点在于区别消防设施和救援设施，消防救援窗口属于救援设施。救援设施包括消防电梯、直升机停机坪、消防救援口。因此，本题正确答案为 C。

2.**（2015 年真题）**下列关于消防电梯的说法中，正确的是（　）。

A. 建筑高度＞24m 的住宅应设置消防电梯

B. 消防电梯轿厢的内部装修应采用难燃材料

C. 消防电梯应专用于消防灭火救援

D. 满足消防电梯要求的客梯或货梯可以兼做消防电梯

【正确答案】D

【解析】建筑高度＞33m 的住宅建筑，一类高层公共建筑和建筑高度＞32m 的二类高层公共建筑，设置消防电梯的建筑的地下或半地下室、埋深＞10m 且总建筑面积＞3000m² 的其他地下或半地下建筑（室）须设置供消防员专用的消防电梯。故选项 A 错误。电梯轿厢的内部装修应采用不燃材料，B 选项错误。考虑到节约投资并便于平时使用，也可以一梯多用，将消防电梯兼做客梯或货梯，D 选项正确，C 选项错误。

第四章 防火防烟分区与分隔

第一节 防火分区

一、厂房的防火分区

厂房的层数与每个防火分区的最大允许建筑面积表

生产的火灾危险性类别	厂房的耐火等级	最多允许层数	每个防火分区的最大允许建筑面积 /m²			
			单层厂房	多层厂房	高层厂房	地下或半地下厂房
甲	一级	宜采用单层	4000	3000	—	—
	二级		3000	2000	—	—
乙	一级	不限	5000	4000	2000	—
	二级	6	4000	3000	1500	—
丙	一级	不限	不限	6000	3000	500
	二级	不限	8000	4000	2000	500
	三级	2	3000	2000	—	—
丁	一、二级	不限	不限	不限	4000	1000
	三级	3	4000	2000	—	—
	四级	1	1000	—	—	—
戊	一、二级	不限	不限	不限	6000	1000
	三级	3	5000	3000	—	—
	四级	1	1500	—	—	—
注：（1）厂房内设置自动灭火系统时，每个防火分区的最大允许建筑面积可按上表的规定增加1倍。（2）当丁、戊类的地上厂房内设置自动灭火系统时，每个防火分区的最大允许建筑面积不限。（3）厂房内局部设置自动灭火系统时，其防火分区的增加面积可按该局部面积的1倍计算						

二、仓库的防火分区

仓库的层数和面积表

储存物品的火灾危险性类别		仓库的耐火等级	最多允许层数	每座仓库的最大允许占地面积和每个防火分区的最大允许建筑面积 /m²						
				单层仓库		多层仓库		高层仓库		地下或半地下仓库
				每座仓库	防火分区	每座仓库	防火分区	每座仓库	防火分区	防火分区
甲	3、4项	一级	1	180	60	—	—	—	—	—
	1、2、5、6项	一、二级	1	750	250	—	—	—	—	—

续表

乙	1、3、4 项	一、二级 三级	3 1	2000 500	500 250	900 —	300 —	— —	— —	— —
乙	2、5、6 项	一、二级 三级	5 1	2800 900	700 300	1500 —	500 —	— —	— —	— —
丙	1 项	一、二级 三级	5 1	4000 1200	1000 400	2800 —	700 —	— —	— —	150 —
丙	2 项	一、二级 三级	不限 3	6000 2100	1500 700	4800 1200	1200 400	4000 —	1000 —	300 —
丁		一、二级 三级 四级	不限 3 1	不限 3000 2100	3000 1000 700	不限 1500 —	1500 500 —	4800 — —	1200 — —	500 — —
戊		一、二级 三级 四级	不限 3 1	不限 3000 2100	不限 1000 700	不限 2100 —	2000 700 —	6000 — —	1500 — —	1000 — —
仓库内设置自动灭火系统时，除冷库的防火分区外，每座仓库的最大允许占地面积和每个防火分区的最大允许建筑面积可按上表的规定增加 1 倍										

三、民用建筑的防火分区

不同耐火等级民用建筑防火分区的最大允许建筑面积表

名　称	耐火等级	防火分区的最大允许建筑面积 /m²	备　注
高层民用建筑	一、二级	1500	对于体育馆、剧场的观众厅，防火分区的最大允许建筑面积可适当增加
单、多层民用建筑	一、二级	2500	
	三级	1200	—
	四级	600	
地下 / 半地下建筑（室）	一级	500	设备用房的防火分区最大允许建筑面积不应＞ 1000m²
（1）当建筑内设置自动灭火系统时，防火分区最大允许建筑面积可按上表的规定增加 1 倍。 （2）局部设置时，防火分区的增加面积可按该局部面积的 1 倍计算。 （3）裙房与高层建筑主体之间设置防火墙，墙上开口部位采用甲级防火门分隔时，裙房的防火分区可按单、多层建筑的要求确定。 **注意：**一、二级耐火等级建筑营业厅、展览厅，应当设置自动灭火系统和火灾自动报警系统并采用不燃或难燃装修材料，每个防火分区的最大允许建筑面积可适当增加，并应符合下列规定：（1）设在**高层**建筑内时：不应＞ 4000m²；（2）设在**单层建筑内或仅设置在多层建筑的首层**内时：不应＞ 10000m²；（3）设在**地下或半地下**时：不应＞ 2000m²			

第二节　防火分隔

考　点	内　容
中庭	与周围连通空间应进行防火分隔时的要求： （1）采用防火隔墙时，它的耐火极限应不低于 1h； （2）采用隔热性防火玻璃墙时，它的耐火隔热性和耐火完整性均不低于 1h； （3）采用耐火完整性不低于 1h 的非隔热性防火玻璃墙，应设置自动喷水灭火系统； （4）采用**防火卷帘**时，它的耐火极限不应低于 3h
建筑幕墙	（1）应在每层楼板外沿设置高度不低于 1.2m 的实体墙或挑出宽度≥ 1.0m、长度不小于开口宽度的防火挑檐；当室内设置自动喷水灭火系统时，该部分墙体的高度不应＜ 0.8m； （2）当上、下层开口之间设置实体墙确有困难时，可设置防火玻璃墙，高层建筑的防火玻璃墙的耐火完整性不应低于 1.00h，多层建筑的防火玻璃墙的耐火完整性不应低于 0.50h，外窗的耐火完整性不应低于防火玻璃墙的耐火完整性要求； （3）住宅建筑外墙上相邻户开口之间的墙体宽度**不应＜ 1m**；宽度＜ 1m 时，应在开口之间设置凸出外墙**不应＜ 0.6m** 的隔板

第三节　防火分隔设施

防火墙	概念	防火墙是防止火灾蔓延至相邻区域且耐火极限不低于 3h 的不燃性墙体
	设置要求	（1）防火墙应直接设置在基础或框架、梁等承重结构上，框架、梁等承重结构的耐火极限**不应低于防火墙的耐火极限**； （2）防火墙横截面中心线水平距离天窗端面＜ 4m，且天窗端面为可燃性墙体时，应采取防止火势蔓延的措施； （3）建筑外墙为难燃性或可燃性墙体时，防火墙应凸出墙的外表面 0.4 m 以上，且防火墙两侧的外墙均应为宽度≥ 2m 的不燃性墙体，其耐火极限不应低于外墙的耐火极限； （4）防火墙上不应开设门、窗、洞口，确需开设时，应设置**不可开启或火灾时能自动关闭的甲级防火门、窗**； （5）建筑内的防火墙不宜设置在转角处，确需设置时，内转角两侧墙上的门、窗、洞口之间最近边缘的水平距离**不应＜ 4m**；采取设置**乙级防火窗**等防止火灾水平蔓延的措施时，**该距离不限**； （6）防火墙的构造应能在防火墙任意一侧的屋架、梁、楼板等受到火灾的影响而被破坏时，不会导致防火墙倒塌
防火卷帘	概念	防火卷帘是在一定时间内，连同框架能满足耐火稳定性和完整性要求的卷帘，由帘板、卷轴、电动机、导轨、支架、防护罩和控制机构等组成
	设置要求	（1）**除中庭外**，当防火分隔部位的宽度≤ 30m 时，防火卷帘的宽度**不应**＞ 10m；当防火分隔部位的宽度＞ 30m 时，防火卷帘的宽度**不应大于**该部位宽度的 1/3，且**不应**＞ 20m； （2）防火卷帘应具有火灾时靠自重自动关闭的功能；不应采用水平、侧向防火卷帘； （3）除另有规定外，防火卷帘的耐火极限**不应低于**规范对所设置部位墙体的耐火极限要求； （4）防火卷帘应具有防烟性能，与楼板、梁、墙、柱之间的空隙应采用防火封堵材料封堵； （5）需在火灾时自动降落的防火卷帘，应具有信号反馈的功能
	设置部位	防火卷帘一般设置在**电梯厅、自动扶梯**周围，中庭与楼层走道、过厅相通的开口部位，生产车间中大面积工艺洞口以及设置难的部位等

续表

<table>
<tr><td rowspan="15">防火门窗</td><td rowspan="14">防火门（按耐火性能分类）</td><td>名 称</td><td colspan="2">耐火性能</td><td>代 号</td></tr>
<tr><td rowspan="5">隔热防火门（A类）</td><td colspan="2">耐火隔热性≥ 0.50h
耐火完整性≥ 0.50 h</td><td>A0.50
（丙级）</td></tr>
<tr><td colspan="2">耐火隔热性≥ 1.00h
耐火完整性≥ 1.00h</td><td>A1.00
（乙级）</td></tr>
<tr><td colspan="2">耐火隔热性≥ 1.50h
耐火完整性≥ 1.50h</td><td>A1.50
（甲级）</td></tr>
<tr><td colspan="2">耐火隔热性≥ 2.00h
耐火完整性≥ 2.00h</td><td>A2.00</td></tr>
<tr><td colspan="2">耐火隔热性≥ 3.00h
耐火完整性≥ 3.00h</td><td>A3.00</td></tr>
<tr><td rowspan="4">部分隔热防火门（B类）</td><td rowspan="4">耐火隔热性≥ 0.50 h</td><td>耐火完整性≥ 1.00h</td><td>B1.00</td></tr>
<tr><td>耐火完整性≥ 1.50h</td><td>B1.50</td></tr>
<tr><td>耐火完整性≥ 2.00h</td><td>B2.00</td></tr>
<tr><td>耐火完整性≥ 3.00h</td><td>B3.00</td></tr>
<tr><td rowspan="4">非隔热防火门（C类）</td><td colspan="2">耐火完整性≥ 1.00h</td><td>C1.00</td></tr>
<tr><td colspan="2">耐火完整性≥ 1.50h</td><td>C1.50</td></tr>
<tr><td colspan="2">耐火完整性≥ 2.00h</td><td>C2.00</td></tr>
<tr><td colspan="2">耐火完整性≥ 3.00h</td><td>C3.00</td></tr>
<tr><td>防火窗</td><td colspan="4">防火窗是采用钢窗框、钢窗扇及防火玻璃制成的，能起到隔离和阻止火势蔓延的窗，一般设置在防火间距不足部位的建筑外墙上的开口或天窗，建筑内的防火墙或防火隔墙上需要观察等部位以及需要防止火灾竖向蔓延的外墙开口部位</td></tr>
<tr><td rowspan="2">防火阀</td><td>防火阀的设置部位</td><td colspan="4">（1）穿越防火分区处；
（2）穿越通风、空气调节机房的房间隔墙和楼板处；
（3）穿越重要或火灾危险性大的房间隔墙和楼板处；
（4）穿越防火分隔处的变形缝两侧；
（5）竖向风管与每层水平风管交接处的水平管段上。但当**建筑内每个防火分区的通风、空气调节系统均独立设置**时，水平风管与竖向总管的交**接处可不设置防火阀**；
（6）公共建筑的浴室、卫生间和厨房的竖向排风管，应采取防止回流措施或在支管上设置公称动作温度为70℃的防火阀。公共建筑内厨房的排油烟管道宜按防火分区设置，且在与竖向排风管连接的支管处应设置公称动作温度为150℃的防火阀</td></tr>
<tr><td>防火阀的设置要求</td><td colspan="4">（1）防火阀宜靠近防火分隔处设置；
（2）防火阀暗装时，应在安装部位设置方便维护的检修口；
（3）在防火阀两侧各2m范围内的风管及其绝热材料应采用不燃材料</td></tr>
<tr><td rowspan="3">排烟防火阀</td><td>概念</td><td colspan="4">排烟防火阀是安装在排烟系统管道上起隔烟、阻火作用的阀门</td></tr>
<tr><td>工作原理</td><td colspan="4">它在一定时间内能满足耐火稳定性和耐火完整性的要求，具有手动和自动功能。当管道内的烟气达到280℃时，排烟防火阀自动关闭</td></tr>
<tr><td>设置部位</td><td colspan="4">排烟管进入排风机房处，穿越防火分区的排烟管道上，排烟系统的支管上</td></tr>
</table>

【强化练习】

【单选题】

1. 在防火墙设置位置时，如设置在转角附近，内转角两侧墙上的门、窗、洞口之间最近边缘的水平距离不应＜（　）m。

A. 4.0　　B. 5.0　　C. 3.0　　D. 6.0

【正确答案】A

【解析】在防火墙设置位置时，如设置在转角附近，内转角两侧墙上的门、窗、洞口之间最近边缘的水平距离不应＜ 4.0 m，当采取设置乙级防火窗等防止火灾水平蔓延的措施时，距离可不限。

【多选题】

2. 防火阀是在一定时间内能满足耐火稳定性和耐火完整性要求，用于管道内阻火的活动式封闭装置，下列应设置防火阀的部位有（　）。

A. 穿越防火分区处

B. 穿越通风、空气调节机房的房间隔墙处

C. 穿越重要的房间楼板处

D. 穿越防火分隔处的变形缝两侧

E. 穿越建筑的电梯前室处

【正确答案】ABCD

【解析】应设置防火阀的部位有：(1) 穿越防火分区处。(2) 穿越通风、空气调节机房的房间隔墙和楼板处。(3) 穿越重要或火灾危险性大的房间隔墙和楼板处。(4) 穿越防火分隔处的变形缝两侧。(5) 竖向风管与每层水平风管交接处的水平管段上。但当建筑内每个防火分区的通风、空气调节系统均独立设置时，水平风管与竖向总管的交接处可不设置防火阀。(6) 公共建筑的浴室、卫生间和厨房的竖向排风管，应采取防止回流措施或在支管上设置公称动作温度为 70℃的防火阀。公共建筑内厨房的排油烟管道宜按防火分区设置，且在与竖向排风管连接的支管处应设置公称动作温度为 150℃的防火阀。

第四节　防烟分区

考　点	内　容
概念	防烟分区是在建筑内部采用挡烟设施分隔而成，能在一定时间内防止火灾烟气向同一防火分区的其余部分蔓延的局部空间
目的	（1）为了在发生火灾时将烟气控制在一定范围内； （2）为了提高排烟口的排烟效率
最大允许面积	（1）空间净高：$H \leqslant 3.0$m；防烟分区面积≤ 500m²； （2）空间净高：3.0m ＜ $H \leqslant 6.0$m；防烟分区面积≤ 1000m²； （3）空间净高：6.0m ＜ $H \leqslant 9.0$m；防烟分区面积≤ 2000m²
设置要求	（1）防烟分区应采用挡烟垂壁、隔墙、结构梁等划分； （2）防烟分区不应跨越防火分区； （3）每个防烟分区的建筑面积不宜超过规范要求； （4）采用隔墙等形成封闭的分隔空间时，该空间宜作为一个防烟分区； （5）储烟仓高度**不应小于空间净高的 10%，且不应 < 500mm**，同时应保证疏散所需的清晰高度；最小清晰高度应由计算确定； （6）有特殊用途的场所应单独划分防烟分区； （7）设置排烟设施的建筑内，敞开楼梯和自动扶梯穿越楼板的开口部应设置挡烟垂壁等设施
防烟分区分隔措施	**（1）挡烟垂壁**：挡烟垂壁常设置在烟气扩散流动的路线上烟气控制区域的分界处，和排烟设备配合进行有效排烟。其从顶棚下垂的高度一般应距顶棚面 **50cm** 以上，称为有效高度。挡烟垂壁分**固定式和活动式**两种。固定式挡烟垂壁是指固定安装的、能满足设定挡烟高度的挡烟垂壁；活动式挡烟垂壁是指可从初始位置自动运行至挡烟工作位置，并满足设定挡烟高度的挡烟垂壁。 **（2）建筑横梁**：**当建筑横梁的高度超过 50 cm** 时，该横梁可作为挡烟设施使用

【强化练习】

【单选题】

1. **（2017 年真题）**关于建筑防烟分区的说法，正确的是（　）。

A. 防烟分区面积一定时，挡烟垂壁下降越低越有利于烟气及时排除

B. 建筑设置敞开楼梯时，防烟分区可跨越防火分区

C. 防烟分区划分的越小越有利于控制烟气蔓延

D. 排烟与补风在同一防烟分区时，高位补风优于低位补风

【正确答案】C

【解析】挡烟垂壁越低越影响实际的使用空间，故选项 A 错误；防烟分区不可跨越防火分区，故选项 B 错误；由于烟气密度较低，从下部流向上部，因此补风口应在储烟仓下部，故选项 D 错误。

第五章　安全疏散

第一节　安全疏散基本参数

一、人员密度计算

<table>
<tr><th>场　所</th><th colspan="6">计算标准</th></tr>
<tr><td rowspan="4">商场</td><td colspan="6">商店营业厅内的人员密度　　单位：人 /m²</td></tr>
<tr><td>楼层位置</td><td>地下第二层</td><td>地下第一层</td><td>地上第一、第二层</td><td>地上第三层</td><td>地上第四层及以上各层</td></tr>
<tr><td>人员密度</td><td>0.56</td><td>0.60</td><td>0.43 ～ 0.60</td><td>0.39 ～ 0.54</td><td>0.30 ～ 0.42</td></tr>
<tr><td colspan="6">建材商店、家具和灯饰展示建筑，人员密度按上表规定值的 30% 确定</td></tr>
<tr><td>歌舞娱乐放映游艺场所</td><td colspan="6">（1）录像厅的疏散人数应根据厅、室的建筑面积按≥ 1.0 人 /m² 计算；
（2）其他歌舞娱乐放映游艺场所的疏散人数应根据厅、室的建筑面积按≥ 0.5 人 /m² 计算</td></tr>
<tr><td rowspan="5">餐饮场所</td><td colspan="6">餐馆、饮食店、食堂的餐厅与饮食厅每座最小使用面积　　单位：m²/ 座</td></tr>
<tr><td>等　级</td><td>餐馆餐厅</td><td colspan="2">饮食店饮食厅</td><td colspan="2">食堂餐厅</td></tr>
<tr><td>一</td><td>1.30</td><td colspan="2">1.30</td><td colspan="2">1.10</td></tr>
<tr><td>二</td><td>1.10</td><td colspan="2">1.10</td><td colspan="2">0.85</td></tr>
<tr><td>三</td><td>1.00</td><td colspan="2">—</td><td colspan="2">—</td></tr>
<tr><td>有固定座位的场所</td><td colspan="6">除剧场、电影院、礼堂、体育馆外，其疏散人数可按实际座位数的 1.1 倍计算</td></tr>
<tr><td>展览厅</td><td colspan="6">展览厅的疏散人数应根据展览厅的建筑面积和人员密度计算，展览厅的人员密度以不宜小于 0.75 人 /m² 计算</td></tr>
</table>

二、疏散宽度指标

考点	内　容
百人宽度指标	**（1）公式：** 百人宽度指标 =（单股人流宽度 ×100）/（疏散时间 × 每分钟每股人流通过人数）； **（2）注意：**一般地，一、二级耐火等级建筑疏散时间控制为 2min，三级耐火等级建筑疏散时间控制为 1.5min，根据上式可以计算出不同建筑每百人所需宽度
疏散宽度	**1. 厂房的疏散宽度** （1）厂房门的最小净宽度不宜＜ 0.9m，疏散走道的净宽度不宜＜ 1.4m，疏散楼梯的最小净宽度不宜＜ 1.1m； （2）首层外门的总净宽度应按该层及以上疏散人数最多一层的疏散人数计算，且该门的最小净宽度不应＜ 1.2m

续表

考点	内　容
疏散宽度	

2. 高层公共建筑的疏散宽度

公共建筑内安全出口和疏散门的净宽度不应＜ 0.9 m，疏散走道和疏散楼梯的净宽度不应＜ 1.1m；

高层公共建筑内楼梯间的首层疏散门、首层疏散外门和疏散走道的最小净宽度　单位：m

建筑类别	楼梯间的首层疏散门、首层疏散外门	走　道		疏散楼梯
		单面布房	双面布房	
高层医疗建筑	1.30	1.40	1.50	1.30
其他高层公共建筑	1.20	1.30	1.40	1.20

3. 剧场、电影院、礼堂的疏散宽度

剧场、电影院、礼堂等场所每百人所需最小疏散净宽度　　单位：m/ 百人

观众厅座位数 / 座			≤ 2500	≤ 1200
耐火等级			一、二级	三级
疏散部位	门和走道	平坡地面	0.65	0.85
		阶梯地面	0.75	1.00
	楼梯		0.75	1.00

4. 木结构建筑的疏散宽度

木结构建筑内疏散走道、安全出口、疏散楼梯和房间疏散门每百人所需最小疏散净宽度

单位：m/ 百人

层　数	地上 1 ～ 2 层	地上 3 层
最小疏散净宽度	0.75	1.00

5. 其他公共建筑

其他公共建筑中疏散楼梯、安全出口和疏散走道的每百人所需最小疏散净宽度

单位：m/ 百人

建筑层数		耐火等级		
		一、二级	三级	四级
地上楼层	1 ～ 2 层	0.65	0.75	1.00
	3 层	0.75	1.00	—
	≥ 4 层	1.00	1.25	—
地下楼层	与地面出入口地面的高差≤ 10m	0.75	—	—
	与地面出入口地面的高差＞ 10m	1.00	—	—

注意：地下或半地下人员密集的厅、室和歌舞娱乐放映游艺场所，其房间疏散门、疏散走道、安全出口和疏散楼梯的各自总宽度，应按每百人≥ 1m 计算确定

【强化练习】

【单选题】

1.（2015 年真题）某商业建筑，地上 4 层、地下 2 层，耐火等级一级，建筑高度为 20.6m。地上各层为百货、小商品和餐饮，地下一层为超市，地下二层为汽车库。地下一层设计疏散人数为 1500 人，地上一至三层每层设计疏散人数为 2000 人，四层设计疏散人数为 1800 人。地上一至三层疏散楼梯的最小总净宽度应是（　）m。

A. 13　　B. 15

C. 20　　D. 18

【正确答案】C

【解析】总净宽度应按该层及以上疏散人数最多一层的疏散人数计算。百人宽度按不应＜ 1m 计算，按疏散人数最多的 2000 人计算，最小总净宽度 =2000/100=20，所以地上一至三层疏散楼梯的最小总净宽度应是 20m。

三、疏散距离指标

考　点	内　容					
厂房的安全疏散距离	厂房内的任一点至最近安全出口的最大允许直线距离　　单位：m					
	厂房类别	耐火等级	单层厂房	多层厂房	高层厂房	地下、半地下厂房
	甲	一、二级	30	25	—	—
	乙	一、二级	75	50	30	—
	丙	一、二级	80	60	40	30
		三级	60	40	—	—
	丁	一、二级	不限	不限	50	45
		三级	60	50	—	—
		四级	50	—	—	—
	戊	一、二级	不限	不限	75	60
		三级	100	75	—	—
		四级	60	—	—	—

续表

<table>
<tr><th>考 点</th><th colspan="9">内 容</th></tr>
<tr><td rowspan="14">公共建筑的安全疏散距离</td><td colspan="9">直通疏散走道的房间疏散门至最近安全出口的直线距离 单位：m</td></tr>
<tr><td colspan="3" rowspan="3">名 称</td><td colspan="3">位于两个安全出口之间的疏散门</td><td colspan="3">位于袋形走道两侧或尽端的疏散门</td></tr>
<tr><td colspan="3">耐火等级</td><td colspan="3">耐火等级</td></tr>
<tr><td>一、二级</td><td>三级</td><td>四级</td><td>一、二级</td><td>三级</td><td>四级</td></tr>
<tr><td colspan="3">托儿所、幼儿园、老年人的照料设施</td><td>25</td><td>20</td><td>15</td><td>20</td><td>15</td><td>10</td></tr>
<tr><td colspan="3">歌舞娱乐放映游艺场所</td><td>25</td><td>20</td><td>15</td><td>9</td><td>—</td><td>—</td></tr>
<tr><td rowspan="3">医疗建筑</td><td colspan="2">单、多层</td><td>35</td><td>30</td><td>25</td><td>20</td><td>15</td><td>10</td></tr>
<tr><td rowspan="2">高层</td><td>病房部分</td><td>24</td><td>—</td><td>—</td><td>12</td><td>—</td><td>—</td></tr>
<tr><td>其他部分</td><td>30</td><td>—</td><td>—</td><td>15</td><td>—</td><td>—</td></tr>
<tr><td rowspan="2">教学建筑</td><td colspan="2">单、多层</td><td>35</td><td>30</td><td>25</td><td>22</td><td>20</td><td>10</td></tr>
<tr><td colspan="2">高层</td><td>30</td><td>—</td><td>—</td><td>15</td><td>—</td><td>—</td></tr>
<tr><td colspan="3">高层旅馆、展览建筑</td><td>30</td><td>—</td><td>—</td><td>15</td><td>—</td><td>—</td></tr>
<tr><td rowspan="2">其他建筑</td><td colspan="2">单、多层</td><td>40</td><td>35</td><td>25</td><td>22</td><td>20</td><td>15</td></tr>
<tr><td colspan="2">高层</td><td>40</td><td>—</td><td>—</td><td>20</td><td>—</td><td>—</td></tr>
<tr><td rowspan="6">住宅建筑安全疏散距离</td><td colspan="9">住宅建筑直通疏散走道户门至最近安全出口的直线距离 单位：m</td></tr>
<tr><td colspan="3" rowspan="3">住宅建筑类别</td><td colspan="3">位于两个安全出口之间的户门</td><td colspan="3">位于袋形走道两侧或尽端的户门</td></tr>
<tr><td colspan="3">耐火等级</td><td colspan="3">耐火等级</td></tr>
<tr><td>一、二级</td><td>三级</td><td>四级</td><td>一、二级</td><td>三级</td><td>四级</td></tr>
<tr><td colspan="3">单、多层</td><td>40</td><td>35</td><td>25</td><td>22</td><td>20</td><td>15</td></tr>
<tr><td colspan="3">高层</td><td>40</td><td>—</td><td>—</td><td>20</td><td>—</td><td>—</td></tr>
<tr><td rowspan="7">木结构建筑的安全疏散距离</td><td colspan="9">木结构房间直通疏散走道的疏散门至最近安全出口的直线距离 单位：m</td></tr>
<tr><td colspan="3">名 称</td><td colspan="3">位于两个安全出口之间的疏散门</td><td colspan="3">位于袋形走道两侧或尽端的疏散门</td></tr>
<tr><td colspan="3">托儿所、幼儿园、老年人照料设施</td><td colspan="3" rowspan="2">15</td><td colspan="3">10</td></tr>
<tr><td colspan="3">歌舞娱乐放映游艺场所</td><td colspan="3">6</td></tr>
<tr><td colspan="3">医院和疗养院建筑、教学建筑</td><td colspan="3">25</td><td colspan="3">12</td></tr>
<tr><td colspan="3">其他民用建筑</td><td colspan="3">30</td><td colspan="3">15</td></tr>
<tr><td colspan="9">注意：木结构工业建筑中的丁、戊类厂房内任意一点至最近安全出口的疏散距离分别不应＞ 50m 和＞ 60m</td></tr>
</table>

【强化练习】

【单选题】

1. 某二级耐火等级的高层住宅楼，按现行消防技术最低标准设置了相应消防设施。位于袋形走道尽端的户门至最近安全出口的直线距离不应＞（　）m。

A. 20　　B. 25

C. 48　　D. 50

【正确答案】A

【解析】

住宅建筑类别	位于两个安全出口之间的户门			位于袋形走道两侧或尽端的户门		
	耐火等级			耐火等级		
	一、二级	三级	四级	一、二级	三级	四级
单、多层	40	35	25	22	20	15
高层	40	—	—	20	—	—

第二节　安全出口与疏散出口

一、安全出口

位　置	要　求
疏散楼梯	**1. 平面布置防火要求** （1）疏散楼梯宜设置在标准层（或防火分区）的两端，以便为人们提供两个不同方向的疏散路线； （2）疏散楼梯宜靠近电梯设置； （3）疏散楼梯宜靠外墙设置
	2. 竖向布置防火要求 （1）疏散楼梯应保持上、下畅通； （2）应避免不同的人流路线相互交叉
疏散门	（1）疏散门应向疏散方向开启，**但人数不超过 60 人的房间且每樘门的平均疏散人数不超过 30 人时，其门的开启方向不限（除甲、乙类生产车间外）；** （2）民用建筑及厂房的疏散门应采用向疏散方向开启的平开门，不应采用推拉门、卷帘门、吊门、转门和折叠门； （3）当开向疏散楼梯或疏散楼梯间的门完全开启时，不应减小楼梯平台的有效宽度； （4）人员密集场所内平时需要控制人员随意出入的疏散门和设置门禁系统的住宅、宿舍、公寓建筑的外门，应保证火灾时不需使用钥匙等任何工具即能从内部易于打开，并应在显著位置设置具有使用提示的标识； （5）人员密集的公共场所、观众厅的入场门、疏散出口不应设置门槛，且紧靠门口内外各 1.4m 范围内不应设置台阶，疏散门应为推闩式外开门； （6）高层建筑直通室外的安全出口上方，应设置挑出宽度≥ 1.0m 的防护挑檐

续表

<table>
<tr><th>位　置</th><th>要　求</th></tr>
<tr><td>安全出口</td><td>一、二级耐火等级公共建筑内，当一个防火分区的安全出口全部直通室外确有困难时，符合下列规定的防火分区可利用通向相邻防火分区的甲级防火门作为安全出口。
（1）应采用防火墙与相邻防火分区进行分隔；
（2）建筑面积＞1000m^2 的防火分区，直通室外的安全出口数量不应少于 2 个；建筑面积≤1000m^2 的防火分区，直通室外的安全出口数量不应少于 1 个；
（3）该防火分区通向相邻防火分区的疏散净宽度，不应大于计算所需净宽度的 30%</td></tr>
<tr><td>公共建筑安全出口</td><td>公共建筑可设置一个安全出口的条件：
<table>
<tr><th>耐火等级</th><th>最多层数</th><th>每层最大建筑面积 /m^2</th><th>人　数</th></tr>
<tr><td>一、二级</td><td>3 层</td><td>200</td><td>第 2 层和第 3 层的人数之和不超过 50 人</td></tr>
<tr><td>三级</td><td>3 层</td><td>200</td><td>第 2 层和第 3 层的人数之和不超过 25 人</td></tr>
<tr><td>四级</td><td>2 层</td><td>200</td><td>第 2 层人数不超过 15 人</td></tr>
</table></td></tr>
<tr><td>住宅建筑安全出口</td><td>住宅建筑安全出口的设置应符合下列规定：
<table>
<tr><th>建筑高度（H）/m</th><th>每个单元任一层的建筑面积 /m^2</th><th>任一户门至最近安全出口的距离 /m</th><th>每个单元每层的安全出口 / 个数</th></tr>
<tr><td>≤27</td><td>＞650</td><td>＞15</td><td rowspan="3">≥2</td></tr>
<tr><td>27＜H≤54</td><td>＞650</td><td>＞10</td></tr>
<tr><td>＞54</td><td>—</td><td>—</td></tr>
</table>
注意：建筑高度 27m ＜ H≤54m 的住宅建筑，每个单元设置一座疏散楼梯时，疏散楼梯应通至屋面，且单元之间的疏散楼梯应能通过屋面连通，户门应采用乙级防火门。当不能通至屋面或不能通过屋面连通时，应设置 2 个安全出口</td></tr>
<tr><td>厂房、仓库安全出口</td><td>厂房、仓库符合下列条件时，可设置 1 个安全出口：
<table>
<tr><th>类　型</th><th>每层建筑面积 /m^2</th><th>同一时间生产人数</th></tr>
<tr><td>甲类厂房</td><td>≤100</td><td>≤5</td></tr>
<tr><td>乙类厂房</td><td>≤150</td><td>≤10</td></tr>
<tr><td>丙类厂房</td><td>≤250</td><td>≤20</td></tr>
<tr><td>丁、戊类厂房</td><td>≤400</td><td>≤30</td></tr>
<tr><td>其他</td><td colspan="2">（1）地下、半地下厂房或厂房的地下室、半地下室，其建筑面积≤50m^2 且经常停留人数不超过 15 人；
（2）一座仓库的占地面积不大于 300m^2 或防火分区的建筑面积≤100m^2；
（3）地下、半地下仓库或仓库的地下室、半地下室，建筑面积≤100m^2</td></tr>
<tr><td>注意</td><td colspan="2">地下、半地下建筑每个防火分区的安全出口数目≥2 个</td></tr>
</table></td></tr>
</table>

二、疏散出口

考　点	内　容
基本概念	（1）疏散出口包括安全出口和疏散门； （2）疏散门是直接通向疏散走道的房间门、直接开向疏散楼梯间的门（如住宅的户门）或室外的门，不包括套间内的隔间门或住宅套内的房间门； （3）安全出口是疏散出口的一个特例
基本要求	（1）建筑内的安全出口和疏散门应分散布置，并应符合双向疏散的要求； （2）公共建筑内各房间疏散门的数量应经计算确定且不应少于 2 个，每个房间相邻 2 个疏散门最近边缘之间的水平距离不应＜ 5m； （3）除托儿所、幼儿园、老年人建筑、医疗建筑、教学建筑内位于走道尽端的房间外，符合下列条件之一的房间可设置 1 个疏散门： ①位于 2 个安全出口之间或袋形走道两侧的房间，对于托儿所、幼儿园、老年人建筑，建筑面积≤ $50m^2$；对于医疗建筑、教学建筑，建筑面积≤ $75m^2$；对于其他建筑或场所，建筑面积≤ $120m^2$； ②位于走道尽端的房间，建筑面积 < $50m^2$ 且疏散门的净宽度≥ 0.90m，或由房间内；任一点至疏散门的直线距离≤ 15m、建筑面积≤ $200m^2$ 且疏散门的净宽度≥ 1.40m； ③歌舞娱乐放映游艺场所内建筑面积≤ $50m^2$ 且经常停留人数不超过 15 人的厅、室或房间； ④建筑面积≤ $200m^2$ 的地下或半地下设备间；建筑面积≤ $50m^2$ 且经常停留人数不超过 15 人的其他地下或半地下房间

【强化练习】

【单选题】

1.（**2015 年真题**）某集成电路工厂新建一个化学清洗间，建筑面积为 100 ㎡，设置 1 个安全出口，清洗作业使用火灾危险性为甲类的易燃液体，该清洗间同一时间内清洗操作人员不应超过（　）人。

A. 10　　B. 5　　C. 15　　D. 20

【正确答案】B

【解析】甲、乙类生产厂房每层的总建筑面积不超过 100 ㎡，且同一时间内的生产人员总数不超过 5 人时，可设置一个安全门。所以该化学清洗间，建筑面积为 100 ㎡，设置一个安全出口时，则该清洗间同一时间内清洗操作人员不应该超过 5 人。

2.（**2015 年真题**）某建筑高度为 98.9m 的大楼，使用功能为办公、宾馆、商业和娱乐。一至四层的裙房设有营业厅和办公室，地下一层夜总会疏散走道两侧和尽端设有 5 个卡拉 OK 小包间，营业厅的 2 个疏散门需要通过疏散走道至疏散楼梯间。该建筑按照规范要求设置消防设施。下列建筑内疏散走道的设计中，错误的是（　）。

A. 办公区域疏散走道两侧的隔墙采用加气混凝土砌块砌筑，耐火极限为 1.50h

B. 宾馆区域疏散走道采用轻钢龙骨纸面石膏板吊顶，耐火极限为 0.30h

C. 夜总会疏散走道尽端房间房门至最近的安全出口的疏散走道长度为 15m

D. 裙房内营业厅的疏散门至最近的安全出口的疏散走道长度为 15m

【正确答案】C

【解析】本题考查疏散走道的设计。疏散出口设置的基本要求：位于走道尽端的房间，建筑面积≤ 50m^2 且疏散门的净宽度≥ 0.9m，或由房间内任一点至疏散门的直线距离≤ 15m、建筑面积≤ 200m^2 且疏散门的净宽度≥ 1.4m 的情况下，可设置 1 个疏散门。则该建筑按照规范要求设置消防设施时，建筑内疏散走道的设计错误的是夜总会疏散走道尽端房间房门至最近的安全出口的疏散走道长度为 15m。

第三节 疏散走道与避难走道

一、疏散走道

<table>
<tr><th>考 点</th><th colspan="3">内 容</th></tr>
<tr><td>基本概念</td><td colspan="3">疏散走道是指发生火灾时，建筑内人员从火灾现场逃往安全场所的通道。疏散走道的设置应保证逃离火场的人员进入走道后，能顺利地继续通行至楼梯间，到达安全地带</td></tr>
<tr><td rowspan="6">基本要求</td><td colspan="3">（1）走道应简捷，并按规定设置疏散指示标志和诱导灯；
（2）在 1.8m 高度内不宜设置管道、门垛等凸出物，走道中的门应向疏散方向开启；
（3）尽量避免设置袋形走道；
（4）办公建筑的走道最小净宽应满足下表的要求：
办公建筑的走道最小净宽 单位：m</td></tr>
<tr><td rowspan="2">走道长度</td><td colspan="2">走道净度</td></tr>
<tr><td>单面布房</td><td>双面布房</td></tr>
<tr><td>≤ 40</td><td>1.3</td><td>1.5</td></tr>
<tr><td>＞ 40</td><td>1.5</td><td>1.8</td></tr>
<tr><td colspan="3">（5）疏散走道在防火分区处应设置常开甲级防火门</td></tr>
<tr><td>检查方法</td><td colspan="3">实地测量疏散走道宽度，宽度测量值的允许负偏差不得大于规定值的 5%</td></tr>
</table>

二、避难走道

考　点	内　容
基本概念	避难走道是指采用防烟措施且两侧设置耐火极限不低于 **3h 的防火隔墙**，用于人员安全通行至室外的走道
设置要求	（1）避难走道楼板的耐火极限不应低于 1.5h； （2）避难走道**直通地面的出口不应少于 2 个**，并应设置在不同方向；当走道仅与 1 个防火分区相通且该防火分区至少有 1 个直通室外的安全出口时，可设置 1 个直通地面的出口。**任一防火分区通向避难走道的门至该避难走道最近直通地面的出口距离不应＞60m**； （3）避难走道的净宽度不应小于任一防火分区通向该避难走道的设计疏散总净宽度； （4）避难走道内部装修材料的燃烧性能应为 A 级； （5）防火分区至避难走道入口处应设置防烟前室，前室的**使用面积不应＜ $6m^2$，开向前室的门应采用甲级防火门，前室开向避难走道的门应采用乙级防火门**； （6）避难走道内应设置消火栓、消防应急照明、应急广播和消防专线电话
检查方法	实地测量避难走道宽度，宽度测量值的允许负偏差不得大于规定值的 5%

【强化练习】

【多选题】

1. 新建一座大型城市商业综合体，根据有关规定，需要在该综合体设置人民防空工程。下列关于该人防工程中避难走道的做法中，正确的有（　）。

A. 设置 2 个直通地面的出口

B. 防火分区至避难走道入口处设置建筑面积为 $6m^2$ 的前室

C. 设置室内消火栓

D. 设置火灾应急照明和应急广播

E. 采用燃烧性能等级为 B_1 级的装修材料进行装修

【正确答案】 ACD

【解析】 避难走道的设置应符合下列规定：①避难走道直通地面的出口不应少于 2 个，并应设置在不同方向；当避难走道只与一个防火分区相通时，避难走道直通地面的出口可设置一个，但该防火分区至少应有一个不通向该避难走道的安全出口（因此选项 A 符合规定）。②避难走道的装修材料燃烧性能等级应为 A 级（因此选项 E 不符合规定）。③防火分区至避难走道人口处应设置前室，前室使用面积不应＜ $6m^2$，前室的门应为甲级防火门（因此选项 B 不符合规定）。④避难走道应设置应急广播和消防专线电话，避难走道的消火栓设置、火灾应急照明应符合相关规定（因此选项 C、D 符合规定）。

第四节　疏散楼梯与楼梯间

考　点	内　容
疏散楼梯间的一般要求	（1）楼梯间应能天然采光和自然通风，并宜靠外墙设置。靠外墙设置时，楼梯间、前室及合用前室外墙上的窗口与两侧门、窗、洞口最近边缘之间的水平距离**不应＜ 1m**； （2）楼梯间内不应设置烧水间、可燃材料储藏室、垃圾道； （3）楼梯间内不应有影响疏散的凸出物或其他障碍物； （4）封闭楼梯间、防烟楼梯间及其前室，不应设置卷帘； （5）楼梯间内不应设置甲、乙、丙类液体的管道； （6）除通向避难层错位的疏散楼梯外，建筑中的疏散楼梯间在各层的平面位置不应改变； （7）用作丁、戊类厂房内第二安全出口的楼梯可采用金属梯，但净宽度不应小于 0.90m，倾斜角度不应＞ 45°； （8）疏散用楼梯和疏散通道上的阶梯不宜采用螺旋楼梯和扇形踏步；确须采用时，踏步上、下两级所形成的平面角度不应＞ 10°，且每级离扶手 250mm 处的踏步深度不应＜ 220mm； （9）高度＞ 10m 的三级耐火等级建筑应设置通至屋顶的室外消防梯； （10）除住宅建筑套内的自用楼梯外，地下、半地下室与地上层不应共用楼梯间，**必须共用楼梯间时，在首层应采用耐火极限不低于 2h 的防火隔墙和乙级防火门将地下、半地下部分与地上部分的连通部位完全分隔**，并应有明显标志
敞开楼梯间	典型特征：楼梯与走廊或大厅直接相通，未进行分隔，在发生火灾时不能阻挡烟气进入，而且可能成为向其他楼层蔓延的主要通道。敞开楼梯间安全可靠程度不大，但使用方便，适用于低、多层的住宅建筑和公共建筑中
封闭楼梯间	**1. 适用范围** 多层公共建筑的疏散楼梯，除与敞开式外廊直接相连的楼梯间外，均应采用封闭楼梯间。具体如下： （1）医疗建筑、旅馆及类似使用功能的建筑； （2）**设置歌舞娱乐放映游艺场所的建筑；** （3）商店、图书馆、展览建筑、会议中心及类似使用功能的建筑； （4）**6 层及以上**的其他建筑； （5）老年人照料设施的室内疏散楼梯不能与敞开式外廊直接连通的应采用封闭楼梯间。 高层建筑的裙房、建筑高度不超过 32m 的二类高层建筑、建筑高度＞ 21m 且≤ 33m 的住宅建筑，其疏散楼梯间应采用封闭楼梯间。当住宅建筑的户门为乙级防火门时，可不设置封闭楼梯间。 **2. 设置要求** （1）不能自然通风或自然通风不能满足要求时，应设置机械加压送风系统或采用防烟楼梯间； （2）除楼梯间的出入口和外窗外，楼梯间的墙上不应开设其他门、窗、洞口； （3）**高层建筑、人员密集的公共建筑、人员密集的多层丙类厂房，以及甲、乙类厂房**，其封闭楼梯间的门应采用**乙级防火门**，并应向疏散方向开启；**其他建筑**可采用双**向弹簧门**； （4）楼梯间的首层可将走道和门厅等包括在楼梯间内形成扩大的封闭楼梯间，但应采用乙级防火门等与其他走道和房间分隔

续表

考　点	内　容
防烟楼梯间	**1. 适用范围** （1）一类高层建筑及建筑高度＞ 32m 的二类高层建筑； （2）建筑高度＞ 33m 的住宅建筑； （3）建筑高度＞ 32m 且任一层人数超过 10 人的高层厂房； （4）当地下层数为 3 层及 3 层以上，以及地下室内地面与室外出入口地坪高差＞ 10m 时； （5）建筑高度＞ 24m 的老年人照料设施； （6）采用剪刀楼梯间的高层公共建筑
	2. 设置要求 （1）当不能天然采光和自然通风时，楼梯间应按规定设置防烟设施。 （2）在楼梯间入口处应设置防烟前室、开敞式阳台或凹廊等。 （3）前室的**使用面积**：公共建筑、高层厂房（仓库）不应＜ 6m^2，住宅建筑不应＜ 4.5m^2。合用前室的使用面积：公共建筑、高层厂房以及高层仓库不应＜ 10m^2，住宅建筑不应＜ 6m^2。 （4）疏散走道通向前室以及前室通向楼梯间的门应采用乙级防火门，并应向疏散方向开启。 （5）除楼梯间和前室的出入口、楼梯间和前室内设置的正压送风口和住宅建筑的楼梯间前室外，防烟楼梯间及其前室的内墙上不应开设其他门、窗、洞口。 （6）楼梯间的首层可将走道和门厅等包括在楼梯间前室内，形成扩大的前室，但应采用乙级防火门等与其他走道和房间分隔。 （7）建筑高度＞ 32m 的老年人照料设施，宜在 32m **以上**部分增设能连通老年人居室和公共活动场所的连廊，各层连廊应直接与疏散楼梯、安全出口或室外避难场地连通
室外疏散楼梯	**1. 适用范围** （1）甲、乙、丙类厂房； （2）建筑高度＞ 32m 且任一层人数超过 10 人的厂房； （3）辅助防烟楼梯
	2. 构造要求 （1）栏杆扶手的高度**不应**＜ 1.1m，楼梯的净宽度**不应**＜ 0.9m； （2）倾斜度不应＞ 45°； （3）楼梯和疏散出口平台均应采取不燃材料制作。平台的耐火极限不应低于 1h，楼梯段的耐火极限**不应低于** 0.25h； （4）通向室外楼梯的门应采用乙级防火门，并应向外开启；门开启时，不得占用楼梯平台的有效宽度； （5）除疏散门外，楼梯周围 **2m 内**的墙面上不应设置其他门、窗、洞口。疏散门不应正对楼梯段
剪刀楼梯	**检查要求** （1）剪刀楼梯间的梯段之间应设置耐火极限**不低于** 1.00h 的防火隔墙； （2）高层公共建筑剪刀楼梯间的前室分别设置； （3）住宅建筑剪刀楼梯间前室共用时，前室的使用面积**不应**＜ 6m^2；与消防电梯的前室合用时，合用前室的使用面积**不应**＜ 12m^2，且短边**不应**＜ 2.4m

【强化练习】

【单选题】

1.（2016 年真题）下列关于建筑内疏散楼梯间的做法中，错误的是（　）。

A. 设置敞开式外廊的 4 层教学楼，每层核定人数 500 人，设置 3 部梯段净宽度均为 2.00m 的敞开式疏散楼梯间

B. 建筑高度为 15m 的 3 层商用建筑，总建筑面积为 2400 ㎡，一、二层为美术教室和体型训练室，三层为卡拉 OK 厅和舞厅，设置 2 座梯段净宽度均为 2.00m 的敞开式疏散楼梯间

C. 电子厂综合装配大楼，建筑高度为 31.95m，每层作业人数 100 人，设置 2 座净宽度均为 1.2m 的防烟楼梯间

D. 建筑高度为 31.9m 的住宅建筑，每个单元的建筑面积为 500 ㎡，户门至楼梯间的最大水平距离为 2m，每个单元设置一座梯段净宽度为 1.10m 的封闭楼梯间

【正确答案】B

【解析】下列多层公共建筑的疏散楼梯，除与敞开式外廊直接相连的楼梯间外，均应采用封闭接梯间：(1) 医疗建筑、旅馆、老年人建筑。(2) 设置歌舞娱乐放映游艺场所的建筑。(3) 商店、图书馆、展览建筑、会议中心及类似使用功能的建筑。(4) 6 层及以上的其他建筑。卡拉 OK 厅和舞厅属于歌舞娱乐放映游艺场所；选项 B 中采用敞开式疏散接梯间不符合规范，故 B 选项错误。

2.（2015 年真题）下列无敞开式外廊的建筑中，可设置封闭楼梯间的有（　）。

A. 4 层且建筑高度为 21m 的医院门诊楼

B. 3 层且建筑高度为 12m，每层建筑面积为 500 ㎡的小型商店

C. 3 层且建筑高度为 19.8m 的纺织厂房

D. 6 层且建筑高度为 21.6m 的办公楼

E. 宾馆建筑下部设置的 3 层地下设备房和汽车库

【正确答案】ABCD

【解析】根据《建筑设计防火规范》(GB 50016) 的规定，多层公共建筑的疏散楼梯，除与敞开式外廊直接相连的楼梯间外，均应采用封闭楼梯间。具体如下：(1) 医疗建筑、旅馆及类似使用功能的建筑；(2) 设置歌舞娱乐放映游艺场所的建筑；(3) 商店、图书馆、展览建筑、会议中心及类似使用功能的建筑；(4) 6 层及以上的其他建筑。选项 A、B、D 正确。高层厂房和甲、乙、丙类多层厂房的疏散楼梯应采用封闭楼梯间或室外楼梯。

选项 C 正确。室内地面与室外出入口地坪高差大于 10m 或 3 层及以上的地下、半地下建筑（室），其疏散楼梯应采用防烟楼梯间。选项 E 错误。

第五节 避难层（间）

考 点	内 容	
避难层	避难层的设置条件及避难人员面积指标	（1）设置条件：**建筑高度超过 100 m 的公共建筑和住宅**建筑应设置避难层； （2）面积指标。避难层的净面积应能满足设计避难人数避难的要求，宜按 5 人 /m^2 计算
	避难层的设置数量	根据目前国内主要配备的 50m 高云梯车的操作要求，规范规定从首层到第一个避难层之间的高度**不应 > 50m**；两个避难层之间的高度**不应 > 50m**
	避难层的防火构造要求	（1）为保证避难层具有较长时间抵抗火烧的能力，避难层的楼板宜采用现浇钢筋混凝土楼板，其**耐火极限不应低于 2h**； （2）为保证避难层下部楼层起火时不致使避难层地面温度过高，在楼板上宜设隔热层； （3）避难层四周的墙体及避难层内的隔墙，其**耐火极限不应低于 3h**，隔墙上的门应采用甲级防火门； （4）避难层可与设备层结合布置
	避难层的安全疏散	（1）为保证避难层在建筑物起火时能正常发挥作用，避难层应至少有两个不同的疏散方向； （2）为了保障人员安全，消除或减轻人们的恐惧心理，在避难层应设应急照明，其备用电源的连续供电时间对建筑高度 > 100m 的民用建筑，不应< 1.50h，照度**不应低于 3lx**
	通风与防烟排烟系统	避难层应设置直接对外的可开启窗口或独立的机械防烟设施，外窗应采用**乙级防火窗**
	灭火设施	在避难层应配置消火栓和消防软管卷盘
	消防专线电话和应急广播设备	避难层在火灾时停留为数众多的避难者，为及时和防灾中心及地面消防部门互通信息，避难层应设有消防专线电话和应急广播
	检查方法	测量可供避难的使用面积，测量值的允许负偏差不得大于设计值的 5%
避难间	设置要求	**高层病房楼应在二层及以上各楼层和洁净手术部设置避难间**。避难间应符合下列规定： （1）避难间服务的护理单元**不应超过 2 个，其净面积应按每个护理单元≥ 25m^2 确定**； （2）避难间兼作其他用途时，应保证人员的避难安全，且不得减少可供避难的净面积； （3）应靠近楼梯间，并应采用耐火极限不低于 2h 的防火隔墙和甲级防火门与其他部位分隔； （4）应设置消防专线电话和消防应急广播； （5）避难间的入口处应设置明显的指示标志； （6）应设置直接对外的可开启窗口或独立的机械防烟设施，外窗应采用乙级防火窗

【强化练习】

【单选题】

1.**（2015 年真题）**建筑高度超过 100m 的公共建筑应设置避难层。下列关于避难层设置的说法中，错误的是（　）。

A. 第一个避难层的楼地面至灭火救援场地地面的高度不应＞ 60m

B. 封闭的避难层应设置独立的机械防烟系统

C. 通向避难层的疏散楼梯应使人员需经过避难层方能上下

D. 避难层可兼做设备层

【正确答案】A

【解析】建筑高度超过 100m 的公共建筑应设置避难层。根据目前国内主要配备的 50m 高云梯车的操作要求，规范规定从首层到第一个避难层之间的高度不应＞ 50m。所以关于避难层设置的说法错误的是第一个避难层的楼地面至灭火救援场地地面的高度不应＞ 60m。

第六节　逃生疏散辅助设施

考　点	内　容
避难袋	避难袋的构造有 3 层： （1）最外层由玻璃纤维制成，可耐 800℃的高温； （2）中间层为弹性制动层，束缚下滑的人体和控制下滑的速度； （3）内层张力大而柔软，使人体以舒适的速度向下滑降
缓降器	缓降器根据自救绳的长度分为 3 种规格： （1）绳长为 38m 的缓降器适用于 6 ～ 10 层； （2）绳长为 53m 的缓降器适用于 11 ～ 16 层； （3）绳长为 74m 的缓降器适用于 16 ～ 20 层
避难滑梯	当发生火灾时，病房楼中的伤病员、孕妇等行动缓慢的病人可在医护人员的帮助下，由外连通阳台进入避难滑梯，靠重力下滑到室外地面或安全区域从而逃生
室外疏散救援舱	室外疏散救援舱由平时折叠存放在屋顶的一个或多个逃生救援舱和外墙安装的滑轨两部分组成。发生火灾时，专业人员用安装在屋顶的绞车将展开后的逃生救援舱引入建筑外墙安装的滑轨，逃生救援舱可以同时与多个楼层走道的窗口对接，将高层建筑内的被困人员送到地面，在上升时又可将消防队员等应急救援人员送到建筑内
缩放式滑道	采用耐磨、阻燃的尼龙材料和高强度金属圈骨架制作成的缩放式滑道，平时折叠存放在高层建筑的顶楼或其他楼层，发生火灾时可打开释放到地面，并将末端固定在地面事先确定的锚固点，被困人员依次进入后滑降到地面
简易防毒面具	供失能老年人使用且层数 > 2 层的老年人照料设施，应按核定使用人数配备简易防毒面具

【强化练习】

【单选题】

1. 缓降器是高层建筑的下滑自救器具，由于其操作简单，下滑平稳，是目前市场上应用最广泛的辅助安全疏散产品，其中，自救绳绳长为 38m 的缓降器适用于（　）层。

A. 3 ～ 5　　B. 6 ～ 10　　C. 11 ～ 16　　D. 17 ～ 20

【正确答案】B

【解析】缓降器根据自救绳的长度分为三种规格，绳长 38m 的缓降器适用于 6 ～ 10 层；绳长 53m 的缓降器适用于 11 ～ 16 层；绳长 74m 的缓降器适用于 16 ～ 20 层。所以，根据题意，正确答案为 B。

第六章　建筑防爆

第一节　建筑防爆基本原则和措施

考　点	内　容
原则	（1）控制可燃物和助燃物浓度、温度、压力及混触条件，避免物料处于燃爆的危险状态； （2）消除一切足以引起起火爆炸的点火源； （3）采取各种阻隔手段，阻止火灾爆炸事故的扩大
措施	1. 预防性技术措施 （1）排除能引起爆炸的各类可燃物质； （2）消除或控制能引起爆炸的各种火源，例如火花、火源、日光照射、电气火灾、明火
	2. 减轻性技术措施 （1）采取泄压措施； （2）采用抗爆性能良好的建筑结构体系； （3）采取合理的建筑布置

【强化练习】

【单选题】

1.（2017 年真题）下列建筑防爆措施中，不属于预防性措施的是（　）。

A. 生产过程中尽量不用具有爆炸危险的可燃物质

B. 消除静电火花

C. 设置可燃气体浓度报警装置

D. 设置泄压构件

【正确答案】D

【解析】建筑防爆的基本技术措施分为预防性技术措施和减轻性技术措施。选项D属于减轻性措施。减轻性防爆技术措施有：（1）采取泄压措施；（2）采用抗爆性能良好的建筑结构体系；（3）采取合理的建筑布置。

第二节　爆炸危险性厂房、库房的布置

<table>
<tr><th>考　点</th><th colspan="3">内　容</th></tr>
<tr><td rowspan="6">爆炸危险区域的等级及划分</td><td rowspan="6">爆炸危险区域的等级</td><td rowspan="3">爆炸性气体环境危险区域等级</td><td>（1）0级区域（简称0区）：
在正常运行情况下，爆炸性气体混合物连续出现或长期出现的环境</td></tr>
<tr><td>（2）1级区域（简称1区）：
在正常运行时可能出现爆炸性气体混合物的环境</td></tr>
<tr><td>（3）2级区域（简称2区）：
在正常运行时不太可能出现爆炸性气体混合物的环境</td></tr>
<tr><td rowspan="3">爆炸性粉尘环境危险区域等级</td><td>（1）20区：
空气中的可燃性粉尘云持续地、长期地或频繁地出现于爆炸性环境中</td></tr>
<tr><td>（2）21区：
在正常运行时，空气中的可燃性粉尘云很可能偶尔出现于爆炸性环境中</td></tr>
<tr><td>（3）22区：
在正常运行时，空气中的可燃性粉尘云一般不可能出现于爆炸性粉尘环境中，即使出现，持续时间也是短暂的</td></tr>
<tr><td rowspan="4">爆炸危险性厂房和库房布置</td><td rowspan="4">总平面布局</td><td colspan="2">1. 有爆炸危险的甲、乙类厂房、库房宜独立设置，并宜采用敞开或半敞开式，其承重结构宜采用钢筋混凝土或钢框架、排架结构</td></tr>
<tr><td colspan="2">2. 有爆炸危险的厂房、库房与周围建筑物、构筑物应保持一定的防火间距：
（1）甲类厂房与民用建筑的防火间距不应＜25m，与高层建筑、重要公共建筑的防火间距不应＜50m，与明火或散发火花地点的防火间距不应＜30m；
（2）甲类库房与高层建筑、重要公共建筑物的防火间距不应＜50m，与其他民用建筑（裙房，单、多层）和明火或散发火花地点的防火间距按其储存物品性质不同为25～40m</td></tr>
<tr><td colspan="2">3. 有爆炸危险的厂房平面布置最好采用矩形，与主导风向应垂直或夹角≥45°，以有效利用穿堂风吹散爆炸性气体，在山区宜布置在迎风山坡一面且通风良好的地方</td></tr>
<tr><td colspan="2">4. 防爆厂房宜单独设置，如必须与非防爆厂房贴邻时，只能一面贴邻，并在两者之间用防火墙或防爆墙隔开</td></tr>
</table>

续表

考 点	内 容		
爆炸危险性厂房和库房布置	平面和空间布置	地下、半地下室	（1）甲、乙类生产场所不应设置在地下或半地下； （2）甲、乙类仓库也不应设置在地下或半地下
		中间仓库	（1）厂房内设置**甲、乙类中间仓库**时，其**储量不宜超过一昼夜**的需要量； （2）中间仓库应靠外墙布置，并应采用防火墙和耐火极限**不低于 1.50h** 的不燃性楼板与其他部位分隔，中间仓库最好设置直通室外的出口
		办公室、休息室	甲、乙类厂房内不应设置办公室、休息室； 当办公室、休息室必须与本厂房贴邻建造时，其耐火等级不应低于二级，并应采用**耐火极限不低于 3h 的防爆墙隔开并设置独立的安全出口**； 甲、乙类仓库内严禁设置办公室、休息室等，并不应贴邻建造
		变、配电站	（1）如果生产上确有需要，允许在厂房的一面外墙贴邻建造专为甲类或乙类厂房服务的 10kV 及以下的变、配电站，但应用无门、窗、洞口的防火墙隔开； （2）对乙类厂房的配电所，如氨压缩机房的配电站，为观察设备、仪表运转情况，需要设观察窗，允许在配电站的防火墙上设置采用**不燃材料制作且不能开启的甲级防火窗**
		总控制室与分控制室	（1）有爆炸危险的甲、乙类厂房的总控制室应独立设置； （2）有爆炸危险的甲、乙类厂房的分控制室宜独立设置，当贴邻外墙设置时，应采用耐火极限不低于 3h 的防火隔墙与其他部位分隔
		有爆炸危险部位	有爆炸危险的甲、乙类生产部位，宜设置在单层厂房靠外墙的泄压设施或多层厂房顶层靠外墙的泄压设施附近
		其他平面和空间布置	（1）**厂房内不宜设置地沟**，必须设置时，**其盖板应严密**，采取防止可燃气体、可燃蒸气及粉尘、纤维在地沟积聚的有效措施，且与相邻厂房连通处应采用防火材料密封； （2）**使用和生产甲、乙、丙类液体厂房的管、沟不应和相邻厂房的管、沟相通，该厂房的下水道应设置隔油设施；** （3）甲、乙、丙类液体仓库应设置防止液体流散的设施。遇湿会发生燃烧爆炸的物品仓库应设置防止水浸渍的措施

【强化练习】

【单选题】

1.（**2016 年真题**）下列关于建筑的总平面布局中，错误的是（ ）。

A. 桶装乙醇仓库与相邻高层仓库的防火间距为 15m

B. 电解食盐水厂房与相邻多层厂区办公楼的防火间距为 27m

C. 发生炉煤气净化车间的总控制室与车间贴邻，并采用钢筋混凝土防爆墙分隔

D. 空分厂房专用 10kV 变配电站采用设置甲级防火窗的防火墙与空分厂房一面贴邻

【正确答案】C

【解析】

（1）甲类仓库（桶装乙醇仓库）与高层仓库的防火间距不应＜ 13m。故 A 说法正确。

（2）甲类厂房（电解食盐水厂房）与单、多层民用建筑（多层厂区办公楼）的防火间距不应＜ 25m。故 B 说法正确。

（3）《建筑防水规范》3.6.8 规定：有爆炸危险的甲、乙类厂房（发生炉煤气净化车间属于乙类厂房）的总控制室，应独立设置。故 C 选项说法错误。

（4）供甲、乙类厂房专用的 10kV 及以下的变、配电站，当采用无门窗洞口的防火墙隔开时，可一面贴邻建造，并应符合现行国家标准《爆炸危险环境电力装置设计规范》（GB 50058—2014）等规范的有关规定。乙类厂房的配电所必须在防火墙上开窗时，应设置密封固定的甲级防火窗。故 D 选项说法正确。

综上，本题选 C。

2.（**2015 年真题**）某金属配件加工厂的金属抛光车间厂房内设有一地沟，对该厂所采取的下列防爆措施中，不符合要求的是（　）。

A. 用盖板将车间内的地沟严密封闭

B. 采用不发火花的地面

C. 设置除尘设施

D. 采用粗糙的防滑地板

【正确答案】D

【解析】：金属抛光车间厂房属于乙类厂房，散发较空气重的可燃气体、可燃蒸气的甲类厂房和有粉尘、纤维爆炸危险的乙类厂房，应采用不发火花的地面。采用绝缘材料作整体面层时，应采取防静电措施。D 错误，采用粗糙的防滑地板，可能会产生火花。

第三节　爆炸危险性建筑的构造防爆

一、泄压

考　点	内　容
泄压面积计算	**前提：**当厂房的长径比大于 3 时，宜将该建筑划分为长径比≤ 3 的多个计算段，各计算段中的公共截面不得作为泄压面积。 $A=10CV^{2/3}$ **式中**　A——泄压面积，m^2； V——厂房的容积，m^3； C——泄压比，m^2/m^3。
泄压设施	**设置检查要求：** （1）有爆炸危险的甲、乙类厂房宜采用敞开或半敞开式，承重结构宜采用钢筋混凝土或钢框架、排架结构； （2）泄压设施宜采用轻质屋面板、轻质墙体和易于泄压的门、窗等，并应采用**安全玻璃**等在爆炸时不产生尖锐碎片的材料。作为泄压设施的轻质屋面板和墙体，每平方米的质量≤ 60kg； （3）泄压设施的设置应避开人员密集场所和主要交通道路，并宜靠近有爆炸危险的部位； （4）散发较空气轻的可燃气体、可燃蒸气的甲类厂房，宜采用轻质屋面板作为泄压面积； （5）有爆炸危险的厂房、粮食筒仓工作塔和上通廊设置的泄压面积严格按计算确定

二、抗爆

考　点	内　容
防爆结构形式的选择	耐爆框架结构一般有以下三种形式： （1）现浇式钢筋混凝土框架结构； （2）装配式钢筋混凝土框架结构； （3）钢框架结构。这种框架结构虽然抗爆强度较高，但耐火极限低，能承受的极限温度仅为 400℃，超过该温度便会在高温作用下变形倒塌

【强化练习】

【单选题】

1. 为了减少爆炸损失，作为泄压设施的轻质屋面板和轻质墙体的质量每平方米不宜超过（　）kg/m^2。

A. 20　　B. 40　　C. 60　　D. 100

【正确答案】C

【解析】作为泄压设施的轻质屋面板和轻质墙体的质量每平方米不宜＜ 60kg。正确答案为 C。

第四节　爆炸危险环境电气防爆

<table>
<tr><th>考　点</th><th colspan="2">内　容</th></tr>
<tr><td>电气防爆的措施</td><td colspan="2">（1）宜将正常运行时产生火花、电弧和危险温度的电气设备和线路，布置在爆炸危险性较小或没有爆炸危险的环境内；
（2）采用防爆的电气设备；
（3）按有关电力设备接地设计技术规程规定的一般情况不需要接地的部分，在爆炸危险区域内仍应接地，电气设备的金属外壳应可靠接地。设置漏电火灾报警和紧急断电装置；
（4）安全使用防爆电气设备；
（5）散发较空气重的可燃气体、可燃蒸气的甲类厂房以及有粉尘、纤维爆炸危险的乙类厂房，应采用不发火花的地面</td></tr>
<tr><td rowspan="3">爆炸性混合物的分类、分级和分组</td><td>分类</td><td>（1）Ⅰ类：矿井甲烷；
（2）Ⅱ类：爆炸性气体混合物（含蒸气、薄雾）；
（3）Ⅲ类：爆炸性粉尘（含纤维）</td></tr>
<tr><td>分组</td><td>（1）按最大试验安全间隙（MESG）分级；
（2）按最小点燃电流（MIC）分级；
（3）按引燃温度分组</td></tr>
<tr><td>分级</td><td>在爆炸性粉尘环境中，根据粉尘特性（导电或非导电等）分为Ⅲ A、Ⅲ B、Ⅲ C 三级：
（1）Ⅲ A 级为可燃性飞絮；
（2）Ⅲ B 级为非导电性粉尘；
（3）Ⅲ C 级为导电性粉尘</td></tr>
<tr><td>防爆电气设备</td><td colspan="2">防爆电气设备类别：
（1）Ⅰ类：煤矿用电气设备；
（2）Ⅱ类：除煤矿外的其他爆炸性气体环境用电气设备；
（3）Ⅲ类：可燃性粉尘环境用电气设备</td></tr>
</table>

【强化练习】

【单选题】

1. 在爆炸性粉尘中，非导电性粉尘指的是（　）。

A. Ⅲ A　　B. Ⅲ B　　C. Ⅲ C　　D. Ⅱ A

【正确答案】B

【解析】在爆炸性粉尘环境中，根据粉尘特性（导电或非导电等）分为Ⅲ A、Ⅲ B、Ⅲ C 三级。Ⅲ A 级为可燃性飞絮，Ⅲ B 级为非导电性粉尘，Ⅲ C 级为导电性粉尘。

第七章　建筑设备防火防爆

第一节　采暖系统防火防爆

<table>
<tr><th>考　点</th><th colspan="2">内　容</th></tr>
<tr><td>选用采暖装置的原则</td><td colspan="2">散发可燃粉尘、可燃纤维的生产厂房对采暖的要求如下：
（1）为防止纤维或粉尘积集在管道和散热器上受热自燃，散热器表面平均温度不应超过 82.5℃，但输煤廊的采暖散热器表面平均温度不应超过 130℃；
（2）散发物（包括可燃气体、蒸气、粉尘）与采暖管道和散热器表面接触能引起燃烧、爆炸时，应采用不循环使用的热风采暖，且不应在这些房间穿过采暖管道，如必须穿过时，应用不燃材料隔热；
（3）甲、乙类厂房和甲、乙类库房内严禁采用明火和电热散热器采暖</td></tr>
<tr><td rowspan="2">采暖设备的防火防爆措施</td><td>采暖管道要与建筑物的可燃构件保持一定的距离</td><td>采暖管道穿过可燃构件时，要用不燃材料隔开绝热；或根据管道外壁的温度，使管道与可燃构件之间保持适当的距离。
（1）当管道温度 > 100℃时，距离 ≥ 100mm 或采用不燃材料隔热；
（2）当温度 ≤ 100℃时，距离 ≥ 50mm 或采用不燃材料隔热</td></tr>
<tr><td>采用不燃材料</td><td>甲、乙类厂房、仓库的火灾发展迅速、热量大，采暖管道和设备的绝热材料应采用不燃材料，以防火灾沿着管道的绝热材料迅速蔓延到相邻房间或整个房间</td></tr>
</table>

【强化练习】

【单选题】

1.（**2016 年真题**）下列关于建筑供暖系统防火防爆的做法中，错误的是（　）。

A. 生产过程中散发二硫化碳气体的厂房，冬季采用热风供暖，回风经净化除尘在加热后配部分新风送入送风系统

B. 甲醇合成厂房采用热水循环供暖，散热器表面的平均温度为 90℃

C. 面粉加工厂的碾磨车间采用热水循环供暖，散热器表面的最高温度为 82.5℃

D. 铝合金汽车轮胎毂的抛光车间采用热水循环供暖，散热器表面的平均温度为 80℃

【正确答案】A

【解析】选项 A 错误，根据《建筑设计防火规范》GB 50016—2014，9.2.3，生产过程中散发的可燃气体（二硫化碳）与采暖管道、散热器表面接触能引起燃烧的厂房，应采用不循环使用的热风采暖。

第二节　通风与空调系统防火防爆

考　点	内　容
通风与空调系统防火防爆要求	（1）**甲、乙类生产厂房中排出的空气不应循环使用**，以防止排出的含有可燃物质的空气重新进入厂房，增加火灾危险性； （2）**丙类生产厂房**中排出的空气，如含有燃烧或爆炸危险的粉尘、纤维，易造成火灾的迅速蔓延，应在通风机前设滤尘器对空气进行净化处理，并应使空气中的含尘浓度低于其爆炸下限的25%之后，再循环使用； （3）**甲、乙类生产厂房用的送风和排风设备不应布置在同一通风机房内**，且其排风设备也不应和其他房间的送、排风设备布置在一起； （4）**厂房内有爆炸危险的场所的排风管道**，严禁穿过防火墙和有爆炸危险的房间隔墙等防火分隔物，以防止火灾通过排风管道蔓延扩大到建筑的其他部分； （5）**可燃气体管道和甲、乙、丙类液体管道不应穿过通风管道和通风机房**，也不应沿通风管道的外壁敷设，以防甲、乙、丙类液体管道一旦发生火灾事故火情沿着通风管道蔓延扩散； （6）**净化有爆炸危险粉尘的干式除尘器和过滤器**，宜布置在厂房之外的独立建筑内，且与所属厂房的防火间距**不应**＜10m，以免粉尘一旦爆炸波及厂房扩大灾害损失； （7）**通风管道不宜穿过防火墙和不燃性楼板等防火分隔物**，如必须穿过时，应在穿过处设防火阀，在防火墙**两侧各2m范围内**的风管保温材料应采用不燃材料，并在穿过处的空隙用不燃材料填塞，以防火灾蔓延等

【强化练习】

【单选题】

1.（**2018年真题**）根据现行国家标准《建筑设计防火规范》（GB 50016），下列车间中，空气调节系统可直接循环使用室内空气的是（　）。

A. 纺织车间　　B. 白兰地蒸馏车间

C. 植物油加工厂精炼车间　　D. 甲酚车间

【正确答案】C

【解析】根据《建筑设计防火规范》GB 50016说明，纺织车间为丙类厂房，纺织车间含有爆炸危险纤维的空气；白兰地蒸馏车间为甲类厂房，植物油加工厂精炼车间为丙类厂房，甲酚车间为乙类厂房。甲、乙类厂房内的空气不应循环使用。丙类厂房内含有燃烧或爆炸危险粉尘、纤维的空气，在循环使用前应经净化处理，并应使空气中的含尘浓度低于其爆炸下限的25%。故C选项正确。

2.（**2015年真题**）某棉纺织厂的纺织联合厂房，在回风机的前端设置滤尘器对空气进行净化处理。如需将过滤后的空气循环使用，应使空气中的含尘浓度低于其爆炸下限的（　）。

A. 15%　　B. 25%　　C. 50%　　D. 100%

【正确答案】B

【解析】根据《建筑设计防火规范》GB 50016—2014，甲、乙类厂房内的空气不应循环使用。

丙类厂房内含有燃烧或爆炸危险粉尘、纤维的空气，在循环使用前应经净化处理，并应使空气中的含尘浓度低于其爆炸下限的25%。棉纺织厂房属于丙类厂房，会产生棉尘，故本题选B。

第三节　燃油、燃气设施防火防爆

<table>
<tr><th>考　点</th><th colspan="2">内　容</th></tr>
<tr><td rowspan="2">柴油发电机防火防爆</td><td>柴油发电机房的火灾危险性</td><td>对于柴油发电机房而言，它主要安装了发电机组、电气设备和供油设施它可能发生下列几种火灾：
（1）固体表面火灾。发电设备超温、油路泄漏、机内电路短路；
（2）电气火灾。供电线路短路或其他原因的火灾引起电气设备着火；
（3）非水溶性可燃液体（柴油）火灾。供油系统的输油管路、容器泄漏或火灾时遭到破坏，油类流淌到地面，接触到高温烟气或明火而燃烧</td></tr>
<tr><td>柴油发电机房的防火防爆措施</td><td>（1）宜布置在首层或地下一、二层，不应布置在人员密集场所的上一层、下一层或贴邻。柴油发电机应采用丙类柴油作燃料，柴油的闪点不应＜60℃；
（2）应采用耐火极限不低于2h的不燃烧体隔墙和1.5h的不燃烧体楼板与其他部位隔开，门应采用甲级防火门；
（3）机房内设置储油间时，其总储存量不应＞$1m^3$，储油间应采用防火墙与发电机间分隔；必须在防火墙上开门时，应设置甲级防火门；
（4）应设置火灾报警装置；
（5）应设置与柴油发电机容量和建筑规模相适应的灭火设施，当建筑内其他部位设置自动喷水灭火系统时，柴油发电机房也应设置自动喷水灭火系统</td></tr>
<tr><td>厨房设备防火防爆措施</td><td colspan="2">（1）除住宅外，其他建筑内的厨房隔墙应采用耐火极限不低于2h的不燃烧体，隔墙上的门窗应为乙级防火门窗；
（2）餐厅建筑面积＞$1000m^2$的餐馆或食堂，其烹饪操作间的排油烟罩及烹饪部位宜设置自动灭火装置，且应在燃气或燃油管道上设置紧急事故自动切断装置；
（3）由于厨房环境温度较高，应选用公称动作温度为93℃的喷头，颜色为绿色</td></tr>
</table>

【强化练习】

【单选题】

1.（2017年真题）下列设置在公共建筑内的柴油发电机房的设计方案中，错误的是（　）。

A. 采用轻柴油作为柴油发电机燃料

B. 燃料管道在进入建筑物前设置自动和手动切断阀

C. 火灾自动报警系统采用感温探测器

D. 设置湿式自动喷水灭火系统

【正确答案】A

【解析】布置在民用建筑内的柴油发电机房应符合下列规定：

宜布置在首层或地下一、二层。不应布置在人员密集场所的上一层、下一层或贴邻。

应采用耐火极限不低于 2.00h 的防火隔墙和 1.50h 的不燃性楼板与其他部位分隔，门应采用甲级防火门。

机房内设置储油间时，其总储存量不应＞ $1m^3$，储油间应采用耐火极限不低于 3.00h 的防火隔墙与发电机间分隔；确需在防火隔墙上开门时，应设置甲级防火门。应设置火灾报警装置。

应设置与柴油发电机容量和建筑规模相适应的灭火设施，当建筑内其他部位设置自动喷水灭火系统时，机房内应设置自动喷水灭火系统。

柴油发电机应采用丙类柴油做燃料，柴油的闪点不应＜ 60℃。

设置在建筑内的锅炉、柴油发电机，其燃料供给管道应符合下列规定：在进入建筑物前和设备间内的管道上均应设置自动和手动切断阀。

轻柴油为乙类火灾危险性，故本题选 A。

第四节　锅炉房和变压器防火防爆

考　点	内　容
锅炉房防爆措施	（1）燃煤锅炉房与煤堆场之间应保持 6 ～ 8m 的防火间距； （2）锅炉房宜独立建造。但确有困难时可贴邻民用建筑布置，但应采用防火墙隔开，且不应贴邻人员密集场所； （3）锅炉房为多层建筑时，每层至少应有两个出口，分别设在两侧，并设置安全疏散楼梯直达各层操作点。锅炉房前端的总宽度不超过 12m，面积不超过 $200m^2$ 的单层锅炉房，可以开一个门； （4）锅炉的燃料供给管道应在进入建筑物前和设备间内的管道上设置自动和手动切断阀； （5）锅炉房电力线路不宜采用裸线或绝缘线明敷，应采用金属管或电缆布线，且不宜沿锅炉烟道、热水箱和其他载热体的表面敷设，电缆不得在煤场下通过
电力变压器的安全设置	（1）油浸变压器室、高压配电装置室的耐火等级不应低于二级； （2）下列场所宜采用水喷雾灭火系统： ①单台容量在 40MV・A 及以上的厂矿企业油浸变压器； ②单台容量在 90MV・A 及以上的电厂油浸变压器； ③单台容量在 125MV・A 及以上的独立变电站油浸变压器； ④设置在高层民用建筑内、充可燃油的高压电容器和多油开关室。 （3）可以采用细水雾灭火系统的场所： ①室内的油浸变压器；②充可燃油的高压电容器和多油开关室。 （4）油浸变压器的单台容量不应＞ 630kV・A，总容量不应＞ 1 260kV・A

【强化练习】

【多选题】

1.（**2017 年真题**）某地下变电站，主变电气容量为 150MV・A，该变电站的下列防火设计方案中，不符合规范要求的有（　）。

A. 继电器室设置感温火灾探测器

B. 主控通信室设计火灾自动报警系统及疏散应急照明

C. 变压器设置水喷雾灭火系统

D. 电缆层设置感烟火灾探测器

E. 配电装置室采用火焰探测器

【正确答案】ADE

【解析】

下列场所应设置自动灭火系统，并宜采用水喷雾灭火系统：

（1）单台容量在 40MV・A 及以上的厂矿企业油浸变压器，单台容量在 90MV・A 及以上的电厂油浸变压器，单台容量在 125MV・A 及以上的独立变电站油浸变压器；

（2）飞机发动机试验台的试车部位；

（3）充可燃油并设置在高层民期建筑内的高压电容器和多油开关室。设置在室内的油浸变压器、充可燃油的高压电容器和多油开关室，可采用细水雾灭火系统。C 正确。

下列建筑或场所应设置火灾自动报警系统：

（1）电子信息系统的主机房及其控制室、记录介质库，特殊贵重或火灾危险性大的机器、仪表、仪器设备室、贵重物品库房；

（2）二类高层公共建筑内建筑面积＞ $50m^2$ 的可燃物品库房和建筑面积＞ $500m^2$ 的营业厅；

（3）其他一类高层公共建筑；

（4）设置机械排烟、防烟系统，雨淋或预作用自动喷水灭火系统，固定消防水炮灭火系统、气体灭火系统等需与火突自动报警系统联锁动作的场所或部位。

B 正确。

第八章 建筑装修、保温材料防火

第一节 装修材料的分类与分级

考 点	内 容	
装修材料的分类	按实际应用分类	（1）饰面材料；（2）装饰件；（3）隔断；（4）大型家具；（5）装饰织物
	按使用部位和功能分类	（1）顶棚装修材料；（2）墙面装修材料；（3）地面装修材料；（4）隔断装修材料；（5）**固定家具**：兼有分隔功能的到顶橱柜应认定为固定家具；（6）装饰织物：它主要是指窗帘、帷幕、床罩、家具包布等；（7）其他装修装饰材料。主要是指楼梯扶手、挂镜线、踢脚板、窗帘盒（架）、暖气罩等

考 点	常用建筑内部装修材料燃烧性能等级划分举例		
	材料性质	级别	材料举例
装修材料的分级	各部位材料	A	花岗石、大理石、水磨石、水泥制品、混凝土制品、石膏板、石灰制品、黏土制品、玻璃、瓷砖、马赛克、钢铁、铝、铜合金等
	顶棚材料	B_1	**纸面石膏板**、纤维石膏板、水泥刨花板、矿棉装饰吸声板、玻璃棉装饰吸声板、珍珠岩装饰吸声板、难燃胶合板、难燃中密度纤维板、岩棉装饰板、难燃木材、铝箔复合材料、难燃酚醛胶合板、铝箔玻璃钢复合材料等
	墙面材料	B_1	纸面石膏板、纤维石膏板、水泥刨花板、**矿棉板**、玻璃棉板、珍珠岩板、难燃胶合板、难燃中密度纤维板、防火塑料装饰板、难燃双面刨花板、多彩涂料、难燃墙纸、难燃墙布、难燃仿花岗岩装饰板、氯氧镁水泥装配式墙板、难燃玻璃钢平板、PVC 塑料护墙板、轻质高强复合墙板、阻燃模压木质复合板材、彩色阻燃人造板等
		B_2	各类天然木材、木制人造板、竹材、纸制装饰板、装饰微薄木贴面板、印刷木纹人造板、塑料贴面装饰板、聚酯装饰板、复塑装饰板、塑纤板、胶合板、塑料壁纸、无纺贴墙布、墙布、复合壁纸、天然材料壁纸、人造革等
	地面材料	B_1	硬 PVC 塑料地板、水泥刨花板、水泥木丝板、氯丁橡胶地板等
		B_2	半硬质 PVC 塑料地板、PVC 卷材地板、木地板氯纶地毯
	装饰织物	B_1	经阻燃处理的各类难燃织物等
		B_2	纯毛装饰布、纯麻装饰布、经阻燃处理的其他织物等
	其他装饰材料	B_1	聚氯乙烯塑料、酚醛塑料、聚碳酸酯塑料、聚四氟乙烯塑料、三聚氰胺、脲醛塑料、硅树脂塑料装饰型材、经阻燃处理的各类织物等（另见顶棚材料和墙面材料内中的有关材料）
		B_2	经阻燃处理的聚乙烯、聚丙烯、聚氨酯、聚苯乙烯、玻璃钢、化纤织物、木制品等

【强化练习】

【单选题】

1.（**2017 年真题**）下列装修材料中，属于 B_1 级墙面装修材料的是（ ）。

A. 塑料贴面装饰板　　　　B. 纸制装饰板

C. 无纺贴墙布　　D. 纸面石膏板

【正确答案】 D

【解析】 塑料贴面装饰板、纸制装饰、无纺贴墙布属于 B_2 级；选项 D 符合要求。

2.（**2017 年真题**）下列建筑材料及制品中，燃烧性能等级属于 B_1 级的是（　）。

A. 水泥板　　B. 混凝土板

C. 矿棉板　　D. 胶合板

【正确答案】 C

【解析】 根据《建筑内部装修设计防火规范》GB 50222—2014，水泥板和混凝土板属于 A 级，胶合板属于 B_2 级。C 选项符合题意。

第二节　装修防火的通用要求

考　点	内　容
消防控制室	消防控制室的顶棚和墙面应采用 A 级装修材料，地面及其他装修应使用不低于 B_1 级的装修材料
疏散走道和安全出口	地上建筑的水平疏散走道和安全出口厅的顶棚应采用 **A 级**装修材料，其他装修应采用**不低于 B_1 级**的装修材料
挡烟垂壁	防烟分区的挡烟垂壁，其装修材料应采用 A 级装修材料
变形缝	建筑内部的变形缝（包括沉降缝、温度伸缩缝、抗震缝等）两侧的基层应采用 A 级材料，表面装修应采用不低于 B_1 级的装修材料
配电箱	建筑内部的配电箱不应直接安装在低于 B_1 级的装修材料上
灯具和灯饰	（1）照明灯具的高温部位靠近非 A 级装修材料时，应采取隔热、散热等防火保护措施。灯饰所用材料的燃烧性能等级不应低于 B_1 级； （2）灯饰应**至少选用 B_1 级**材料，若由于装饰效果的需要必须采用：B_2 或 B_3 级材料时，应对其进行阻燃处理使其达到 B_1 级的要求

第三节　特殊功能部位与用房装饰防火要求

考　点	内　容
歌舞娱乐放映游艺场所	当歌舞厅、卡拉 OK 厅、夜总会、录像厅、放映厅、桑拿浴室、游艺厅、网吧等歌舞娱乐放映游艺场所设置在一、二级耐火等级建筑的四层及四层以上时，室内装修的顶棚材料应采用 A 级装修材料，其他部位应采用**不低于 B_1 级**的装修材料；当设置在地下一层时，室内装修的顶棚、地面材料应采用 **A 级**装修材料，其他部位应采用不低于 B_1 级的装修材料
共享空间	建筑物设有上下层相连通的中庭、走马廊、敞开楼梯、自动扶梯时，其连通部位的顶棚、墙面应采用 **A 级**装修材料，其他部位应采用**不低于 B_1 级**的装修材料
无窗房间	除地下建筑外，无窗房间内部装修材料的燃烧性能等级应在原规定基础上提高一级（A 级除外）

续表

考　点	内　容
图书室、资料室、档案室和存放文物的房间	要求这类房间的顶棚、墙面应采用 A 级装修材料，地面应使用不低于 B_1 级的装修材料
特殊贵重设备用房	其顶棚和墙面应采用 A 级装修材料，地面及其他装修应采用**不低于 B_1 级**的装修材料
设备机房	机房在建筑中起到主控正常运转及安全的作用，其内部所有装修均应采用 A 级装修材料
建筑内的厨房	建筑物内厨房的顶棚、墙面和地面应采用 A 级装修材料
使用明火的餐厅和科研实验室	经常使用明火的餐厅、科研实验室的装修材料的燃烧性能等级应比同类建筑物的要求提高一级（**A 级除外**）

第四节　单层、多层、高层公共建筑装修防火

考　点	内　容
单层、多层公共建筑装修防火要求	**允许放宽条件：** **（1）局部放宽：** 考虑到一些建筑物大部分房间的装修材料都可满足规范的要求，而某一局部或某一房间因特殊要求，需采用可燃装修材料，且该局部又无法设置自动报警、自动灭火系统时，允许面积＜ $100m^2$。 **（2）设有自动消防设施的放宽：** 除歌舞娱乐放映游艺场所，存放文物、纪念展览物品、重要图书、档案、资料的场所，A、B 级电子信息系统机房及装有重要机器、仪器的房间外，当单层、多层民用建筑需进行内部装修的空间内装有自动灭火系统时，除顶棚外，其内部装修材料的燃烧性能等级可在规定的基础上**降低一级**；当同时装有火灾自动报警装置和自动灭火系统时，其装修材料的燃烧性能等级可在规定的基础上**降低一级**
高层公共建筑装修防火要求	**允许放宽条件：** **（1）局部放宽：** 考虑到一般裙房与主体高层建筑之间有防火分隔并且裙房的层数有限，因此规定高层民用建筑的裙房内面积＜ $500m^2$ 的房间，当设有自动灭火系统，并且采用耐火等级**不低于 2.00h** 的隔墙、甲级防火门、窗与其他部位分隔时，顶棚、墙面、地面的装修材料燃烧性能等级可在规定基础上降低一级。 **（2）设有自动消防设施的放宽：** 除歌舞娱乐放映游艺场所，存放文物、纪念展览物品、重要图书、档案、资料的场所，A、B 级电子信息机房及装有重要机器、仪器的房间，100m 以上的高层民用建筑以及面积＞ $400m^2$ 的观众厅、会议厅外，当设有火灾自动报警装置和自动灭火系统时，除顶棚外，其内部装修材料的燃烧性能等级可在规定的基础上降低一级
	特殊要求： 《建筑内部装修设计防火规范》（GB 50222—2017）中规定，电视塔等特殊高层建筑内部装修所用的装饰织物应不低于 B_1 级，其他均应采用 A 级

第五节　地下民用建筑装修防火

考　点	内　容
基准要求	（1）地下民用建筑也包括半地下民用建筑，即房间地平面低于室外地面的高度超过该房间净高的 1/3，且不超过 1/2； （2）对于人员密度大、人员流动性大的地下商场、地下展览厅的售货柜台、固定货架、展览台等，也规定采用 A **级**装修材料
允许放宽条件	除歌舞娱乐游艺场所，存放文物、纪念展览物品、重要图书、档案、资料的场所，以及 A、B 级电子信息系统机房及装有重要机器、仪器的房间外，对单独建造的地下民用建筑的地上部分，其门厅、休息室、办公室等内部装修材料的燃烧性能等级可在规定的基础上降低一级

第六节　建筑外保温系统防火

<table>
<tr><th>考　点</th><th colspan="2">内　容</th></tr>
<tr><td rowspan="4">建筑保温系统防火的通用要求</td><td>采用内保温系统的建筑外墙，其保温材料应符合的要求</td><td>（1）对于人员密集场所，用火、燃油、燃气等具有火灾危险性的场所以及各类建筑内的疏散楼梯间、避难走道、避难间、避难层等场所或部位，应采用燃烧性能为 A 级的保温材料；
（2）对于其他场所，应采用低烟，低毒且燃烧性能不低于 B_1 级的保温材料；
（3）保温材料应采用不燃材料做防护层。采用燃烧性能为 B_1 级的保温材料时，防护层厚度≥ 10mm</td></tr>
<tr><td rowspan="2">采用外保温系统的建筑外墙，其保温材料应符合的要求</td><td>1. 与基层墙体、装饰层之间无空腔的建筑外墙外保温系统，其保温材料应符合下列要求
（1）住宅建筑：
①建筑高度＞ 100m 时，保温材料的燃烧性能应为 A 级；
②建筑高度＞ 27m，但≤ 100m 时，保温材料的燃烧性能不应低于 B_1 级；
③建筑高度≤ 27m 时，保温材料的燃烧性能不应低于 B_2 级。
（2）除住宅建筑和设置人员密集场所的建筑外，其他建筑：
①建筑高度＞ 50m 时，保温材料的燃烧性能应为 A 级；
②建筑高度＞ 24m，但≤ 50m 时，保温材料的燃烧性能不应低于 B_1 级；
③建筑高度≤ 24m 时，保温材料的燃烧性能不应低于 B_2 级</td></tr>
<tr><td>2. 除设置人员密集场所的建筑外，与基层墙体、装饰层之间有空腔的建筑外墙外保温系统，其保温材料应符合下列要求
（1）建筑高度＞ 24m 时，保温材料的燃烧性能应为 A 级；
（2）建筑高度≤ 24m 时，保温材料的燃烧性能不应低于 B_1 级；
（3）设置人员密集场所的建筑，其外墙外保温材料的燃烧性能应为 A 级</td></tr>
<tr><td colspan="2">建筑外墙采用保温材料与两侧墙体构成无空腔复合保温结构时，该结构体的耐火极限应符合有关技术规范的规定；当保温材料的燃烧性能为 B_1、B_2 级时，保温材料两侧的墙体应采用不燃材料且厚度均不应＜ 50mm</td></tr>
</table>

续表

考　点	内　容
建筑保温系统防火的通用要求	建筑的外墙外保温系统应采用不燃材料在其表面设置防护层，防护层应将保温材料完全包覆。除耐火极限符合有关规定的无空腔复合保温结构体外，当按有关规定采用 B_1、B_2 级保温材料时，防护层厚度**首层不应＜ 15mm，其他层不应＜ 5mm**
	建筑的屋面外保温系统，当屋面板的耐火极限不低于 1.00h 时，保温材料的燃烧性能不应低于 B_2 级；当屋面板的耐火极限低于 1.00h 时，不应低于 B_1 级。采用 B_1、B_2 级保温材料的外保温系统应采用不燃材料做防护层，防护层的厚度不应＜ 10mm
	建筑外墙外保温系统与基层墙体、装饰层之间的空腔，应在每层楼板处采用防火封堵材料封堵
	电气线路不应穿越或敷设在燃烧性能为 B_1 或 B_2 级的保温材料中；确需穿越或敷设时，应采取穿金属管并在金属管周围采用不燃隔热材料进行防火隔离等防火保护措施
	建筑外墙的装饰层应采用燃烧性能为 A 级的材料，但建筑高度≤ 50m 时，可采用 B_1 级材料

【强化练习】

【单选题】

1.（**2018 年真题**）某建筑高度为 54m 的住宅建筑，其外墙外保温系统保温材料的燃烧性能为 B_1 级，该建筑外墙及外墙保温系统的下列设计方案中，错误的是（　）。

A. 采用耐火完整性为 0.50h 的外窗

B. 外墙保温系统中每层设置水平防火隔离带

C. 防火隔离带采用高度为 300mm 的不燃材料

D. 首层外墙保温系统采用厚度为 10mm 的不燃材料防护层

【正确答案】D

【解析】采用 B_1、B_2 级保温材料时，防护层厚度首层不应＜ 15mm，其他层不应＜ 5mm。

【多选题】

1.（**2017 年真题**）与基层墙体、装饰层之间无空腔的住宅外墙外保温系统，当建筑高度＞ 27m、但≤ 100m 时，下列保温材料中，燃烧性能符合要求的有（　）。

A. B_2 级保温材料

B. A 级保温材料

C. B_3 级保温材料

D. B_1 级保温材料

E. B_4 级保温材料

【正确答案】BD

【解析】根据《建筑设计防火规范》GB 50016—2014，与基层墙体、装饰层之间无空腔的建筑外墙外保温系统，住宅建筑保温材料应符合下列规定：

（1）建筑高度＞ 100m 时，保温材料的燃烧性能应为 A 级；

（2）建筑高度＞ 27m，但≤ 100m 时，保温材料的燃烧性能不应低于 B_1 级；

（3）建筑高度≤ 27m 时，保温材料的燃烧性能不应低于 B_2 级。

第九章　其他建筑、场所防火

第一节　石油化工防火

<table>
<tr><th>考　点</th><th colspan="2">内　容</th></tr>
<tr><td rowspan="2">石油化工火灾危险性及其特点</td><td colspan="2">危险性：
（1）原料、中间体及产品具有易燃易爆性；（2）工艺装置泄漏易形成爆炸性混合物；（3）温度、压力等参数控制不当易引发爆炸和火灾；（4）违章操作等人为因素引发火灾爆炸等事故</td></tr>
<tr><td colspan="2">特点：
（1）爆炸与燃烧并存，易造成人员伤亡；（2）燃烧速度快，火势发展迅猛；（3）易形成立体火灾；（4）火灾扑救困难</td></tr>
<tr><td rowspan="6">火炬系统的安全设置</td><td>防火间距</td><td>全厂性火炬应布置在工艺生产装置、易燃和可燃液体与液化石油气等可燃气体的储罐区和装卸区，以及全厂性重要辅助生产设施及人员集中场所全年最小频率风向的上风侧</td></tr>
<tr><td>火炬高度</td><td>火炬高度设计应充分考虑事故火炬出现最大排放量时，热辐射强度对人员和设备的影响</td></tr>
<tr><td>排放能力</td><td>火炬的排放能力应以正常运转时、停车大检修时、全停电或部分停电时、仪器设备故障或发生火灾时等可能出现的排放量中最大可能的排出气量为准</td></tr>
<tr><td>保证排出气体处理质量</td><td>火炬燃烧嘴是关系排出气体处理质量的重要部件，要求其喷出的气流速度要适中，一般控制在音速的 1/5 左右，即不能吹灭火焰，也不可将火焰吹飞</td></tr>
<tr><td>设置自动控制系统</td><td>在中央控制室内应安装具有气体排放、输送和燃烧等的参数控制仪表和信号显示装置</td></tr>
<tr><td>设置安全装置</td><td>为了防止排出的气体带液体，可燃气体放空管道在接人火炬前应设置分液器</td></tr>
<tr><td rowspan="3">放空管的安全设置</td><td>安装要求</td><td>（1）放空管一般应设在设备或容器的顶部，室内设备安设的放空管应引出室外，其管口要高于附近有人操作的最高设备 2m 以上；
（2）连续排放的放空管口，还应高出半径 20m 范围内的平台或建筑物顶 3.5m 以上；
（3）间歇排放的放空管口，应高出 10m 范围内的平台或建筑物顶 3.5m 以上；
（4）平台或建筑物应与放空管垂直面呈 45° 角</td></tr>
<tr><td>设置安全装置</td><td>排放后可能立即燃烧的可燃气体，应经冷却装置冷却后接至放空设施。放空管上应安装阻火器或其他限制火焰的设备，以防止气体在管道出口处着火，并使火焰扩散到工艺装置中</td></tr>
<tr><td colspan="2">防止大气污染</td></tr>
</table>

续表

<table>
<tr><th>考　点</th><th colspan="2">内　容</th></tr>
<tr><td>安全阀的设置</td><td colspan="2">根据国家现行相关法规规定，在非正常条件下，可能超压的下列设备应设安全阀：
（1）顶部最高操作压力≥ 0.1MPa 的压力容器；
（2）顶部最高操作压力＞ 0.03MPa 的蒸馏塔、蒸发塔和汽提塔（汽提塔蒸汽通入另一蒸馏塔者除外）；
（3）往复式压缩机各段出口或电动往复泵、齿轮泵、螺杆泵等容积式泵的出口（设备本身已有安全阀者除外）；
（4）凡与鼓风机、离心式压缩机、离心泵或蒸汽往复泵出口连接的设备不能承受其最高压力时，鼓风机、离心式压缩机、离心泵或蒸汽往复泵的出口；
（5）可燃气体或液体受热膨胀，可能超过设计压力的设备；
（6）顶部最高操作压力为 0.03 ～ 0.1 MPa 的设备应根据工艺要求设置</td></tr>
<tr><td rowspan="2">储存设施防火</td><td>罐区防火设计</td><td>（1）甲、乙、丙类液体储罐区，液化石油气储罐区，可燃、助燃气体储罐区，可燃材料堆场等，应设置在城市（区域）的边缘或相对独立的安全地带，并宜设置在城市（区域）全年最小频率风向的上风侧；
（2）甲、乙、丙类液体储罐区宜布置在地势较低的地带。当布置在地势较高的地带时，应采取安全防护设施；
（3）液化石油气储罐区宜布置在地势平坦、开阔等不易积存液化石油气的地带。四周应设置高度≥ 1.0m 的不燃烧体实体防护墙</td></tr>
<tr><td>储罐防火</td><td>当装有阻火器的地上卧式储罐的壁厚和地上固定顶钢质储罐的顶板厚度≥ 4mm 时，可不设避雷针。铝顶储罐和顶板厚度＜ 4mm 的钢质储罐，应装设避雷针。浮顶罐或内浮顶罐可不设避雷针，但应将浮顶与罐体用两根导线作电气连接</td></tr>
<tr><td rowspan="2">装卸设施防火</td><td rowspan="2">码头装卸防火设计要求及措施</td><td>1. 装卸码头的防火设计要求
（1）海港或河港中位于锚地上游的装卸甲、乙类油品泊位与锚地的距离不应 < 1000m，装卸丙类油品泊位与锚地的距离不应 < 150m，河港中位于锚地下游的油品泊位与锚地的间距不应 < 150m。甲、乙类油品码头前沿线与陆上储油罐的防火间距不应 < 50m，装卸甲、乙类油品的泊位与明火或散发火进地点的防火间距不应 < 40m，陆上与装卸作业无关的其他设施与油品码头的间距不应 < 40m</td></tr>
<tr><td>2. 装卸工艺系统设计
甲、乙类油品以及介质设计输送温度在其闪点以下 10℃范围外的丙类油品，不得采用从顶部向油舱口灌装工艺，采用软管时应伸入舱底</td></tr>
</table>

【强化练习】

【单选题】

1.（**2015 年真题**）某厂为满足生产要求，拟建设一个总储量为 1500m³ 的液化石油气储罐区。该厂所在地区的全年最小频率风向为东北风。在其他条件均满足规范要求的情况下，该储罐区宜布置在厂区的（　）。

A. 东北侧　　B. 西北侧　　C. 西南侧　　D. 东南侧

【正确答案】A

【解析】全厂性火炬应布置在工艺生产装置、易燃和可燃液体与液化石油气等可燃气体的储罐区和装卸区，以及全厂性重要辅助生产设施及人员集中场所全年最小频率风向的上风侧。

2.（**2015 年真题**）油品装卸码头设置的装卸甲、乙类油品的泊位，与明火或散发火花地点的防火间距不应＜（　）m。

A. 30　　B. 40　　C. 50　　D. 100

【正确答案】B

【解析】甲、乙类油品码头前沿线与陆上储油罐的防火间距不应＜ 50m，装卸甲、乙类油品的泊位与明火或散发火花地点的防火间距不应＜ 40m，陆上与装卸作业无关的其他设施与油品码头的间距不应＜ 4m。

第二节　地铁防火

一、地铁建筑防火设计要求

考　点		内　容
耐火等级	耐火等级为一级的建筑	（1）地下车站及其出入口通道、风道； （2）地下区间、联络通道、区间风井及风道； （3）控制中心； （4）主变电所； （5）易燃物品库、油漆库； （6）地下停车库、列检库、停车列检库、运用库、联合检修库及其他检修用房
	耐火等级为二级的建筑	（1）**地上车站**及地上区间； （2）地下车间出入口地面厅、风亭等地面建（构）筑物； （3）运用库、检修库、综合维修中心的维修综合楼、物质总库的库房、调机库、洗车机库（棚）等生活辅助建筑
	防火分区	（1）地下车站站台和站厅公共区可划分为同一个防火分区，站厅公共区的建筑面积**不宜 > 5000m²**；地上车站站厅公共区每个防火分区的最大允许建筑面积也不宜＞ 5000m²； （2）地上车站设备管理区每个防火分区的最大允许建筑面积不应＞ 2500m²；地下车站及建筑度＞ 24m 的地上高架车站，其设备管理区每个防火分区的最大允许建筑面积**不应 > 1500m²**； （3）地下停车库、列检库、停车列检库、运用库和联合检修库等场所应单独划分防火分区，每个防火分区的最大允许建筑面积不应＞ **6000m²**；当设置自动灭火系统时，每个防火分区的最大允许建筑面积不限
	防火分隔措施	**1. 地下车站** （1）地下车站的风道、区间风井及其风道等的围护结构的耐火极限均不应低于 3h，区间风井内柱、梁、楼板的耐火极限均不应低于 2h； （2）多线同层站台平行换乘车站的各站台之间应设置耐火极限**不低于 2h** 的纵向防火隔墙，该防火隔墙应延伸至站台有效长度外≥ 10m 等
		2. 地上车站 站厅位于站台上方且站台层不具备自然排烟条件时，除可在站台至站厅的楼梯或扶梯开口处人员上下通行的部位采用耐火极限不低于 3h 的防火卷帘进行分隔外，其他部位应设置耐火极限不低于 2h 的防火隔墙

二、安全疏散

考　点	内　容
一般规定	（1）一列进站列车所载乘客及站台上的候车乘客能在 4min 内全部撤离站台，并应能在 6min 内全部疏散至站厅公共区或其他安全区； （2）站台列车发生火灾时，必需疏散人员为远期或客流控制期超高峰小时一列进站列车所载的乘客及站台上的候车乘客等
安全出口和疏散设施	（1）每个站厅公共区安全出口的数量应经计算确定，且应至少设置不少于 2 个直通室外的安全出口； （2）相邻两个安全出口之间的最小水平距离不应< 20m； （3）换乘车站共用一个站厅公共区时，站厅公共区的安全出口应按每条线不少于 2 个设置； （4）地下车站有人值守的设备管理区内每个防火分区安全出口的数量不应< 2 个，并应至少有 1 个安全出口直通地面； （5）两条单线载客运营地下区间之间应设置联络通道，相邻两条联络通道之间的最小水平距离不应> 600m，通道内应设置一道并列两楼且反向开启的甲级防火门
疏散通道宽度和疏散距离	（1）区间纵向疏散平台单侧临空时，平台的宽度不宜< 0.6m；双侧临空时，平台的宽度不宜< 0.9m。 （2）站厅公共区和站台计算长度内任一点至疏散通道口和疏散楼梯口或用于疏散的自动扶梯口的最大疏散距离不应> 50m。 （3）地下车站有人值守的设备管理用房的疏散门至最近安全出口的距离，当疏散门位于两个安全出口之间时，不应> 40m；当疏散门位于**袋形走道**两侧或尽端时，**不应 > 22m**。 （4）地下出入口通道的长度不宜> 100m；当> 100m 时，应增设安全出口，且该通道内任一点至最近安全出口的疏散距离不应> 50m

三、消防设施

考　点		内　容
灭火设施	室外消火栓系统设置标准	地下车站的室外消火栓设置数量应满足灭火救援要求，且不应少于 2 个，其室外消火栓设计流量不应< 20L/s
	室内消火栓系统设置标准	地下车站的室内消火栓设计流量不应< 20L/s；地下车站出入口通道、地下折返线及地下区间的室内消火栓设计流量不应< 10L/s
防烟排烟设施	设置标准 （1）站厅公共区内每个防烟分区的最大允许建筑面积不应> 2000m^2，设备管理区内每个防烟分区的最大允许建筑面积不应> 750m^2。排烟口和排烟阀应按防烟分区设置。 （2）机械防烟系统和机械排烟系统可与正常通风系统合用，合用的通风系统应符合防烟、排烟系统的要求，且该系统由正常运转模式转为防烟或排烟运转模式的时间不应> 180s。 （3）排烟量应按各防烟分区的建筑面积≥ 60m^3/（m^2·h）分别计算。 （4）地下站台的排烟量还应保证站厅到站台的楼梯或扶梯口处具有≥ 1.5m/s 的向下气流	

【强化练习】

【单选题】

1.（2017 年真题）关于地铁防排烟设计的说法，正确的是（　）。

A. 站台公共区每个防烟分区的建筑面积不宜超过 2000m²

B. 地下车站的设备用房和管理用房的防烟分区可以跨越防火分区

C. 站厅公共区每个防烟分区的建筑面积不宜超过 3000m²

D. 地铁内设置的挡烟垂壁等设施的下垂高度不应＜ 450mm

【正确答案】A

【解析】防烟分区：

（1）地下车站的公共区，以及设备与管理用房，应划分防烟分区，且防烟分区不得跨越防火分区。

（2）站厅与站台的公共区每个防烟分区的建筑面积不宜超过 2000m²，设备与管理用房每个防烟分区的建筑面积不宜超过 750m²。

（3）防烟分区可采取挡烟垂壁等措施。挡烟垂壁等设施的下垂高度不应＜ 500mm。

2.（2018 年真题）根据现行国家标准《地铁设计规范》（GB 50157），地铁车站发生火灾时，该列车所载的乘客及站台上的候车人员全部撤离至安全区最长时间应为（　）min。

A. 6　　B. 5　　C. 8　　D. 10

【正确答案】A

【解析】地铁车站安全疏散设计应按在 6min 内将必须疏散乘客全部疏散至安全区为原则。

第三节　城市交通隧道防火

<table>
<tr><th>考　点</th><th colspan="5">内　容</th></tr>
<tr><td rowspan="6">隧道的分类</td><td colspan="5">单孔和双孔隧道分类表</td></tr>
<tr><td rowspan="2">用　途</td><td>一类</td><td>二类</td><td>三类</td><td>四类</td></tr>
<tr><td colspan="4">隧道封闭段长度 L/m</td></tr>
<tr><td>可通行危险化学品等机动车</td><td>L ＞ 1500</td><td>500 ＜ L ≤ 1500</td><td>L ≤ 500</td><td>—</td></tr>
<tr><td>仅限通行非危险品等机动车</td><td>L ＞ 3000</td><td>1500 ＜ L ≤ 3000</td><td>500 ＜ L ≤ 1500</td><td>L ≤ 500</td></tr>
<tr><td>仅限人行或通行非机动车</td><td>—</td><td>—</td><td>L ＞ 1500</td><td>L ≤ 1500</td></tr>
</table>

续表

<table>
<tr><th>考　点</th><th colspan="2">内　容</th></tr>
<tr><td>建筑结构耐火极限要求</td><td colspan="2">（1）风井和消防救援出入口的耐火等级应为一级；
（2）地面重要设备用房、运营管理中心及其他辅助用房的耐火等级不应低于二级；
（3）建筑构件的耐火极限应与耐火等级相适应</td></tr>
<tr><td>防火分隔</td><td colspan="2">（1）隧道为狭长建筑，其防火分区按照功能分区划分。隧道内地下设备用房的每个防火分区的最大允许面积不应＞ 1500m^2，防火分区间应采用防火墙和甲级防火门进行分隔；
（2）隧道内的变电站、管廊、专用疏散通道、通风机房及其他辅助用房等，应采用耐火极限不低于 2.00h 的防火隔墙和乙级防火门等分隔措施与车行隧道分隔</td></tr>
<tr><td rowspan="4">隧道的安全疏散设施</td><td colspan="2">1. 安全出口
（1）隧道内地下设备用房的每个防火分区安全出口数量不应少于 2 个，与车道或其他防火分区相通的出口可作为第二安全出口，但必须至少设置 1 个直通室外的安全出口；
（2）建筑面积≤ 500m^2 且无人值守的设备用房可设置 1 个直通室外的安全出口</td></tr>
<tr><td colspan="2">2. 安全通道
安全通道根据隧道形式的不同，可分为四类：
一是利用横洞作为疏散联络道，两座隧道互为安全疏散通道；
二是利用平行导坑作为疏散通道；
三是利用竖井、斜井等设置人员疏散通道；
四是利用多种辅助坑道组合设置人员疏散通道</td></tr>
<tr><td>疏散楼梯</td><td>双层隧道上下层车道之间在有条件的情况下可以设置疏散楼梯，发生火灾时，通过疏散楼梯至另一层隧道，间距一般取 100m 左右</td></tr>
<tr><td>避难室</td><td>避难室与隧道车道形成独立的防火分区，并通过设置气闸等措施，阻止火灾及烟雾进入</td></tr>
<tr><td rowspan="5">隧道的消防设施配置</td><td>排烟模式一般要求</td><td>长度＞ 3000m 的隧道，宜采用纵向分段排烟方式或重点排烟方式；
长度≤ 3000m 的单洞单向交通隧道，宜采用纵向排烟方式；
单洞双向交通隧道，宜采用重点排烟方式</td></tr>
<tr><td>纵向排烟</td><td>采用纵向排烟方式时，应能迅速组织气流、有效排烟，其排烟风速应根据隧道内的最不利火灾规模确定，且纵向气流的速度不应＜ 2m/s，并应大于临界风速</td></tr>
<tr><td>横向（半横向）排烟</td><td>横向（半横向）排烟方式适用于单管双向交通或交通量大、阻塞发生率较高的单向交通隧道</td></tr>
<tr><td>重点排烟</td><td>重点排烟适用于双向交通的隧道或交通量较大、阻塞发生率较高的隧道</td></tr>
<tr><td>排烟设施</td><td>排烟风机和烟气流经的风阀、消声器、软接等辅助设备，应能承受设计的隧道火灾烟气排放温度，并应能在 250℃下连续正常运行≥ 1h。排烟管道的耐火极限不应低于 1h。隧道内用于火灾排烟的射流风机，应至少备用一组</td></tr>
</table>

【强化练习】

【单选题】

1.（**2016 年真题**）某长度为 1400m 的城市交通隧道，顶棚悬挂有若干射流风机，该隧道的排烟方式属于（　）方式。

A. 纵向排烟　　B. 重点排烟　　C. 横向排烟　　D. 半横向排烟

【正确答案】A

【解析】长度≤ 3000m 的单洞单向交通隧道，宜采用纵向排烟方式；单洞双向交通隧道，宜采用重点排烟方式。

2.（2015 年真题）某地区有一条城市交通隧道，长度 1500m，按照防火规范要求，隧道内设置了各种消防设施。下列关于隧道设置机械排烟系统的说法中，正确的是（　）。

A：采用纵向排烟方式时，排烟风速纵向气流的速度不应＜ 2m/s

B：排烟风机应能在 280℃下连续正常运行≥ 2.00h

C：排烟管道的耐火极限不应低于 2.00h

D：机械排烟系统与隧道的通风系统应共用

【正确答案】A

【解析】采用纵向排烟方式时，应能迅速组织气流、有效排烟，其排烟风速应根据隧道内的最不利火灾规模确定，且纵向气流的速度不应＜ 2m/s，并应大于临界风速。排烟风机和烟气流经的风阀、消声器、软接等辅助设备，应能承受设计的隧道火灾烟气排放温度，并应能在 250℃下连续正常运行≥ 1.0h。排烟管道的耐火极限不应低于 1.00h。

第四节　加油加气站防火

<table>
<tr><th>考　点</th><th colspan="3">内　容</th></tr>
<tr><td rowspan="12">加油加气站的等级分类</td><td colspan="3">加油站的等级划分</td></tr>
<tr><td rowspan="2">级别</td><td colspan="2">油罐容积 /m³</td></tr>
<tr><td>总容积</td><td>单罐容积</td></tr>
<tr><td>一级</td><td>150 ＜ V ≤ 210</td><td>V ≤ 50</td></tr>
<tr><td>二级</td><td>90 ＜ V ≤ 150</td><td>V ≤ 50</td></tr>
<tr><td>三级</td><td>V ≤ 90</td><td>汽油罐 V ≤ 30，柴油罐 V ≤ 50</td></tr>
<tr><td colspan="3">LPG 加气站的等级划分</td></tr>
<tr><td rowspan="2">级　别</td><td colspan="2">LPG 罐容积 /m³</td></tr>
<tr><td>总容积</td><td>单罐容积</td></tr>
<tr><td>一级</td><td>45 ＜ V ≤ 60</td><td>V ≤ 30</td></tr>
<tr><td>二级</td><td>30 ＜ V ≤ 45</td><td>V ≤ 30</td></tr>
<tr><td>三级</td><td>V ≤ 30</td><td>V ≤ 30</td></tr>
</table>

续表

考　点	内　容	
加油加气站的防火设计要求	站址选择	一级加油站、一级加气站、一级加油加气合建站、CNG 加气母站，不宜建在城市建成区，不应建在城市中心区
加油加气站建筑防火通用要求	（1）加油加气站内的站房及其他附属建筑物的耐火等级不应低于二级。当罩棚顶棚的承重构件为钢结构时，其耐火极限可为 0.25h，罩棚顶棚其他部分应采一燃烧体建造； （2）加油岛、加气岛及汽车加油、加气场地宜设罩棚，罩棚应采用非燃烧材料制作，其有效高度不应＜ 4.5m。罩棚边缘与加油机或加气机的平面距离不宜＜ 2m	
消防设施	**1. 灭火器材配置** 加油加气站工艺设备应配置灭火器材，并应符合下列规定： **（1）每 2 台加气机应配置不少于 2 具 4kg 手提式干粉灭火器，加气机不足 2 台应按 2 台配置。** **（2）每 2 台加油机应配置不少于 2 具 4kg 手提式干粉灭火器，或 1 具 4kg 手提式干粉灭火器和 1 具 6L 泡沫灭火器。加油机不足 2 台应按 2 台配置。** （3）地上 LPG 储罐、地上 LNG 储罐、地下和半地下 LNG 储罐、CNG 储气设施，应配置 2 台≥ 35kg 推车式干粉灭火器。当两种介质储罐之间的距离超过 15m 时应分别配置。 （4）地下储罐应配置 1 台≥ 35kg 推车式干粉灭火器。当两种介质储罐之间的距离超过 15m 时应分别配置。 （5）LPG 泵和 LNG 泵、压缩机操作间（棚），应按建筑面积每 $50m^2$ 配置不少于 2 具 4kg 手提式干粉灭火器。 （6）一、二级加油站应配置灭火毯 5 块、沙子 $2m^3$；三级加油站应配置灭火毯**不少于 2 块、沙子 $2m^3$**。加油加气合建站应按同级别的加油站配置灭火毯和沙子	
	2. 火灾报警系统 （1）加气站、加油加气合建站应设置可燃气体检测报警系统； （2）加气站、加油加气合建站内设置有 LPG 设备、LNG 设备的场所和设置有 CNG 设备（包括罐、瓶、泵、压缩机等）的房间内、罩棚下，应设置可燃气体检测器； （3）可燃气体检测器一级报警设定值应小于或等于可燃气体爆炸**下限的 25%**； （4）LPG 储罐和 LNG 储罐应设置液位上限、下限报警装置和压力上限报警装置； （5）报警控制器宜集中设置在控制室或值班室内； （6）报警系统应配有不间断电源	

【强化练习】

【单选题】

1.**（2016 年真题）**下列关于汽车加油加气站的消防设施设置和灭火器材配置的说法中，错误的是（　）。

A. 加气机应配置手提干粉灭火器

B. 合建站中地上 LPG 设施应设置消防给水系统

C. 二级加油站应配置灭火毯 3 块、砂子 $2m^3$

D. 合建站中地上 LPG 储蓄总容积≤ $60m^3$ 时，可不设置消防给水系统

【正确答案】C

【解析】选项 C 错误，一、二级加油站应配置灭火毯 5 块、砂子 $2m^3$。

2.（2015 年真题）某新建的汽车加油、加气合建站，设置消防设施时，下列说法中，错误的是（　）。

A. 在 LNG 储存和加气站应设置可燃气体检测报警系统

B. 设置 2 台消防水泵时，可不设备用消防水泵

C. 在加油站的罩棚下应设置事故照明

D. 可燃气体检测器的一级警报值应设定为天然气爆炸下限的 30%

【正确答案】D

【解析】可燃气体检测器一级报警设定值应小于或等于可燃气体爆炸下限的 25%。

第五节　发电厂与变电站防火

考　点		内　容
火力发电厂的防火设计要求	耐火构造设计要求	（1）火力发电厂主厂房（包括汽轮发电机房、除氧间、煤仓间和锅炉房），其生产过程中的火灾危险性为丁级，要求厂房的建筑构件的耐火等级为二级； （2）建筑构件允许采用难燃烧材料（难燃烧体），但耐火极限不应低于 0.75h； （3）管道井、电缆井、排气道、垃圾道等竖向管井必须独立建造，其井壁应为耐火极限**不低于 1h** 的不燃烧体； （4）根据防火分区划分合理设置防火墙，在防火墙上不应设门、窗、洞口；如必须开设，则应设耐火极限不低于 1.50h 的防火门窗
	建筑内部装修防火设计要求	各类控制室、电子计算机室、通信室的墙面、顶棚装修使用 A 级材料，地面及其他装修使用 **B_1 级**材料
	防烟排烟系统防火设计要求	计算机室、控制室、电子设备间应设排烟设施，机械排烟系统的排烟量可按房间换气次数每小时≥ **6 次**计算
变电站的防火设计要求	建筑防火设计要求	（1）设置带油电气设备的建（构）筑物与贴邻或靠近该建（构）筑物的其他建（构）筑物之间应设置防火墙，控制室室内装修应采用不燃材料。 （2）地下变电站每个防火分区的建筑面积不应＞ $1000m^2$。设置自动灭火系统的防火分区，其防火分区面积可增**大 1 倍**；当局部设置自动灭火系统时，增加面积可按该局部面积的 1 倍计算。 （3）当变电站内建筑的火灾危险性为丙类且建筑的占地面积超过 $3000m^2$ 时，变电站内的消防车道宜布置成环形；当为尽端式车道时，应设回车场地或回车道

续表

考　点		内　容
变电站的防火设计要求	电气设备与电缆敷设防火设计要求	（1）总油量超过 100kg 的室内油浸变压器，应设置单独的变压器室。 （2）35kV 及以下室内配电装置当未采用金属封闭开关设备时，其油断路器、油浸电流互感器和电压互感器，应设置在两侧有不燃烧实体墙的间隔内；35 kV 以上室内配电装置应安装在有不燃烧实体墙的间隔内，不燃烧实体墙的高度不应低于配电装置中带油设备的高度。 （3）室内单台总油量为 100kg 以上的电气设备，应设置储油或挡油设施。 （4）电缆从室外进入室内的入口处、电缆竖井的出入口处、电缆接头处、主控制室与电缆夹层之间以及长度超过 100m 的电缆沟或电缆隧道，均应采取防止电缆火灾蔓延的阻燃或分隔措施。 （5）220kV 及以上变电站，当电力电缆与控制电缆或通信电缆敷设在同一电缆沟或电缆隧道内时，宜采用防火槽盒或防火隔板进行分隔。地下变电站电缆夹层宜采用 C 类或 C 类以上的阻燃电缆
	安全疏散设计要求	（1）变压器室、电容器室、蓄电池室、电缆夹层、配电装置室的门应向疏散方向开启；当门外为公共走道或其他房间时，该门应采用乙级防火门。 （2）建筑面积超过 250m^2 的主控通信室、配电装置室、电容器室、电缆夹层，其疏散出口不宜少于 2 个，楼层的第二个出口可设在固定楼梯的室外平台处。当配电装置室的长度超过 60m 时，应增设 1 个中间疏散出口。 （3）地下变电站安全出口数量不应少于 2 个

【强化练习】

【单选题】

1. 某 35kV 地下变电站，设有自动灭火系统，根据现行国家标准《火力发电厂与变电站设计防火规范》（GB 50229），该变电站最大防火分区建筑面积应为（　）m^2。

A. 2000　　B. 600

C. 1000　　D. 1200

【正确答案】A

【解析】根据《火力发电厂与变电站设计防火规范》GB 50229—2006 地下变电站每个防火分区的建筑面积不应＞ 1000m²。设置自动灭火系统的防火分区，其防火分区面积可增大 1.0 倍；当局部设置自动灭火系统时，增加面积可按该局部面积的 1.0 倍计算。故 A 选项正确。

第六节　飞机库防火

<table>
<tr><th>考　点</th><th colspan="10">内　容</th></tr>
<tr><td rowspan="3">飞机库的防火设计要求</td><td rowspan="3">防火间距</td><td colspan="9">飞机库与其他建筑物之间的防火间距　　单位：m</td></tr>
<tr><td>建筑物名称</td><td>喷漆机库</td><td>高层航材库</td><td>一、二级耐火等级的丙、丁、戊类厂房</td><td>甲类物品库房</td><td>乙、丙类物品库房</td><td>机场油库</td><td>其他民用建筑</td><td>重要的公共建筑</td></tr>
<tr><td>飞机库</td><td>15</td><td>13</td><td>10</td><td>20</td><td>14</td><td>100</td><td>25</td><td>50</td></tr>
</table>

第七节　汽车库、修车库防火

<table>
<tr><th>考　点</th><th colspan="3">内　容</th></tr>
<tr><td rowspan="12">汽车库、修车库的分类</td><td colspan="3">汽车库分类</td></tr>
<tr><td>分类标准</td><td>停车数量 / 辆</td><td>总建筑面积 /m^2</td></tr>
<tr><td>Ⅰ类</td><td>> 300</td><td>> 10000</td></tr>
<tr><td>Ⅱ类</td><td>> 150
且≤ 300</td><td>> 5000
且≤ 10000</td></tr>
<tr><td>Ⅲ类</td><td>> 50
且≤ 150</td><td>> 2000
且≤ 5000</td></tr>
<tr><td>Ⅳ类</td><td>≤ 50</td><td>≤ 2000</td></tr>
<tr><td colspan="3">修车库分类</td></tr>
<tr><td>分类标准</td><td>车位数 / 辆</td><td>总建筑面积 /m^2</td></tr>
<tr><td>Ⅰ类</td><td>> 15</td><td>> 3000</td></tr>
<tr><td>Ⅱ类</td><td>> 5
且≤ 15</td><td>> 1000
且≤ 3000</td></tr>
<tr><td>Ⅲ类</td><td>> 2
且≤ 5</td><td>> 500
且≤ 1000</td></tr>
<tr><td>Ⅳ类</td><td>≤ 2</td><td>≤ 500</td></tr>
</table>

续表

考 点		内 容
汽车库、修车库的防火设计要求	总平面布局	**一般规定** （1）汽车库、修车库、停车场不应布置在易燃、可燃液体或可燃气体的生产装置区和储存区内。汽车库不应与甲、乙类厂房、仓库贴邻或组合建造。 （2）I 类修车库应单独建造；**II、III、IV 类修车库可设置在一、二级耐火等级建筑的首层或与其贴邻**，但**不得**与甲、乙类厂房、仓库、明火作业的车间，托儿所、幼儿园、中小学校的教学楼、老年人建筑、病房楼及人员密集场所组合建造或贴邻。 （3）地下、半地下汽车库内不应设置修理车位、喷漆间、充电间、乙炔间和甲、乙类物品库房。 （4）燃油或燃气锅炉、油浸变压器、充有可燃油的高压电容器和多油开关等，不应设置在汽车库、修车库内。 （5）甲、乙类物品运输车的汽车库、修车库应为单层建筑，且应独立建造。当停车数量≤ 3 辆时，可与一、二级耐火等级的 IV 类汽车库贴邻，但应采用防火墙隔开
	防火分隔	1. 为汽车库、修车库服务的以下附属建筑，可与汽车库、修车库贴邻，但应采用防火墙隔开，并应设置直通室外的安全出口： （1）储存量≤ 1.0t 的甲类物品库房； （2）总安装容量≤ 5.0m³/h 的乙炔发生器间和储存量不超过 5 个标准钢瓶的乙炔气瓶库； （3）1 个车位的非封闭喷漆间或≤ 2 个车位的封闭喷漆间； （4）建筑面积≤ 200m^2 的充电间和其他**甲类生产场所**
		2. 汽车库、修车库与其他建筑合建时，当贴邻建造时应采用防火墙隔开；设在建筑物内的汽车库（包括屋顶停车场）、修车库与其他部分之间，应采用防火墙和耐火极限**不低于 2.00 h** 的不燃性楼板分隔。 3. 汽车库、修车库的外墙门、洞口的上方，**应设置耐火极限不低于 1.00h、宽度不小于 1m 的不燃性防火挑檐**。 4. 汽车库、修车库的外墙上、下窗之间墙的高度，不应＜ 1.2m 或设置耐火极限**不低于 1.00h**、宽度≥ 1.0m 的不燃性防火挑檐
	疏散距离	汽车库室内任一点至最近人员安全出口的疏散距离**不应 > 45m**，当设置自动灭火系统时，其距离**不应 > 60m**，对于单层或设置在建筑首层的汽车库，室内任一点至室外出口的距离**不应 > 60m**
	汽车疏散出口	汽车库、修车库的汽车疏散出口总数**不应少于 2 个**，且应分散布置。 当符合下列条件之一时，汽车库、修车库的汽车疏散出口可设置 1 个： （1）Ⅳ类汽车库； （2）设置双车道汽车疏散出口的Ⅲ类地上汽车库； （3）设置双车道汽车疏散出口、停车数量≤ 100 **辆且建筑面积 < 4000m^2** 的地下或半地下汽车库； （4）Ⅱ、Ⅲ、Ⅳ类修车库

续表

<table>
<tr><th>考　点</th><th colspan="3">内　容</th></tr>
<tr><td rowspan="9">汽车库、修车库的防火设计要求</td><td rowspan="9">消防设施</td><td colspan="2">室内外消火栓</td></tr>
<tr><td>室外消火栓系统</td><td>I、II 类汽车库、修车库的室外消防用水量不应 < 20L/s；III 类汽车库、修车库的室外消防用水量不应 < 15L/s；
IV 类汽车库、修车库的室外消防用水量不应 < 10L/S</td></tr>
<tr><td>室内消火栓系统</td><td>I、II、III 类汽车库及 I、II 类修车库的用水量不应 < 10L/s，系统管道内的压力应保证相邻 2 个消火栓的水枪充实水柱同时到达室内任何部位；
IV 类汽车库及 III、IV 类修车库的用水量不应 < 5L/s，系统管道内的压力应保证 1 个消火栓的水枪充实水柱到达室内任何部位</td></tr>
<tr><td colspan="2">固定灭火系统</td></tr>
<tr><td colspan="2">1. 自动灭火系统
设置范围。除敞开式汽车库外，I、II、III 类地上汽车库，停车数 > 10 辆的地下、半地下汽车库，机械式汽车库，采用汽车专用升降机作汽车疏散出口的汽车库，I 类修车库均要设置自动喷水灭火系统</td></tr>
<tr><td colspan="2">2. 其他固定灭火系统
地下、半地下汽车库可采用高倍数泡沫灭火系统。停车数量不应＞ 50 辆的室内无车道且无人员停留的机械式汽车库，可采用二氧化碳等气体灭火系统</td></tr>
<tr><td colspan="2">防烟排烟设置要求</td></tr>
<tr><td colspan="2">（1）汽车库、修车库应划分防烟分区，防烟分区的建筑面积不宜＞ 2000m²，且防烟分区不应跨越防火分区；
（2）房间外墙上的排烟口（窗）宜沿外墙周长方向均匀分布，排烟口（窗）的下沿不应低于室内净高的 1/2，并应沿气流方向开启，总面积不应小于室内地面面积的 2%；
（3）烟风机可采用离心风机或排烟轴流风机，并应保证 280℃时能连续工作 30min</td></tr>
</table>

【强化训练】

【单选题】

1.（**2018 年真题**）下列汽车库、修车库中至少应设置 2 个汽车疏散出口的是（　）。

A. 总建筑面积 3500m^2，设 14 个车位的修车库

B. 总建筑面积 1500m^2，停车位 45 个的汽车库

C. 设有双车道汽车疏散出口，总建面积 3000m^2、停车位 90 个的地上汽车库

D. 设有双车道汽车疏散出口，总建面积 3000m^2、停车位 90 个的地下汽车库

【正确答案】A

【解析】除本规范另有规定外，汽车库、修车库的汽车疏散出口总数不应少于 2 个，且应分散布置。当符合下列条件之一时，汽车库、修车库的汽车疏散出口可设置 1 个：

（1）Ⅳ类汽车库；

（2）设置双车道汽车疏散出口的Ⅲ类地上汽车库；

（3）设置双车道汽车疏散出口、停车数量小于或等于 100 辆且建筑面积＜ 4000m^2 的地下或半地下汽车库；

（4）Ⅱ、Ⅲ、Ⅳ类修车库。

A 项属于Ⅰ类修车库，必须设置两个汽车疏散出口。B 项属于Ⅳ类汽车库，C 项属于地上Ⅲ类汽车库，D 项满足设置一个疏散出口的条件，故本题选择 A。

第八节　洁净厂房防火

一、洁净厂房的防火设计要求

考　点	内　容	
建筑材料及其燃烧性能	洁净厂房的耐火等级不应低于二级。 （1）洁净室的顶棚和壁板及夹芯材料应为不燃烧体，且不得采用有机复合材料。顶棚和壁板的耐火极限**不应低于 0.4h**，疏散走道顶棚的耐火极限**不应低于 1h**； （2）隔墙及其相应顶板的耐火极限不应低于 1h，隔墙上的门窗耐火极限不应低于 0.6h； （3）技术竖井井壁应为不燃烧体，其耐火极限不应低于 1h； （4）装修材料的烟密度等级不应＞ 50	
防火分区	甲、乙类生产的洁净厂房，宜采用单层厂房。其防火分区最大允许建筑面积，单层厂房宜为 3000m^2，多层厂房宜为 2000m^2	
消防设施配置	室内消火栓	洁净厂房室内消火栓的设置还应符合下列规定： （1）洁净室（区）的生产层及上下技术夹层，应设置室内消火栓； （2）室内消火栓的用水量不应 < 10L/s，同时使用水枪数不应少于 2 支，水枪充实水柱**不应** < 10m，每只水枪的出水量**不应** < 5L/s
	自动喷水灭火系统	自动喷水灭火系统的喷水强度一般不宜＜ 8.0L/（min·m^2），作用面积不宜＜ 160m^2

【强化练习】

【单选题】

1.（**2018 年真题**）根据现行国家标准《洁净厂房设计规范》（GB 50073），关于洁净厂房室内消火栓设计的说法，错误的是（　）。

A. 消火栓的用水量不应＜ 10L/s

B. 可通行的技术夹层应设置室内消火栓

C. 消火栓同时使用水枪数不应＜ 2 支

D. 消火栓水枪充实水柱长度不应＜ 7m

【正确答案】D

【解析】洁净室的生产层及可通行的上、下技术夹层应设置室内消火栓。室内消火栓的用水量不应＜ 10L/s，同时使用水枪数不应少于 2 支，水枪充实水柱长度不应＜ 10m，每只水枪的出水量应按≥ 5L/s 计算。故 A、B、C 项正确，D 项错误。

2. 洁净厂房内洁净室和疏散走道的顶棚的耐火极限分别不应低于（　）。

A. 0.25h 和 1.0h　　B. 0.4h 和 1.0h

C. 0.5h 和 0.5h　　D. 1.0h 和 0.5h

【正确答案】B

【解析】洁净室的顶棚和壁板及夹芯材料应为不燃烧体，且不得采用有机复合材料。顶棚和壁板的耐火极限不应低于 0.4h，疏散走道顶棚的耐火极限不应低于 1.0h。

第九节　信息机房防火

<table>
<tr><th>考　点</th><th colspan="2">内　容</th></tr>
<tr><td>信息机房的分类</td><td colspan="2">（1）A 级：电子信息系统运行中断将造成重大的经济损失及公共场所秩序严重混乱的机房，国家气象台，国家级信息中心、计算中心等；
（2）B 级：电子信息系统中断将造成较大的经济损失或公共场所秩序混乱的机房，科研院所、高等院校、三级医院等；
（3）C 级：其余类型的机房</td></tr>
<tr><td>消防设施</td><td>气体灭火系统</td><td>当单个防护区面积＜ $800m^2$、体积＜ $3600m^3$ 时，可考虑采用气体灭火系统。对面积＞ $800m^2$、体积＞ $3600m^3$ 的机房设置气体灭火系统时应注意以下几点：
（1）泄压措施：泄压口的过压峰值一般为 500MPa；
（2）同步性、均衡性的技术措施；
（3）防止意外的措施。
控制系统应具有三路供电，即消防电源主、备用供电和蓄电池供电，当消防水源被切断时，控制系统蓄电池可保证供电 24h</td></tr>
</table>

第十节　古建筑防火

一、古建筑防火安全设计要求

<table>
<tr><th>考　点</th><th colspan="3">内　容</th></tr>
<tr><td rowspan="8">消防总体布局</td><td colspan="3">消防车道与消防装备对应表</td></tr>
<tr><td colspan="2">消防车道净宽度 / m</td><td>消防装备</td></tr>
<tr><td colspan="2">≥ 4</td><td>一般消防车</td></tr>
<tr><td colspan="2">3 ～ 4</td><td>小型消防车</td></tr>
<tr><td colspan="2">2 ～ 3</td><td>消防摩托车</td></tr>
<tr><td colspan="2">＜ 2</td><td>手抬机动消防泵</td></tr>
<tr><td>消防分区</td><td colspan="2">设置消防分区应保持文物建筑及环境风貌的真实性、完整性，单个消防分区的占地面积宜为 3000 ～ 5000m^2</td></tr>
<tr><td>消防站（点）</td><td colspan="2">消防点的设定应满足以下要求：结合消防车道现状、消防装备配置情况，以 5min 内到达火点为标准选址、布置；优先利用原有建筑及场地建筑面积不宜＜ 15m^2；严寒、寒冷地区应采取保温措施；设有明显标志</td></tr>
<tr><td rowspan="7">灭火设施</td><td colspan="3">消防灭火设施参考选用表</td></tr>
<tr><td>消防灭火设施</td><td>适用场所</td><td>限制场所</td></tr>
<tr><td>静水水源（如太平池、水缸等储水设施、容器）</td><td>无结冻地区，且未设室内消火栓的文物建筑</td><td>—</td></tr>
<tr><td>固定消防水炮灭火系统</td><td>室外，且室外场所具备作用空间，火灾危险性较高的文物建筑，且文物建筑能满足固定消防水炮的适用范围和使用要求，水炮对保护对象危害小</td><td>室内空间</td></tr>
<tr><td>自动喷淋灭火系统</td><td>有较大火灾危险的近现代砖石结构的文物建筑和用于住宿、餐饮等经营性活动的民居类文物建筑</td><td>有传统彩画、壁画、泥塑、藻井、天花等的文物建筑</td></tr>
<tr><td>气体灭火系统</td><td>空间密闭、用作文物库房，且库藏文物适宜使用气体灭火系统的文物建筑</td><td>其他场所</td></tr>
<tr><td>灭火器、移动式高压水雾灭火装置</td><td>所有文物建筑</td><td>—</td></tr>
</table>

第十一节　人民防空工程防火

一、人民防空工程的防火设计要求

考　点	内　容
总平面布局和平面布置	（1）人防工程内不应设置哺乳室、托儿所、幼儿园、游乐厅等儿童活动场所和残疾人员活动场所； （2）医院病房以及歌舞厅、卡拉 OK 厅（含具有卡拉 OK 功能的餐厅）、夜总会、录像厅、放映厅、桑拿浴室（除洗浴部分外）、游艺厅（含电子游艺厅）、网吧等歌舞娱乐放映游艺场所，不应设置在人防工程内地下二层及二层以下；当设置在地下一层时，室内地面与室外出入口地坪高差不应＞ 10m
防火分区建筑面积	人防工程内商业营业厅、展览厅、电影院和礼堂的观众厅、溜冰馆、游泳馆、射击馆、保龄球馆等防火分区建筑面积如下： （1）设置有火灾自动报警系统和自动灭火系统的商业营业厅、展览厅等，当采用 A 级装修材料装修时，防火分区允许最大建筑面积不应＞ 2000m^2； （2）电影院、礼堂的观众厅，其防火分区允许最大建筑面积**不应＞ 1000m^2**； （3）溜冰馆的冰场、游泳馆的游泳池、射击馆的靶道区、保龄球馆的球道区等，其面积可不计入溜冰馆、游泳馆、射击馆、保龄球馆的防火分区面积内
安全疏散设施	**避难走道** （1）避难走道直通地面的出口**不应少于 2 个**，并应设置在不同方向；当避难走道只与一个防火分区相通时，其直通地面的出口可设置一个，但该防火分区至少应有一个不通向该避难走道的安全出口； （2）通向避难走道的各防火分区人数不等时，避难走道的净宽不应小于容纳人数最多的一个防火分区通向避难走道的各安全出口最小净宽之和； （3）避难走道的装修材料燃烧性能等级应为 A 级； （4）防火分区至避难走道人口处应设置前室，前室面积不应＜ 6m^2，前室的门应为甲级防火门； （5）避难走道应设置消火栓，火灾应急照明、应急广播和消防专线电话
	下沉式广场的安全疏散 （1）不同防火分区通向下沉式广场安全出口最近边缘之间的水平距离**不应小于 13m**，广场内疏散区域的净面积不应＜ 169m^2； （2）下沉式广场应设置不少于一个直通地坪的疏散楼梯，疏散楼梯的总宽度不应小于相邻最大防火分区通向下沉式广场计算疏散总宽度； （3）当下沉式广场确需设置防风雨棚时，棚不得封闭，四周敞开的面积应大于下沉式广场投影面积的 25%，经计算＞ 40m^2 时可取 40m^2。敞开的高度不得＜ 1m；当敞开部分采用防风雨百叶时，百叶的有效通风排烟面积可按百叶洞口面积的 60% 计算

第六篇　消防设施

第一章　建筑消防设施和消防控制室

第一节　消防设施安装调试与检测

<table>
<tr><th>考　点</th><th colspan="2">内　容</th></tr>
<tr><td rowspan="4">消防设施现场检查</td><td rowspan="2">合法性检查</td><td>1. 市场准入文件
到场检查重点查验下列市场准入文件：
（1）纳入强制性产品认证的消防产品，查验其依法获得的强制认证证书；
（2）新研制的尚未制定国家或者行业标准的消防产品，查验其依法获得的技术鉴定证书；
（3）目前尚未纳入强制性产品认证的非新产品类的消防产品，查验其经国家法定消防产品检验机构检验合格的型式检验报告；
（4）非消防产品类的管材管件以及其他设备，查验其法定质量保证文件</td></tr>
<tr><td>2. 产品质量检验文件
到场检查重点查验下列消防产品质量检验文件：
（1）查验所有消防产品的型式检验报告、其他相关产品的法定检验报告；
（2）查验所有消防产品、管材管件及其他设备的出厂检验报告或者出厂合格证</td></tr>
<tr><td>一致性检查</td><td>消防产品到场后，根据消防设计文件、产品型式检验报告等，查验到场消防产品的铭牌标志、产品关键组件和材料、产品特性等一致性程度。
消防产品一致性检查按照下列步骤及要求实施：
（1）逐一登记到场的各类消防设施的设备及其组件名称、批次、型号、规格、数量和生产厂名、地址和产地，与其设备清单、使用说明书等核对无误；
（2）查验各类消防设施的设备及其组件的型号、规格、组件配置及其数量、性能参数、生产厂名及其地址与产地，以及标志、外观、材料、产品实物等，与经国家消防产品法定检验机构检验合格的型式检验报告一致；
（3）查验各类消防设施的设备及其组件型号、规格，符合经法定机构批准或者备案的消防设计文件要求</td></tr>
<tr><td>产品质量检查</td><td>消防设施的设备及其组件、材料等产品质量检查主要包括外观检查、组件装配及其结构检查、基本功能试验以及灭火剂质量检测等内容</td></tr>
</table>

【强化练习】

【单选题】

1. 消防工程施工工地的进场检验包含合法性检查、一致性检查及产品质量检查。某工地对消火栓进行进场检查，下列检查项目中，属于合法性检查项目的是（　）。

A. 型式检验报告　　　　B. 抽样试验

C. 型号规格　　　　D. 设计参数

【正确答案】A

【解析】

合法性检查主要包括市场准入文件和产品质量检验文件两方面的检查，其中到场检查重点查验下列消防产品质量检验文件：

（1）查验所有消防产品的型式检验报告、其他相关产品的法定检验报告。

（2）查验所有消防产品、管材管件及其他设备的出厂检验报告或者出厂合格证。所以答案选择A。

第二节　消防设施维护管理

考　点	内　容	
消防设施维护管理各环节的工作要求	**值班**	建筑使用管理单位根据工作、生产、经营特点，建立值班制度
	巡查	巡查频次 （1）公共娱乐场所营业期间，**每2h组织1次**综合巡查； （2）消防安全重点单位**每日至少**对消防设施巡查1次； （3）其他社会单位**每周至少**对消防设施巡查1次； （4）举办具有火灾危险性的大型群众性活动的，承办单位根据活动现场实际需要确定巡查频次
	检测	**1. 检测频次** 消防设施每年至少检测1次
		2. 检查对象 检测对象包括全部消防设施系统设备、组件等
	维修	维修期间，建筑使用管理单位要采取确保消防安全的有效措施；故障排除后，进行相应功能试验，检查确认，并将检查确认合格的消防设施恢复至正常工作状态，维修情况在《建筑消防设施故障维修记录表》中全面、准确记录
	保养	实施消防设施的维护保养时，维护保养单位相关技术人员填写《建筑消防设施维护保养记录表》，并进行相应功能试验
	存档	**1. 档案内容** （1）**消防设施基本情况**。主要包括消防设施的验收文件和产品、系统使用说明书、系统调试记录、消防设施平面布置图和系统图等**原始技术资料**； （2）**消防设施动态管理情况**。主要包括消防设施的值班记录、巡查记录、检测记录、故障维修记录以及维护保养计划表、维护保养记录、自动消防控制室值班人员基本情况档案及培训记录等
		2. 保存期限 （1）消防设施施工安装、竣工验收以及验收技术检测等原始技术资料长期保存； （2）《消防控制室值班记录表》和《建筑消防设施巡查记录表》的存档时间不少于**1年**； （3）《建筑消防设施检测记录表》《建筑消防设施故障维修记录表》《建筑消防设施维护保养计划表》《建筑消防设施维护保养记录表》的存档时间不少于**5年**

【强化练习】

【单选题】

1.（2015 年真题）消防设施档案应真实记录建筑消防设施的质量状况，从延续性要求及可追溯性要求出发，完整的档案内容应包括（　）。

A. 消防设施平面布局、系统验收报告，维护保养记录

B. 消防设施值班、巡查、检测、维护及记录

C. 消防设施基本情况的各类文件资料，消防设施及相关人员动态管理的记录、资料

D. 消防设施巡查记录以及消防控制室值班录

【正确答案】C

【解析】消防设施档案是建筑消防设施施工质量、维护管理的历史记录，具有延续性和可追溯性，是消防设施施工调试、操作使用、维护管理等状况的真实记录。建筑消防设施档案至少包含下列内容：

（1）消防设施基本情况。主要包括消防设施的验收文件和产品、系统使用说明书、系统调出记录、消防设施平面布置图和系统图等原始技术资料。

（2）消防设施动态管理情况。主要包括消防设施的值班记录、巡查记录、检测记录、故障维修记录以及维护保养计划表、维护保养记录、自动消防控制室值班人员基本情况档案及培训记录等。故 C 项正确。

第三节　消防控制室管理

考　点	内　容
消防控制室的设备配置	消防控制室至少需**要设置以下设备：** （1）火灾报警控制器、消防联动控制器、消防控制室图形显示装置、消防电话总机、消防应急广播控制装置、消防应急照明和疏散指示系统控制装置、消防电源监控器等设备； （2）或者设置具有相应功能的组合设备
消防控制设备的监控要求	**消防控制室配备的消防设备需要具备下列监控功能：** （1）消防控制室设置的消防设备能够监控并显示消防设施运行状态信息，并能够向城市消防远程监控中心传输相应信息； （2）根据建筑（单位）规模及其火灾危险性特点，消防控制室内需要保存必要的文字、电子资料，存储相关的消防安全管理信息，并能够及时向监控中心传输消防安全管理信息； （3）大型建筑群要根据其不同建筑功能需求、火灾危险性特点和消防安全监控需要，设置 **2 个及 2 个以上**的消防控制室，并确定主消防控制室、分消防控制室，以实现分散与集中相结合的消防安全监控模式； （4）主消防控制室的消防设备能够对系统内共用消防设备进行控制，显示其状态信息，并能够显示各个分消防控制室内消防设备的状态信息，具备对分消防控制室内消防设备及其所控制的消防系统、设备的控制功能； （5）各个分消防控制室的消防设备之间，可以**互相传输、显示状态信息，不能互相控制消防设备**

续表

<table>
<tr><th>考 点</th><th colspan="2">内 容</th></tr>
<tr><td>消防控制室台账档案建立</td><td colspan="2">消防控制室内至少保存有下列纸质台账档案和电子资料：
（1）建（构）筑物竣工后的总平面布局图、消防设施平面布置图和系统图以及安全出口布置图、重点部位位置图等；
（2）消防安全管理规章制度、应急灭火预案、应急疏散预案等；
（3）消防安全组织结构图，包括消防安全责任人、管理人、专（兼）职和志愿消防人员等内容；
（4）消防安全培训记录、灭火和应急疏散预案的演练记录；
（5）值班情况、消防安全检查情况及巡查情况等记录；
（6）消防设施一览表，包括消防设施的类型、数量、状态等内容；
（7）消防联动系统控制逻辑关系说明、设备使用说明书、系统操作规程、系统以及设备的维护保养制度和技术规程等；
（8）设备运行状况、接报警记录、火灾处理情况、设备检修检测报告等资料</td></tr>
<tr><td rowspan="5">消防控制室的管理要求</td><td>消防控制室值班要求</td><td>（1）实行每日24h专人值班制度，每班不少于2人，值班人员持有规定的消防专业技能鉴定证书；
（2）消防设施日常维护管理符合相关规定；
（3）确保火灾自动报警系统、固定灭火系统和其他联动控制设备处于正常工作状态；
（4）确保高位消防水箱、消防水池、气压水罐等消防储水设施水量充足，确保消防泵出水管阀门、自动喷水灭火系统管道上的阀门常开等</td></tr>
<tr><td>消防控制室应急处置程序</td><td>（1）接到火灾警报后，值班人员立即以最快方式确认火灾；
（2）火灾确认后，值班人员立即确认火灾报警联动控制开关处于自动控制状态，同时拨打“119”报警电话准确报警；报警时需要说明着火单位地点、起火部位、着火物种类、火势大小、报警人姓名和联系电话等；
（3）值班人员立即启动单位应急疏散和初起火灾扑救灭火预案，同时报告单位消防安全负责人</td></tr>
<tr><td rowspan="3">消防控制室控制、显示要求</td><td>1. 图形显示装置
采用中文标注和中文界面的消防控制室图形显示装置，其界面对角线长度不得 < 430mm</td></tr>
<tr><td>2. 火灾报警控制器
火灾报警控制器能够显示火灾探测器、火灾显示盘、手动火灾报警按钮的正常工作状态、火灾报警状态、屏蔽状态及故障状态等相关信息，能够控制火灾声光警报器启动和停止</td></tr>
<tr><td>3. 消防联动控制设备
消防联动控制设备能够将各类消防设施及其设备的状态信息传输到图形显示装置；能够控制和显示各类消防设施的电源工作状态、各类设备及其组件的启 / 停等运行状态和故障状态等</td></tr>
</table>

【强化练习】

【单选题】

1.**（2017年真题）**消防控制室应保存建设竣工图纸和与消防有关的纸质台账及电子资料。下列资料中，消防控制室可不予保存的是（　）。

A. 消防设施施工调试记录　　B. 消防组织机构图

C. 消防重点部位位置图　　　　　　　D. 消防安全培训记录

【正确答案】A

【解析】消防控制室内至少保存有下列纸质台账档案和电子资料：

（1）建（构）筑物竣工后的总平面布局图、消防设施平面布置图和系统图以及安全出口布置图、重点部位位置图等。

（2）消防安全管理规章制度、应急灭火预案、应急疏散预案等。

（3）消防安全组织结构图，包括消防安全责任人、管理人、专（兼）职和志愿消防人员等内容。

（4）消防安全培训记录、灭火和应急疏散预案的演练记录。

（5）值班情况、消防安全检查情况及巡查情况等记录。

（6）消防设施一览表，包括消防设施的类型、数量、状态等内容。

（7）消防联动系统控制逻辑关系说明、设备使用说明书、系统操作规程、系统以及设备的维护保养制度和技术规程等。

（8）设备运行状况、接报警记录、火灾处理情况、设备检修检测报告等资料。

2.（2016 年真题）某商场消防控制室先后接到地下室仓库内的 2 个感烟探测器，自动喷水灭火系统的水流指示器和报警阀压力开关等动作信号，下列值班人员的工作程序中，正确的是（　）。

A. 组织扑救火灾　　　　　　　　B. 电话落实火情

C. 119 电话报警　　　　　　　　D. 现场查看火情

【正确答案】C

【解析】消防控制室的值班应急程序应符合下列要求：

（1）接到火灾警报后，值班人员应立即以最快方式确认火灾；

（2）火灾确认后，值班人员应立即确认火灾报警联动控制开关处于自动状态，同时拨打“119”报警，报警时应说明着火单位地点、起火部位、着火物种类、火势大小、报警人姓名和联系电话；（3）值班人员应立即启动单位内部应急疏散和灭火预案，并同时报告单位负责人。

第二章 消防给水系统

第一节 系统构成及给水设施

一、给水设施与给水系统分类

<table>
<tr><th>考 点</th><th colspan="3">内 容</th></tr>
<tr><td rowspan="2">消防系统给水设施</td><td>主要功能</td><td colspan="2">提供足够的消防水量和水压</td></tr>
<tr><td>构成要件</td><td colspan="2">消防给水设施通常包括消防供水管道、消防水池、消防水箱、消防水泵、消防稳（增）压设备、消防水泵接合器等</td></tr>
<tr><td rowspan="6">消防给水系统的分类</td><td>分类依据</td><td>类 别</td><td>特 点</td></tr>
<tr><td rowspan="3">水压</td><td>高压消防给水系统</td><td>始终满足足够所需压力和流量，火灾时无须启动消防水泵加压的系统</td></tr>
<tr><td>临时高压消防给水系统</td><td>平时不满足所需压力和流量，火灾时能自动启动消防水泵以满足所需压力和流量的系统</td></tr>
<tr><td>低压消防给水系统</td><td>能满足车载或手抬移动消防水泵等取水所需的压力和流量的系统</td></tr>
<tr><td rowspan="2">给水范围</td><td>独立消防给水系统</td><td>在一栋建筑内自成体系、独立工作的消防给水系统</td></tr>
<tr><td>区域（集中）消防给水系统</td><td>两栋及两栋以上的建筑共用的消防给水系统</td></tr>
</table>

二、消防水泵

<table>
<tr><th>考 点</th><th colspan="2">内 容</th></tr>
<tr><td rowspan="2">消防水泵设置</td><td>设置要求</td><td>（1）设置消防水泵和消防转输泵时，均应设备用泵；
（2）备用泵的工作能力不小于最大一台消防工作泵的工作能力；
（3）自动喷水灭火系统可按“用一备一”或“用二备一”的比例设置备用泵</td></tr>
<tr><td>可不设备用泵</td><td>（1）建筑高度＜ 54m 的住宅和室外消防给水设计流量≤ 25L/s 的建筑；
（2）室内消防给水设计流量≤ 10L/s 的建筑</td></tr>
<tr><td>消防泵的选用</td><td>流量、扬程的要求</td><td>（1）性能满足所需流量和压力的要求；
（2）消防水泵所配驱动器的功率应满足所选水泵流量扬程性能曲线上任何一点运行所需功率的要求；
（3）电动机驱动时，应选电动机干式安装的消防水泵；
（4）流量扬程性能曲线应为无驼峰、无拐点的光滑曲线，零流量时的压力不应大于设计工作压力的 140%，且宜大于设计工作压力的 120%；
（5）当出流量为设计流量的 150% 时，其出口压力不应低于设计工作压力的 65%；
（6）泵轴的密封方式和材料应满足消防水泵在低流量时运转的要求；
（7）同一泵组的消防水泵型号应该一致，且工作水泵不宜超过 3 台；
（8）多台消防水泵并联时，应校核流量叠加对消防水泵出口压力的影响</td></tr>
</table>

续表

考　点	内　容	
消防泵的选用	消防水泵主要材质	**外壳宜为球墨铸铁；叶轮宜为铜或不锈钢**
	柴油机消防水泵	（1）采用**压缩式点火型柴油机**； （2）校核海拔高度和环境温度对柴油机功率的影响； （3）具备连续工作的性能，**试验运行时间≥ 24h**； （4）蓄电池应保证消防水泵随时自动启泵的要求
消防泵的串联并联	串联	**流量基本不变，扬程增加**。在控制上，应先开启前面的泵，后开启后面（按水流方向）的泵
	并联	扬程基本不变，总流量增加，但**单流量下降**
消防水泵的吸水	（1）消防水泵**采取自灌式吸水**； （2）从市政管网直接抽水时，应在**出水管上设置有空气隔断的倒流防止器**； （3）吸水口处无吸水井时，**吸水口处应设旋流防止器**	
消防水泵管路的布置要求	吸水管路的布置要求	（1）一组消防水泵，吸水管**不应少于 2 条**，当其中一条损坏或检修时，其余吸水管应仍能通过全部消防给水设计流量； （2）消防水泵吸水管布置应**避免形成气囊**； （3）消防水泵吸水口的淹没深度应满足消防水泵在最低水位运行安全的要求，吸水管喇叭口在消防水池最低有效水位下的淹没深度应根据吸水管喇叭口的水流速度和水力条件确定，但**不应 < 600mm，当采用旋流防止器时，淹没深度不应 < 200mm**； （4）消防水泵的吸水管上应设置明杆闸阀或带自锁装置的蝶阀，但当设置暗杆阀门时，应设有开启刻度和标志；**当管径超过 *DN*300mm 时，宜设置电动阀门**； （5）消防水泵吸水管的**直径 < *DN*250mm 时，其流速宜为 1~12m/s；直径 > *DN*250mm 时，其流速宜为 1.2~1.6m/s**； （6）吸水井的布置应满足井内水流顺畅、流速均匀、不产生涡旋的要求，并应便于安装施工； （7）消防水泵的吸水管穿越消防水池时，应采用柔性套管；采用刚性防水套管时，应在水泵吸水管上设置柔性接头，且**管径不应> *DN*150mm**； （8）消防水泵吸水管可设置管道过滤器，管道过滤器的过水面积应**大于管道过水面积的 4 倍**，且**孔径不宜 < 3mm**； （9）消防水泵吸水管水平管段上不应有气囊和漏气现象。变径连接时，应采用偏心异径管件并应采用管顶平接
	出水管路的布置	（1）一组消防水泵应设不少于两条的输水管与消防给水环状管网连接，当其中一条输水管检修时，其余输水管应仍能供应全部消防给水设计流量； （2）消防水泵的出水管上**应设止回阀、明杆闸阀**；当采用蝶阀时，应带有自锁装置；**当管径 > *DN*300mm 时，宜设置电动阀门**； （3）消防水泵出水管的**直径 < *DN*250mm 时，其流速宜为 1.5~2m/s；直径 > *DN*250mm 时，其流速宜为 2~2.5m/s**； （4）消防水泵出水管上应安装消声止回阀、控制阀和压力表；系统的总出水管上还应安装压力表和压力开关；**安装压力表时应加设缓冲装置**。压力表和缓冲装置之间应安装旋塞；压力表量程在没有设计要求时，**应为系统工作压力的 2~2.5 倍**

续表

<table>
<tr><th>考点</th><th colspan="2">内容</th></tr>
<tr><td rowspan="3">启动、动力装置</td><td>启动装置</td><td>消防水泵应能手动启停和自动启动，且应确保从接到启泵信号到水泵正常运转的自动启动时间≤ 2min；
消防水泵**不应设置自动停泵的控制功能**；
消防水泵应由消防水泵出水干管上压力开关、高位消防水箱出水管上的流量开关或报警阀压力开关等开关信号直接自动启动。消火栓按钮**不宜作为直接启动消防泵的开关**，但可作为发**出报警信号的开关**或启动干式消火栓系统的快速启闭装置等</td></tr>
<tr><td>消防水泵控制柜的设置要求</td><td>平常应使消防水泵处于自动启泵状态；应设机械应急启泵功能。应急启泵时确保**报警后 5min 内**水泵正常工作</td></tr>
<tr><td>动力装置</td><td>双电源自动切换**时间**≤ 2s，一路电源与内燃机动力的切换**时间**≤ 15s</td></tr>
</table>

三、消防供水管道

<table>
<tr><th>考点</th><th colspan="4">内容</th></tr>
<tr><td rowspan="9">室外管道</td><td>布置要求</td><td colspan="3">（1）室外消防给水采用两路消防供水时，应布置成环状，但当采用一路消防供水时，**可布置成枝状**；
（2）向环状管网输水的进水管**不应少于 2 条**，当其中一条发生故障时，其余进水管应仍能满足消防用水总量的供给要求；
（3）消防给水管道应采用阀门分成若干独立段，**每段内室外消火栓的数量不宜超过 5 个**；
（4）管道的直径应根据流量、流速和压力要求经计算确定，但**不应 < *DN*100mm，有条件的不应 < *DN*150mm**</td></tr>
<tr><td rowspan="7">管材、阀门</td><td>管道</td><td>工作压力（P）/MPa</td><td>材质选择</td></tr>
<tr><td rowspan="3">埋地管道</td><td>≤ 1.20</td><td>**宜采用球墨铸铁管 / 钢丝网骨架塑料复合管**</td></tr>
<tr><td>1.20 < P < 1.60</td><td>**宜采用钢丝网骨架塑料复合管 / 加厚钢管 / 无缝钢管**</td></tr>
<tr><td>> 1.60</td><td>**宜采用无缝钢管**</td></tr>
<tr><td rowspan="3">架空管道</td><td>≤ 1.20</td><td>**可采用热浸锌镀锌钢管**</td></tr>
<tr><td>1.20 < P < 1.60</td><td>**应采用热浸镀锌加厚钢管 / 热浸镀锌无缝钢管**</td></tr>
<tr><td>> 1.60</td><td>**应采用热浸镀锌无缝钢管**</td></tr>
<tr><td>减压阀设置</td><td colspan="3">减压阀的设置应符合下列规定：
（1）减压阀应设置在报警阀组入口前，当连接两个及以上报警阀组时，**应设置备用减压阀**；
（2）减压阀的进口处应设置过滤器，**过滤器的孔网直径不宜 < 5 目 /m^2**，过流面积不应小于管道截面**面积的 4 倍**；
（3）过滤器和减压阀前后应设压力表，压力表的表盘**直径不应 < 100mm，最大量程宜为设计压力的 2 倍**；
（4）过滤器前和减压阀后应**设置控制阀门**；
（5）减压阀后应**设置压力试验排水阀**；
（6）减压阀应**设置流量检测测试接口或流量计**；
（7）垂直安装的减压阀，水流方向**宜向下**；
（8）比例式减压阀宜垂直安装，可**调式减压阀宜水平安装**；
（9）减压阀和控制阀门**宜有保护或锁定调节配件的装置**；
（10）接减压阀的管段**不应有气堵、气阻**</td></tr>
</table>

续表

考 点		内 容
室内管道	布置要求	（1）室内消火栓系统管网应布置成环状，当室外消火栓设计**流量**≤ 20L/s，且室内消火栓**不超过 10 个**时，除规定外，可布置成枝状； （2）当由室外生产、生活、消防合用系统直接供水时，合用系统除应满足室外消防给水设计流量以及生产和生活最大小时设计流量的要求外，还应满足室内消防给水系统的设计流量和压力要求； （3）室内消防管道管径应根据系统设计流量、流速和压力要求经计算确定；室内消火栓竖管管径应根据竖管最低流量经计算确定，但**不应** < *DN*100mm； （4）室内消火栓给水管网**宜与自动喷水等其他水灭火系统的管网分开设置**；当合用消防泵时，**供水管路沿水流方向应在报警阀前分开设置**； （5）消防给水管道的设计流速不宜> 2.5m/s
	给水管道检修	（1）**室内消火栓竖管应保证检修管道时关闭停用的竖管不超过 1 根，当竖管超过 4 根时。可关闭不相邻的 2 根**； （2）每根竖管与供水横干管相接处应设置阀门

四、消防水泵接合器

考 点	内 容
水泵接合器设置要求	（1）高层民建、设有消防给水的住宅、**大于 5 层的其他多层民建、大于 2 层或 $S>10000m^2$ 的地下或半地下建筑（室）**、高层工业建筑、**大于 4 层的多层**工业建筑、**城市交通隧道**，其室内消火栓给水系统应设水泵接合器自喷、水喷雾、泡沫和固定消防炮等水灭火系统，应设消防水泵接合器； （2）消防水泵接合器的给水流量宜按**每个 10 ~ 15L/s 计算**，当计算数量> 3 时，可根据供水可靠性适当减少，水泵接合器应设在室外便于消防车使用的地点，且距室外消火栓或消防水池的距离**宜≥ 15m，≤ 40m**； （3）**墙壁消防水泵接合器距地面宜为 0.70m;与墙面上的门、窗、孔、洞（开口）的净距离≥ 2.0m，且不应安装在玻璃幕墙下方地下消防水泵接合器的安装，应使进水口与井盖底面的距离≤ 0.40m，且大于等于井盖的半径**； （4）水泵接合器处应设置永久性标志铭牌，并应标明供水系统、供水范围和额定压力

五、稳压泵

考 点		内 容
稳压泵	稳压泵流量的确定	消防给水系统消防稳压泵的设计流量**不应小于消防给水系统管网的正常泄漏量和系统自动启动流量**； 当没有管网泄漏量数据时，稳压泵的设计流量宜按消防给水设计**流量的 1%~3% 计，且不宜 < 1L/s**
	稳压泵设计压力的确定	（1）稳压系的设计压力应满足系统自动启动和管网充满水的要求； （2）稳压系的设计压力应保持系统自动启泵压力设置点处的压力在准工作状态时大于系统，设置自动启泵压力，且**增加值宜为 0.07 ~ 0.1MPa**； （3）稳压泵的设计压力应保持系统最不利点处水灭火设施在准工作状态时的**静水压力 > 0.15MPa**
气压罐		当采用气压水罐时，其调节容积应根据稳压泵启泵**次数≤ 15 次 /h 计算确定**，但**有效储水容积宜≥ 150L**

六、消防水池和消防水箱

考　点	内　容	
消防水池	设置要求	（1）当市政给水管网能保证室外消防给水设计流量时，消防水池的有效容积应满足火灾延续时间内室内消防用水量的要求； （2）当市政给水管网不能保证室外消防给水设计流量时，消防水池的有效容量应满足在火灾延续时间内建（构）筑物室内消防用水量和室外消防用水不足部分之和的要求； （3）**消防水池进水管应根据其有效容积和补水时间确定，补水时间宜≤ 48h，但当消防水池有效总容积＞2000m³ 时，补水时间≤ 96h，进水管管径≥ *DN*100**； （4）消防水池的总蓄水**有效容积＞500m³ 时**，宜设两格能独立使用的消防水池；**当＞1000m³ 时**，应设能独立使用的两座消防水池； （5）对于消防水池，当消防用水与其他用水合用时，应有保证消防用水不作他用的技术措施； （6）储存有室外消防用水的供消防车取水的消防水池，**应设供消防车取水的取水口或取水井，吸水高度≤ 6m**；取水口或取水井与被保护建筑物（水泵房除外）的外墙距离宜≥ 15m，与甲、乙、丙类液体储罐的距离宜≥ 40m，与液化石油气储罐的距离宜≥ 60m，当采取**防止辐射热的保护措施时可减小为 40m**
	容积计算	容积计算公式为： $$V_a=\sum Q_p t_p - Q_b t_b$$ 式中　V_a——消防水池的有效容积，m³； Q_p——栓、喷等自动系统的设计流量，m³/h；（其中一个防护区 / 对象的自动水灭火系统的用水量按其中最大的确定） Q_b——补充流量，m³/h； t——火灾延续时间，h。 建筑物共用消防水池时，**容积按消防用水量最大一栋建筑物计算确定**
消防水箱	设置要求	（1）高位消防水箱间应通风良好，不应结冰，当在冬季结冰地区的非采暖房间时，应采取防冻措施，**环境温度或水温≥ 5℃**； （2）淹没深度：当采用出水管喇叭口时，应根据出水管喇叭口的水流速度和水力条件确定，**且应≥ 600mm**；当采用防止旋流器时应根据产品确定，**且≥ 150mm**； （3）高位消防水箱出水管应位于高位消防水箱最低水位以下，并应设防止消防用水进入高位消防水箱的止回阀； （4）进水管的管径应满足消防水箱 8h 充满水的要求，但管径应≥ DN32mm，进水管宜设置液位阀或浮球阀； （5）进水管应在溢流水位以上接入，进水管口的最低点高出溢流边缘的高度应等于进水管管径，但**最小≥ 100mm，最大≤ 150mm**； （6）**溢流管的直径≥进水管直径的 2 倍，且≥ *DN*100mm，溢流管的喇叭口直径≥溢流管直径的 1.5 倍～2.5 倍**； （7）高位消防水箱出水管管径应满足消防给水设计流量的出水要求，**且≥ *DN*100mm**； （8）高位消防水箱的进、出水管应设置带有指示启闭装置的阀门
	高位消防水箱	室内采用临时高压消防给水系统时，高位消防水箱的设置应符合下列规定： （1）**高层民用建筑、总建筑面积＞10000m² 且层数超过 2 层的公共建筑和其他重要建筑，必须设置高位消防水箱**； （2）其他建筑应设置高位消防水箱，但当设置高位消防水箱确有困难，且采用安全可靠的消防给水形式时，可不设高位消防水箱，但应设置稳压泵

【强化练习】

【单选题】

1.（**2015 年真题**）下列有关消防水泵接合器安装说法中，错误的是（　）。

A：墙壁水泵接合器安装高度距地面宜为 1.1m

B：组装时消防水泵接合器的安装，应按接口、本体、接连管、止回阀、安全阀、放空管、控制阀的顺序进行

C：止回阀的安装方向应使消防用水能从消防水泵接合器进入系统

D：消防水泵接合器接口距离外消火栓或消防水池的距离宜为 15 ～ 40m

【正确答案】A

【解析】墙壁水泵接合器的安装应符合设计要求。设计无要求时，其安装高度距地面宜为 0.7m；与墙面上的门、窗、孔、洞的净距离不应小于 2.0m，且不应安装在玻璃幕墙下方。故 A 错误。组装式水泵接合器的安装，应按接口、本体、连接管、止回阀、安全阀、放空管、控制阀的顺序进行，止回阀的安装方向应使消防用水能从水泵接合器进入系统；整体式水泵接合器的安装按其使用安装说明书进行。故 B、C 正确。水泵接合器接口的位置应方便操作，安装在便于消防车接近的人行道或非机动车行驶地段，距室外消火栓或消防水池的距离宜为 15 ～ 40m。故 D 正确。

第二节　系统组件（设备）安装前检查

一、消防水源的检查

考　点	内　容
市政给水管网作为消防供水	（1）布置成环状管网； （2）市政给水厂**至少有两条**输水干管向市政给水管网输水； （3）**有不同的市政给水干管**上不小于两条引入管向消防给水系统供水
消防水池（箱）作为消防水源	在与生活或其他用水合用时，消防水池应采取确保消防用水量不作他用的技术措施；寒冷地区的消防水池还应采取相应的防冻措施
天然水源作为消防水源	（1）利用江河湖海、水库等天然水源作为消防水源时，其设计枯水流量保证率**宜为 90%~97%**。看是否有条件采取防止冰漫、漂浮物、悬浮物等物质堵塞消防设施的技术措施。 （2）天然水源应当具备在枯水位也能确保消防车、固定和移动消防水泵取水的技术条件；若要求消防车能够到达取水口，则还需要设置满足消防车到达取水口的消防车道和消防车回车场或回车道。 （3）井水作为消防水源，直接向水灭火系统供水时，**水井不应少于两眼**，且当每眼井的深井泵均采用一级供电负荷时，才可视为两路消防供水；若不满足，则视为一路消防供水

二、消防供水设施（设备）检查

考　点	内　容	
消防水泵要求	消防水泵外观质量要求	铸件外表面不应有明显的结疤、气泡、砂眼等缺陷；泵体以及各种外露的罩壳、箱体均**应喷涂大红漆**；铭牌上**标注的泵的型号、名称、特性应与设计说明一致**
	消防水泵控制柜要求	消防水泵控制柜的控制功能满足设计要求；要求控制柜体端正，表面应平整，涂层颜色均匀一致，无眩光，且控制柜外表面没有明显的磕碰伤痕和变形掉漆；**控制柜面板设有电源电压、电流、水泵启 / 停状况及故障的声光报警等显示**；面板上的按钮、开关、指示灯应易于操作和观察，且有功能标示
稳压泵要求	消防稳压泵的泵体、电动机外观无瑕疵，油漆完整。稳压泵的规格、型号、流量和扬程符合设计要求，并应有产品合格证和安装使用说明书	
消防水泵接合器要求	首先要查看水泵接合器的外观是否有瑕疵，油漆是否完整。**水泵接合器的型号、名称是否准确、一致**	

三、给水管网检查

考　点	内　容
给水管材检查	（1）表面应无裂纹、缩孔、夹渣、折叠和重皮； （2）螺纹密封面应完整、无损伤、无毛刺； （3）镀锌钢管内外表面的**镀锌层不得有脱落**、锈蚀等现象； （4）非金属密封垫片**应质地柔韧、无老化变质或分层现象**，表面应无折损、皱纹等缺陷； （5）法兰密封面应完整光洁，没有毛刺及径向沟槽；螺纹法兰的螺纹应完整、无损伤； （6）管材的不圆度壁厚应符合要求（有相关的质量保证文件）； （7）球墨铸铁管承口的内工作面和插口的外工作面应光滑、轮廓清晰，不应有影响接口密封性的缺陷
管网支、吊架及防晃支架要求	（1）管道支架吊架形式、材质、结构尺寸、加工精度及焊接质量等符合设计文件或有关施工验收规范的要求； （2）管道支吊架成品后进行防腐处理，防腐涂层完整、厚度均匀；当设计文件无规定时，除锈后涂防锈漆一道
通用阀门检查	（1）所选阀门的型号、规格、压力、流量符合设计要求； （2）所选用阀门及附件配备齐全，没有加工缺陷和机械性损伤； （3）对减压阀、泄压阀等重要阀门在现场要逐个进行强度试验和严密性试验

【强化练习】

【单选题】

1.（**2016 年真题**）某消防检测机构，检查物业公司的临时高压消防给水系统维护管理记录，发现一条维护管理记录如下：自动和手动启动消防水泵时，水泵无法实现运转，按控制柜的机械应急启动操纵杆时，水泵能正常运转。下列关于系统故障的原因中，正确的是（　）。

A. 自动巡检变频器故障　　B. 控制电器元件故障

C. 电机供电回路故障　　D. 供电电压不足

【正确答案】B

【解析】自动和手动启动消防水泵时，水泵无法实现运转，按下控制柜的机械应急启动操纵杆时，水泵能正常运转。说明是控制电器元件出现问题。控制柜内的电气元件及材料应符合现行国家产品标准的有关规定，并安装合理，其工作位置符合产品使用说明书的规定。

第三节　系统安装调试与检测验收

一、消防水源

考　点	内　容
消防水池、消防水箱的施工、安装	（1）消防水池、消防水箱应设置于便于维护、通风良好、不结冰、不受污染的场所。在寒冷的场所，消防水箱应采取保温措施或在水箱间设置采暖措施（**室内温度高于 5℃**）。 （2）在施工安装时，消防水池及消防水箱的外壁与建筑本体结构墙面或其他池壁之间的净距，要满足施工、装配和检修的需要。**无管道的侧面，净距不宜＜0.7m**；**有管道的侧面，净距不宜＜1m**，且管道外壁与建筑本体墙面之间的通道宽度**不宜＜0.6m**；设有入孔的池顶，顶板面与上面建筑本体板底的净空**不应＜0.8m**。 （3）消防水箱采用钢筋混凝土时，在消防水箱的内部应贴白瓷砖或喷涂瓷釉涂料。采用其他材料时、消防水箱宜设置支墩、支墩的高度**不宜＜600mm**
消防水池、消防水箱的检测验收	（1）对照图样，用测量工具检查水池容量是否符合要求，观察有无补水、防冻等消防用水的保证措施，测量取水口的高度和位置是否符合技术要求，查看溢流管、泄水管的安装位置是否正确。对消防水箱而言，需测量水箱的容积、安装标高及位置是否符合技术要求：查看水箱的进水管、出水管、溢流管、泄水管、水位指示器、单向阀、水箱补水及增压措施是否符合技术要求；查看管道与水箱之间的连接方式及管道穿楼板或墙体时的保护措施。 （2）敞口水箱装满水静置 **24h 后观察**，若不渗不漏，则敞口水箱的满水试验合格；而封闭水箱**在试验压力下保持 10min**，压力不降、不渗不漏则封闭水箱的水压试验合格

二、消防供水设施、设备

考　点	内　容	
消防水泵	水泵安装操作	（1）泵房主要人行通道宽度宜≥ 1.2m，电气控制柜前通道宽度**宜**≥ 1.5m； （2）水泵机组基础的顶面标高，无隔振安装时应高出泵房地面≥ 0.1m；有隔振安装时可高出泵房地面≥ 0.05m。泵房内管道管外底距地面的距离：**当管径 *DN* ≤ 150mm 时，不应 < 0.2m；当管径 *DN* ≥ 200mm 时，不应 < 0.25m**
消防增（稳）压设施	消防增（稳）压设施气压水罐安装要求	（1）有效容积、气压、水位及设计压力符合设计要求； （2）宜有有效水容积指示器； （3）安装时其四周要设检修通道，其宽度**不宜** < 0.7m，消防气压给水设备顶部至楼板或梁底的距离**不宜** < 0.6m； （4）设在非采暖房间时，应采取有效措施防止结冰
消防增（稳）压设施	稳压泵验收要求	（1）**1h 内的启停次数符合设计要求，≤ 15 次 /h**； （2）供电自动手动启停应正常；关掉主电源，主、备电源能正常切换； （3）吸水管应设置明杆闸阀；出水管应设置消声止回阀和明杆闸阀
消防水泵接合器	水泵接合器的安装要求	（1）水泵接合器接口的位置应方便操作，距室外消火栓或消防水池的距离**宜为 15 ~ 40m**； （2）设计无要求时，其安装高度距地面**宜为 0.7m**；与墙面上的门、窗、孔、洞的净距离≥ 2.0m，且不应安装在玻璃幕墙下方； （3）地下水泵接合器的安装，应使进水口与井盖底面的距离≤ 0.4m，**且不小于井盖的半径**； （4）水泵接合器与给水系统之间不应设置除检修阀门以外其他的阀门

三、给水管网

考　点	内　容	
管道连接方式	连接方式	管道连接方式有螺纹、焊接、法兰、承插、沟槽连接等形式。**管径 > *DN*50mm** 的管道不应使用螺纹活接头，在管道变径处应采用单体异径接头。
管道连接方式	使用沟槽连接件连接时符合下列规定	（1）有振动的场所和埋地管道应采用柔性接头，其他场所宜采用刚性接头，当采用刚性接头时，**每隔 4 ~ 5 个刚性接头应设置一个挠性接头**； （2）配水干管（立管）与配水管（水平管）连接，应采用沟槽式管件，不应采用机械三通； （3）水泵房内的埋地管道连接应采用挠性接头
架空管道安装	（1）消防给水管穿过墙体或楼板时加设套管，**套管长度不小于墙体厚度**，或**高出楼面或地面 50mm**；套管与管道的间隙应采用不燃材料填塞，管道的接口不应位于套管内。 （2）消防给水管可能发生冰冻时，采取防冻技术措施。 （3）管外壁要刷防腐漆或缠绕防腐材料。 （4）管道外应刷红色油漆或涂红色环圈标志，并注明管道名称和水流方向标识，红色环圈标志**宽度**≥ 20mm，**间隔宜**≤ 4m，在一个独立的单元内环圈**不宜** < 2 处	

续表

<table>
<tr><th>考 点</th><th colspan="2">内 容</th></tr>
<tr><td rowspan="2">管网支吊架的安装</td><td>安装要求</td><td>（1）设计的吊架在管道的每一支撑点处应能承受 5 倍于充满水的管重，且管道系统支撑点应支撑整个消防给水系统；
（2）管道支架的支撑点宜设在建筑物的结构上，其结构在管道悬吊点应能承受充满水管道重量另加至少 114kg 的阀门、法兰和接头等附加荷载；
（3）当管道穿梁安装时，穿梁处宜作一个吊架</td></tr>
<tr><td>应设置固定支架或防晃支架的部位</td><td>（1）配水管宜在中点设一个防晃支架，当管径＜ DN50mm 可不设；
（2）配水干管及配水管，配水支管的长度＞ 15m，每 15m 长度内应至少设 1 个防晃支架，当管径≤ DN40mm 可不设；
（3）管径＞ DN50mm 的管道拐弯、三通及四通位置处应设 1 个防晃支架；
（4）架空管道每段管道设置的防晃支架≥ 1 个；当管道改变方向时，增设防晃支架；立管在其始端和终端设防晃支架或采用管卡固定</td></tr>
<tr><td rowspan="2">管网试压和冲洗</td><td>试压和冲洗</td><td>（1）管网安装完毕后，要对其进行强度试验、冲洗和严密性试验；
（2）强度试验和严密性试验宜用水进行；
（3）系统试压完成后，要及时拆除所有临时盲板及试验用的管道，并与记录核对无误；
（4）管网冲洗在试压合格后分段进行。冲洗顺序应先室外、后室内，先地下、后地上；室内部分的冲洗应按配水干管、配水管、配水支管的顺序进行</td></tr>
<tr><td>系统试压前应具备的条件</td><td>（1）试压用的压力表不应少于 2 只；精度不应低于 1.5 级，量程为试验压力值的 1.5 ～ 2 倍。
（2）冲洗管道直径＞ DN100mm 时，应对其死角和底部进行敲打，但不得损伤管道。
（3）在管材类型为钢管的压力管道的水压强度试验中，当系统设计工作压力≤ 1MPa 时，水压强度试验压力应为设计工作压力的 1.5 倍，并不应低于 1.4MPa；当系统设计工作压力＞ 1MPa 时，水压强度试验压力应为该工作压力 +0.4MPa。
（4）水压试验时环境温度不宜低于 5℃，当低于 5℃时，水压试验应采取防冻措施。
（5）消防给水系统的水源干管、进户管和室内埋地管道应在回填前单独或与系统一起进行水压强度试验和水压严密性试验。
（6）气压严密性试验的介质宜采用空气或氮气，试验压力应为 0.28MPa，且稳压 24h，压力降不应＞ 0.01MPa</td></tr>
</table>

【强化练习】

【多选题】

1.（**2015 年真题**）管径＞ *DN*50mm 的消防管道水平架空安装时，应按规定设置防晃支架，下列相关要求中，正确的有（　）。

A. 应在管道拐弯位置处设置一个防晃支架

B. 应在管道三通位置处设置一个防晃支架

C. 应在管道的始端设置一个防晃支架

D. 应在管道的终端设置一个防晃支架

E. 应在管道四通位置处设置一个防晃支架

【正确答案】ABE

【解析】根据《消防给水及消火栓系统技术规范》，下列部位应设置固定支架或者防晃支架：管径大于 DN50mm 的管道拐弯、三通及四通位置处应设 1 个防晃支架。

第三章　消火栓系统

第一节　室外消火栓系统

一、室外消火栓的设置

考　点	内　容	
室外消火栓的设置范围	（1）在城市、居住区、工厂、仓库等的规划和建筑设计中，必须同时设计消防给水系统；城镇（包括居住区、商业区、开发区、工业区等）应沿可通行消防车的街道设置市政消火栓系统； （2）民用建筑、厂房（仓库）、储罐（区）、堆场周围应设室外消火栓； （3）用于消防救援和消防车停靠的屋面上，应设置室外消火栓系统； （4）**耐火等级不低于二级，且建筑物体积小≤ 3000m³ 的戊类厂房；或居住区人数不超过 500 人，且建筑物层数不超过两层的居住区，可不设置室外消防给水系统**	
室外消火栓的设置要求	市政消火栓	（1）市政消火栓宜采用地上式室外消火栓；在严寒、寒冷等冬季结冰地区宜采用干式地上式室外消火栓，严寒地区宜增设消防水鹤。当采用地下式室外消火栓时，**地下消火栓井的直径不宜＜ 1.5m**，且当地下式室外消火栓的取水口在冰冻线以上时，应采取保温措施。地下式市政消火栓应有明显的永久性标志。 （2）市政消火栓**宜采用直径 *DN*150mm 的室外消火栓**，并应符合下列要求：室外地上式消火栓应有一个**直径为 150mm 或 100mm** 和**两个直径为 65mm 的栓口**；室外地下式消火栓应**有直径为 100mm 和 65mm 的栓口各一个**。 （3）市政消火栓宜在道路的一侧设置，并宜靠近十字路口，但当市政道路宽度**超过 60m 时**，应在道路的两侧交叉错落设置市政消火栓，市政桥桥头和城市交通隧道出入口等市政公用设施处，应设置市政消火栓，其**保护半径不应超过 150m**，**间距不应＞ 120m**。 （4）市政消火栓应布置在消防车易于接近的人行道和绿地等地点，且不应妨碍交通。应避免设置在机械易撞击的地点，确有困难时，应采取防撞措施。**距路边不宜＜ 0.5m，并不应＞ 2m，距建筑外墙或外墙边缘不宜＜ 5m**。 （5）当市政给水管网设有市政消火栓时，其平时运行工作压力**不应＜ 0.14MPa**，火灾发生时水力最不利市政消火栓的出流量**不应小于 15L/s**，且供水压力从地面算起**不应＜ 0.1MPa**。 （6）严寒地区在城市主要干道上设置消防水鹤的布置间距**宜为 1000m**，连接消防水鹤的市政给水管的管径**不宜＜ *DN*200mm**，发生火灾时消防水鹤的出流量**不宜低于 30L/s**，且供水压力从地面算起**不应＜ 0.1MPa**

续表

考　点	内　容	
室外消火栓的设置要求	室外消火栓	（1）建筑室外消火栓的布置除应符合本节的规定外，还应符合市政消火栓的有关规定。 （2）建筑室外消火栓的数量应根据室外消火栓设计流量和保护半径经计算确定，**保护半径不应＞150m**，每个室外消火栓的出流量**宜按10~15L/s计算**，室外消火栓宜沿建筑周围均匀布置，且不宜集中布置在建筑一侧；建筑消防扑救面一侧的室外消火栓数量**不宜少于2个**。 （3）**人防工程、地下工程等建筑应在出入口附近设置室外消火栓，距出入口的距离不宜＜5m，并不宜＞40m；停车场的室外消火栓宜沿停车场周边设置，与最近一排汽车的距离不宜＜7m，距加油站或油库不宜＜15m**。 （4）甲、乙、丙类液体储罐区和液化烃罐罐区等构筑物的室外消火栓，应设在防火堤或防护墙外，数量应根据每个罐的设计流量经计算确定，但距罐壁**15m范围内**的消火栓，不应计算在该罐可使用的数量内。 （5）工艺装置区等采用高压或临时高压消防给水系统的场所，其周围应设置室外消火栓，数量应根据设计流量经计算确定，且**间距不应＞60m**。当工艺装置区宽度＞120m时，宜在该装置区内的路边设置室外消火栓

二、室外消火栓栓体安装与维护管理

考　点	内　容	
室外消火栓栓体安装	栓体安装要求	（1）地下式顶部**进水口**或**出水口**应**正对井口**。顶部**进水口**或**出水口与消防井盖底面的距离**≤0.4m，井内应有足够的操作空间，并应做好防水措施； （2）地下式**应设永久性固定标志**
室外消火栓维护管理要求	对消火栓每季度进行外观和漏水检查，及时更换不正常的消火栓	

【强化练习】

【单选题】

1.（**2017年真题**）室外消火栓距离建筑外墙不宜＜（　）m。

A. 2.0　　B. 3.0

C. 6.0　　D. 5.0

【正确答案】D

【解析】根据《消防给水及消火栓系统技术规范》（GB 50974）的规定，市政消火栓应布置在消防车易于接近的人行道和绿地等地点，且不应妨碍交通。市政消火栓距路边不宜＜0.5m，并不应＞2.0m，距建筑外墙或外墙边缘不宜＜5.0m。

第二节　室内消火栓系统

一、室内消火栓设置场所

考　点	内　容
应设室内消火栓系统的建筑	（1）建筑占地面积 > 300m³ 的厂房（仓库）； （2）体积 > 5000m³ 的车站、码头、机场的候车（船、机）楼以及展览建筑、商店建筑、旅馆建筑、医疗建筑和图书馆建筑等单层、多层建筑； （3）特等、甲等剧场，**超过 800 个座位**的其他等级的剧场和电影院等，超过 1200 个座位的礼堂、体育馆等单层、多层建筑； （4）建筑高度 > 15m 或体积 > 10000m³ 的办公建筑、教学建筑和其他单层、多层民用建筑； （5）高层公共建筑和建筑高度 > 21m 的住宅建筑； （6）对于建筑高度≤ 27m 的住宅建筑，当确有困难时，可只设置干式消防竖管和不带消火栓箱的 *DN*65mm 的室内消火栓
可不设室内消火栓系统的建筑	（1）存有与水接触能引起燃烧、爆炸的物品的建筑物和室内没有生产、生活给水管道，室外消防用水取自储水池且建筑体积≤ 5000m³ 的其他建筑； （2）耐火等级为一、二级且可燃物较少的单层、多层丁、戊类厂房（仓库），耐火等级为三、四级且建筑体积≤ 3000m³ 的丁类厂房和建筑体积≤ 5000m³ 的戊类厂房（仓库）； （3）粮食仓库、金库以及远离城镇且无人值班的独立建筑

二、设置要求

考　点	内　容
室内消火栓的设置要求	（1）应采用 *DN*65mm 的室内消火栓，并可与消防软管卷盘或轻便水龙设置在同一箱体内。配置 *DN*65mm 有内衬里的消防水带，**长度不宜超过 25m**；宜配置喷嘴当量直径 16mm 或 19mm 的消防水枪，但当消火栓**设计流量为 2.5L/s** 时，宜配置喷嘴当量**直径 11mm 或 13mm** 的消防水枪。 （2）设置室内消火栓的建筑，包括设备层在内的各层均应设置消火栓。 （3）屋顶设有直升机停机坪的建筑，应在停机坪出入口处或非电气设备机房处设置消火栓，且距停机坪机位边缘的距离**不应 < 5m**。 （4）消防电梯前室应设置室内消火栓，并应计入消火栓使用数量。 （5）室内消火栓的布置应满足同一平面**有 2 支消防水枪的 2 股充实水柱**同时达到任何部位的要求，但建筑高度≤ 24m 且体积≤ 5000m³ 的多层仓库、建筑高度≤ 54m 且每单元设置一部疏散楼梯的住宅，可**采用 1 支消防水枪的 1 股充实水柱到达室内任何部位**。 （6）建筑室内消火栓栓口的安装高度应便于消防水龙带的连接和使用，其距地面高度**宜为 1.1m**；其出水方向应便于消防水带的敷设，并宜与设置消火栓的墙面成 **90° 角或向下**。 （7）设有室内消火栓的建筑应设置带有压力表的试验消火栓，对于多层和高层建筑应在其屋顶设置，严寒、寒冷等冬季结冰地区可设置在顶层出口处或水箱间内等便于操作和防冻的位置；对于单层建筑宜设置在水力最不利处，且应靠近出入口。 （8）室内消火栓宜按直线距离计算其布置间距，**对于消火栓按 2 支消防水枪的 2 股充实水柱布置的建筑物，消火栓的布置间距不应 > 30m；对于消火栓按 1 支消防水枪的 1 股充实水柱布置的建筑物，消火栓的布置间距不应 > 50m**。 （9）建筑高度≤ 27m 的住宅，当设置消火栓系统时，可采用干式消防竖管。干式消防竖管宜设置在楼梯间休息平台，且仅应配置消火栓栓口，干式消防竖管应设置消防车供水接口，消防车供水接口应设置在首层便于消防车接近和安全的地点，竖管顶端应设置自动排气阀。 （10）住宅户内宜在生活给水管道上**预留一个接 *DN*15mm** 消防软管或轻便水龙的接口。跃层住宅和商业网点的室内消火栓应**至少满足 1 股**充实水柱到达室内任何部位，并宜设置在户门附近

续表

<table>
<tr><th>考 点</th><th colspan="2">内 容</th></tr>
<tr><td rowspan="4">室内消火栓栓口压力和消防水枪充实水柱</td><td>位置</td><td>（1）楼梯间及其休息平台和前室、走道等明显易于取用，便于火灾扑救的位置；
（2）住宅宜设在楼梯间及其休息平台；
（3）同一楼梯间及其附近不同层设置的消火栓，其平面位置宜相同；
（4）冷库的室内消火栓应设置在常温穿堂或楼梯间内</td></tr>
<tr><td>栓口动压</td><td>栓口动压≤ 0.50MPa，当 > 0.70MPa 时，必须设减压装置</td></tr>
<tr><td>充实水柱</td><td>高层建筑、厂房、库房和室内净空高度 > 8m 的民建等场所，栓口动压 ≥ 0.35MPa，充实水柱达到 13m；其他场所栓口动压 ≥ 0.25MPa，充实水柱达到 10m</td></tr>
<tr><td>软管卷盘和水龙</td><td>（1）应配置内径 ≥ 19mm 的消防软管，长度宜为 30m；轻便水龙应配公称直径 25mm 有内衬里的消防水带，长度宜为 30m。消防软管卷盘和轻便水龙应配置当量喷嘴直径 6mm 的消防水枪；
（2）消防软管卷盘和轻便水龙的用水量可不计入消防用水总量</td></tr>
</table>

三、消火栓箱

考 点	内 容
外观质量和标志	（1）铭牌：名称、型号、批准文件的编号、注册商标或厂名、生产日期、执行标准； （2）箱门正面**红色“消火栓”字体**≥**高 100mm，宽 80mm**
箱门	**箱门开启角度**≥ **160°**，无卡阻

四、消防水带

考 点	内 容
消防水带压力试验	（1）取 **1.20m 长**的试样一端与水源相接，另一端用带有排气阀的密封装置封闭； （2）保持试样平直，使试样灌满水并排尽其中的空气，关闭排气阀； （3）以 **5.0 ~ 10.0MPa/min** 的速率升压至规定的试验压力，**保压 5min**，不应有渗漏； （4）以该速率升压至试样爆破，判断最小爆破压力是否符合相关规定

五、消防水枪

<table>
<tr><th>考 点</th><th colspan="2">内 容</th></tr>
<tr><td rowspan="2">消防水枪</td><td>跌落试验</td><td>（1）将水枪以喷嘴垂直朝上，喷嘴垂直朝下，（旋转开关处于关闭位置）以及水枪轴线处于水平三个位置；
（2）从离地 2.0m ± 0.02m 高处自由跌落到混凝土地面上；
（3）水枪在每个位置各跌落 2 次，然后再检查水枪。出现断裂或不能正常操纵使用的，则判该产品不合格</td></tr>
<tr><td>密封性能</td><td>进水端缓慢加压至最大工作压力 1.5 倍，保压 2min，消防水枪不应该出现裂纹、断裂</td></tr>
</table>

续表

<table>
<tr><th>考　点</th><th colspan="2">内　容</th></tr>
<tr><td rowspan="2">水枪接口</td><td rowspan="2">跌落试验</td><td>试样数量及悬挂方式如下：
（1）内扣式接口试样 2 个，扣爪向下；
（2）连接好的卡式接口试样 1 副，接口的轴线呈水平状态；
（3）连接好的螺纹式接口试样 1 副，接口的轴线呈水平状态</td></tr>
<tr><td>将试样夹在试验台架上，使试样最低点至底座距离为（1.5±0.05）m。等试样静止后，让其自由落在底座上，每个试样重复试验 5 次。检查试样是否有损坏现象。试验结果应符合：除内、外螺纹固定接口外，其他接口从 1.5m 高处自由落下 5 次，应无损坏并能正常操作使用</td></tr>
</table>

六、室内消火栓的安装调试与检测验收

<table>
<tr><th>考　点</th><th colspan="2">内　容</th></tr>
<tr><td rowspan="2">检测验收</td><td>室内消火栓</td><td>（1）室内消火栓的选型、规格应符合设计要求；
（2）同一建筑物内设置的消火栓应采用统一规格的栓口、水枪和水带及配件；
（3）试验用消火栓栓口处应设置压力表；
（4）当消火栓设置减压装置时，减压装置应符合设计要求；
（5）室内消火栓应设置明显的永久性固定标志</td></tr>
<tr><td>消火栓箱</td><td>（1）栓口出水方向宜向下或与设置消火栓的墙面成 90° 角，栓口不应安装在门轴侧；
（2）如设计未要求，栓口中心距地面应为 1.1m，且每栋建筑物应一致，允许偏差 ±20mm；
（3）阀门的设置位置应便于操作使用，阀门的中心距箱侧面为 140mm，距箱后内表面为 100mm，允许偏差 ±5mm；
（4）室内消火栓箱的安装应平正、牢固，暗装的消火栓箱不能破坏隔墙的耐火等级；
（5）消火栓箱体安装的垂直度允许偏差为 ±3mm；
（6）消火栓箱门的开启角度不应 < 160°；
（7）不论消火栓箱的安装形式如何（明装、暗装、半暗装），不能影响疏散宽度</td></tr>
</table>

【强化练习】

【单选题】

1.（**2017 年真题**）下列建筑或场所中，可不设置室内消火栓的是（　）。

A. 占地面积 500m² 的丙类仓库

B. 粮食仓库

C. 高层公共建筑

D. 建筑体积 5000m³，耐火等级三级的丁类厂房

【正确答案】：B

【解析】本题考查的是系统设置场所。可不设室内消火栓系统的建筑：

耐火等级为一、二级且可燃物较少的单、多层丁、戊类厂房（仓库）；

耐火等级为三、四级且建筑体积不大于 3000 立方米的丁类厂房；

耐火等级为三、四级且建筑体积不大于 5000 立方米的戊类厂房（仓库）。

粮食仓库、金库、远离城镇且无人值班的独立建筑；

存有与水接触能引起燃烧爆炸的物品的建筑物；

室内无生产、生活给水管道，室外消防用水取自储水池且建筑体积不大于 5000 立方米的其他建筑。故选 B 项。

第三节　系统维护管理

一、室外消火栓的维护管理

考　点	内　容
地下式室外消火栓的维护管理	地下式室外消火栓应**每季度进行一次检查保养**，其内容主要包括： （1）用专用扳手转动消火栓启动杆，观察其灵活性，必要时加注润滑油； （2）检查橡胶垫圈等密封件有无损坏、老化或丢失等情况； （3）检查栓体外表油漆有无脱落，有无锈蚀，如有应及时修补； （4）入冬前检查消火栓的防冻设施是否完好； （5）**重点部位消火栓，每年应逐一进行一次出水试验**，出水压力应满足要求。在检查中可使用压力表测试管网压力，或者连接水带进行射水试验，检查管网压力是否正常； （6）随时消除消火栓井周围及井内积存的杂物； （7）地下式室外消火栓应有明显标志，要保持室外消火栓配套器材和标志的完整有效
地上式室外消火栓的维护管理	（1）用专用扳手转动消火栓启动杆，检查其灵活性，必要时加注润滑油； （2）检查出水口闷盖是否密封，有无缺损； （3）检查栓体外表油漆有无剥落，有无锈蚀，如有应及时修补； （4）**每年开春后、入冬前对地上式室外消火栓逐一进行出水试验**，出水压力应满足要求。在检查中可使用压力表测试管网压力，或者连接水带进行射水试验，检查管网压力是否正常； （5）定期检查消火栓前端阀门井； （6）保持配套器材的完备有效，无遮挡

二、室内消火栓的维护管理

考　点	内　容
室内消火栓的维护管理	室内消火栓箱内应经常保持清洁、干燥，防止锈蚀、磁伤或其他损坏。**每半年至少进行一次全面的检查维修。**主要内容有： （1）检查消火栓和消防卷盘供水闸阀是否渗漏水，若渗漏水及时更换密封圈； （2）对消防水枪、消防水带、消防卷盘及其他配件进行检查，全部附件应齐全完好，卷盘转动灵活； （3）检查报警按钮、指示灯及控制线路，应功能正常、无故障； （4）消火栓箱及箱内装配的部件外观无破损，涂层无脱落，箱门玻璃完好无缺； （5）对消火栓、供水阀门及消防卷盘等所有转动部位应定期加注润滑油
供水管路的维护管理	室外阀门井中，进水管上的控制阀门应**每个季度检查一次**，核实其处于全开启状态。系统上所有的控制阀门均应采用铅封或锁链固定在开启或规定的状态。**每月应对铅封、锁链进行一次检查**，当有破坏或损坏时应及时修理更换。 （1）对管路进行外观检查，若有腐蚀、机械损伤等，应及时修复； （2）检查阀门是否漏水，若有漏水，应及时修复； （3）室内消火栓设备管路上的阀门为常开阀，平时不得关闭，应检查其开启状态； （4）检查管路的固定是否牢固，若有松动，应及时加固

【强化练习】

【单选题】

1.（**2016 年真题**）物业管理公司对自动喷水灭火系统进行维护管理，定期巡视检查测试，根据《自动喷水灭火系统施工及验收规范》GB 50261 的要求，下列检查项目中，属于每月检查项目的是（　）。

A. 消防水源供水能力的测试

B. 室外阀门井中进水管道控制阀的开启状态

C. 控制阀的铅封、锁链

D. 所有报警阀组的试水阀放水测试及其启动性能测试

【正确答案】C

【解析】每年应对消防水源的供水能力进行一次测定；室外阀门井中，进水管上的控制阀门应每个季度检查一次，核实其处于全开启状态；系统上所有的控制阀门均采用铅封或锁链固定在开启或规定的状态。每月应对铅封、锁链进行一次检查，当有破坏或损坏时应及时修理更换；每个季度应对系统所有的末端试水阀和报警阀的放水试验阀进行一次放水试验，检查系统启动、报警功能以及出水情况是否正常。

第四章 自动喷水灭火系统

第一节 系统分类与组成

一、系统分类与组成

<table>
<tr><th>考 点</th><th colspan="2">内 容</th></tr>
<tr><td rowspan="4">闭式系统</td><td>湿式系统</td><td>准工作状态时，配水管道内充满用于启动系统的有压水的闭式系统</td></tr>
<tr><td>干式系统</td><td>准工作状态时，配水管道内充满用于启动系统的有压气体的闭式系统</td></tr>
<tr><td>预作用系统</td><td>准工作状态时配水管道内不充水，发生火灾时由火灾自动报警系统、充气管道上的压力开关联锁控制预作用装置和启动消防水泵，向配水管道供水的闭式系统</td></tr>
<tr><td>防护冷却系统</td><td>由闭式洒水喷头、湿式报警阀组等组成，发生火灾时用于冷却防火卷帘、防火玻璃墙等防火分隔设施的闭式系统</td></tr>
<tr><td rowspan="2">开式系统</td><td>雨淋系统</td><td>由开式洒水喷头、雨淋报警阀组等组成，发生火灾时由火灾自动报警系统或传动管控制，自动开启雨淋报警阀组和启动消防水泵，用于灭火的开式系统</td></tr>
<tr><td>水幕系统</td><td>由开式洒水喷头或水幕喷头、雨淋报警阀组或感温雨淋报警阀等组成，用于防火分隔或防护冷却的开式系统。可分为防火分隔水幕和防火冷却水幕</td></tr>
</table>

【强化练习】

【单选题】

1.（**2017 年真题**）干式自动喷水灭火系统和预作用自动喷水灭火系统的配水管道上应设（ ）。

A. 压力开关　　B. 报警阀组

C. 快速排气阀　　D. 过滤器

【正确答案】C

【解析】干式自动喷水灭火系统和预作用自动喷水灭火系统的配水管道上应设置快速排气阀。

第二节　系统工作原理与适用范围

一、工作原理与适用范围

考　点		内　容
湿式系统	工作原理	火灾时温度上升，闭式喷头爆破喷水，阀后压力下降，湿式报警阀组打开，压力开关输出起泵信号，启动消防泵组，持续喷水灭火
	适用范围	适合在温度**不低于4℃且不高于70℃**的环境中使用。在温度低于4℃的场所使用湿式系统，存在系统管道和组件内**充水冰冻的危险**；在温度高于70℃的场所采用湿式系统，存在系统管道和组件内**充水蒸气压力升高而破坏管道的危险**
干式系统	工作原理	火灾时温度上升，闭式喷头爆破，加**速器动作排气，阀后压力下降，**干式报警阀组打开，压力开关输出起泵信号，启**动消防泵组，持续喷水灭火**
	适用范围	干式系统适用于环境温度**低于4℃或高于70℃的场所**
预作用系统	工作原理	发生火灾时，由火灾自动报警系统开启预作用报警阀，配水管道开始排气充水，使系统在闭式喷头动作前转换成湿式系统，当闭式喷头爆破后，消防水泵启动喷水
	适用范围	**替代干式系统、准工作状态时严禁管道充水、严禁系统误喷场所**
雨淋系统	工作原理	发生火灾时，由火灾自动报警系统或传动管自动控制开启雨淋报警阀和供水泵，**向系统管网供水，开式喷头喷水**
	适用范围	**主要适用于需大面积喷水以快速扑灭火灾的特别危险场所。**火灾的水平蔓延速度快，闭式喷头的开放不能及时使喷水有效覆盖着火区域，或室内净空高度超过一定高度且必须迅速扑救初起火灾，或火灾危险等级属于严重危险级Ⅱ级的场所，应采用雨淋系统
水幕系统	工作原理	发生火灾时，由**火灾自动报警系统联动开启雨淋报警阀组和供水泵，**向系统管网和喷头供水
	适用范围	防火分隔水幕系统利用密集喷洒形成的水墙或多层水帘，**可封堵防火分区处的孔洞，阻挡火灾和烟气的蔓延，因此适用于局部防火分隔处。**防护冷却水幕系统则利用喷水在物体表面形成的水膜，控制防火分区处分隔物的温度，使分隔物的完整性和隔热性免遭火灾破坏，因此适**用于对防火卷帘、防火玻璃墙等防火分隔设施的冷却保护**

【强化练习】

【单选题】

1.（**2017年真题**）发生火灾时，湿式喷水灭火系统中的湿式报警阀由（　）开启。

A. 火灾探测器　　B. 水流指示器

C. 闭式喷头　　D. 压力开关

【正确答案】C

【解析】湿式报警阀组由闭式喷头动作后开启，C正确；压力开关动作是启动消防水泵的，D错。火灾探测器是报警系统联动装置，并不能联动启动湿式报警阀，A错。水流指示器是报警组件，显示报警区域的，B错。

第三节 系统设计主要参数

一、火灾危险等级

考 点		内 容
轻危险级		住宅建筑、幼儿园、老年人建筑、**建筑高度≤ 24m 的旅馆**、办公楼，**仅在走道设置闭式系统的建筑**等
中危险级	Ⅰ级	（1）高层民用建筑：旅馆、办公楼、综合楼、邮政楼、金融电信楼、指挥调度楼、广播电视楼（塔）等； （2）公共建筑（含单、多、高层）：医院、疗养院，图书馆（书库除外）、档案馆、展览馆（厅），影剧院、音乐厅和礼堂（舞台除外）及其他娱乐场所，火车站、机场及码头的建筑，**总建筑面积＜ 5000m² 的商场、总建筑面积＜ 1000m² 的地下商场**等； （3）文化遗产建筑：**木结构古建筑、国家文物保护单位**等； （4）工业建筑：食品、家用电器、玻璃制品等工厂的备料与生产车间等，冷藏库、钢屋架等建筑构件
	Ⅱ级	（1）民用建筑：书库，舞台（葡萄架除外），汽车停车场，**总建筑面积为 5000m² 及以上的商场，总建筑面积为 1000m² 及以上的地下商场，净空高度不超过 8m、物品高度不超过 3.5m 的超级市场**等； （2）工业建筑：**棉毛麻丝及化纤的纺织、织物及其制品，木材木器及胶合板，谷物加工，烟草及其制品，饮用酒（啤酒除外），皮革及制品，造纸及纸制品，制药等工厂的备料与生产车间**等
严重危险级	Ⅰ级	印刷厂，酒精制品、可燃液体制品等工厂的备料与生产车间，**净空高度不超过 8m、物品高度超过 3.5m 的超级市场**等
	Ⅱ级	易燃液体喷雾操作区域，固体易燃物品、可燃的气溶胶制品、溶剂清洗、喷涂油漆、沥青制品等工厂的备料与生产车间，摄影棚、舞台、葡萄架下部等
仓库危险级	Ⅰ级	食品、烟酒，木箱、纸箱包装的不燃及难燃物品等
	Ⅱ级	木材、纸、**皮革**、谷物及制品、棉毛麻丝化纤及制品、家用电器、电缆、B 组塑料与**橡胶及其制品**、钢塑混合材料制品、各种塑料瓶盒包装的不燃、难燃物品及各类物品混杂储存的仓库等
	Ⅲ级	A 组塑料与橡胶及其制品；**沥青制品**等

二、民用建筑和工业厂房的系统设计基本参数

考 点	内 容				
	火灾危险等级		**最大净空高度 h/m**	**喷水强度 /[L/（min·m²）]**	**作用面积 /m²**
民用建筑和工业厂房采用湿式系统的设计基本参数	轻危险级		8	4	160
	中危险级	Ⅰ级		6	160
		Ⅱ级		8	
	严重危险级	Ⅰ级		12	260
		Ⅱ级		16	

三、民用建筑和厂房高大空间场所的系统设计基本参数

<table>
<tr><th>考　点</th><th colspan="6">内　容</th></tr>
<tr><td rowspan="9">民用建筑和厂房高大空间场所采用湿式系统的设计基本参数</td><td colspan="2">适用场所</td><td>最大净空高度，h/m</td><td>喷水强度/[L/（min·m²）]</td><td>作用面积/m²</td><td>喷头间距，S/m</td></tr>
<tr><td rowspan="4">民用建筑</td><td rowspan="2">中庭、体育馆、航站楼等</td><td>8＜h≤12</td><td>12</td><td rowspan="8">160</td><td rowspan="8">1.8≤S≤3</td></tr>
<tr><td>12＜h≤18</td><td>15</td></tr>
<tr><td rowspan="2">影剧院、音乐厅、会展中心等</td><td>8＜h≤12</td><td>15</td></tr>
<tr><td>12＜h≤18</td><td>20</td></tr>
<tr><td rowspan="2">厂房</td><td>制衣制鞋、玩具、木器、电子生产车间等</td><td rowspan="2">8＜h≤12</td><td>15</td></tr>
<tr><td>棉纺厂、麻纺厂、泡沫塑料生产车间等</td><td>20</td></tr>
</table>

四、水幕系统设计基本参数

<table>
<tr><th>考　点</th><th colspan="4">内　容</th></tr>
<tr><td rowspan="3">水幕系统设计基本参数</td><td>水幕类别</td><td>喷水点高度/m</td><td>喷水强度/[L/（s·m）]</td><td>喷头工作压力/MPa</td></tr>
<tr><td>防火分隔水幕</td><td>≤12</td><td>2</td><td rowspan="2">0.1</td></tr>
<tr><td>防护冷却水幕</td><td>≤4</td><td>0.5</td></tr>
</table>

五、防护冷却系统设计要求

<table>
<tr><th>考　点</th><th>内　容</th></tr>
<tr><td>防护冷却系统设计要求</td><td>（1）当采用防护冷却系统保护防火卷帘、防火玻璃墙等防火分隔设施时，系统应独立设置，喷头设置高度不应超过 8m；
（2）当设置高度为 4~8m 时，应采用快速响应洒水喷头；喷头设置高度不超过 4m 时，喷水强度不应＜ 0.5L/（s·m）；
（3）当超过 4m 时，每增加 1m，喷水强度应增加 0.1L/（s·m）；
（4）喷头的设置应确保喷洒到被保护对象后布水均匀，喷头间距应为 1.8~2.4m；持续喷水时间不应小于系统设置部位的耐火极限要求</td></tr>
</table>

【强化练习】

【单选题】

1.（**2015 年真题**）自动喷水灭火系统设置场所的危险等级应根据建筑规模、高度以及火灾危险性、火灾荷载和保护对象的特点等确定。下列建筑中，自动喷水灭火系

统设置场所的火灾危险等级为中危险级Ⅰ级的是（　）。

A. 建筑高度为 50m 的办公楼

B. 建筑高度为 23m 的四星级旅馆

C. 2000 个座位剧场的舞台

D. 总建筑面积 5600m² 的商场

【正确答案】A

【解析】根据《自动喷水灭火系统设计规范》GB 50084—2017，选项 A、B、C、D 的火灾危险等级分别为中危险级Ⅰ级、轻危险级、中危险级Ⅱ级与中危险级Ⅱ级。

第四节　系统主要组件及设置要求

一、洒水喷头的选型

考　点	内　容
喷头选型	（1）对于湿式自动喷水灭火系统，在吊顶下布置喷头时，应采用下垂型或吊顶型喷头；**顶板为水平面的轻危险级、中危险级Ⅰ级住宅建筑、宿舍、旅馆建筑客房、医疗建筑病房和办公室，可采用边墙型喷头**；易受碰撞的部位，应采用带保护罩的喷头或吊顶型喷头；在不设吊顶的场所内设置喷头，当配水支管布置在梁下时，应采用直立型喷头；顶板为水平面且无梁、通风管道等障碍物影响喷头洒水的场所，**可采用扩大覆盖面积洒水喷头**；住宅建筑和宿舍、公寓等非住宅类居住建筑宜采用家用喷头。**自动喷水防护冷却系统可采用边墙型洒水喷头**。 （2）对于干式系统和预作用系统，**应采用直立型喷头或干式下垂型喷头**。 （3）对于水幕系统，**防火分隔水幕应采用开式洒水喷头或水幕喷头，防护冷却水幕应采用水幕喷头**。 （4）对于公共娱乐场所，中庭环廊，医院、疗养院的病房及治疗区域，老年、少儿、残疾人集体活动场所，超出消防水泵接合器供水高度的楼层，地下商业场所，宜采用快速响应喷头。**当采用快速响应喷头时，系统应为湿式系统**。 （5）**不宜选用隐蔽式洒水喷头，确需采用时，应仅适用于轻危险级和中危险级Ⅰ级场所**
其他喷头布置要求	（1）货架内置洒水喷头宜与顶板下洒水喷头交错布置，其溅水盘与其下部储物顶面的垂直距离**不应 < 150mm**； （2）通透性吊顶场所洒水喷头的布置。装设网格、栅板类通透性吊顶的场所，当通透面积占吊顶总面积的**比例 > 70%** 时，喷头应设置在吊顶上方，且通透性吊顶开国部位的净宽度**不应 < 10mm**，开口部位的厚度不应大于开口的最小宽度

二、洒水喷头布置要求

<table>
<tr><th>考　点</th><th colspan="6">内　容</th></tr>
<tr><td rowspan="8">直立型、下垂型标准覆盖面积洒水喷头的布置</td><td colspan="6">直立型、下垂型标准覆盖面积洒水喷头的布置间距≥ 1.8m 且符合下列要求</td></tr>
<tr><td rowspan="2">火灾危险等级</td><td rowspan="2">正方形布置边长 /m</td><td rowspan="2">矩形或平行四边形布置长边 /m</td><td rowspan="2">一只喷头最大保护面积 /m^2</td><td colspan="2">喷头与端墙的距离 /m</td></tr>
<tr><td>最大</td><td>最小</td></tr>
<tr><td>轻危险级</td><td>4.4</td><td>4.5</td><td>20.0</td><td>2.2</td><td rowspan="4">0.1</td></tr>
<tr><td>中危险Ⅰ级</td><td>3.6</td><td>4.0</td><td>12.5</td><td>1.8</td></tr>
<tr><td>中危险Ⅱ级</td><td>3.4</td><td>3.6</td><td>11.5</td><td>1.7</td></tr>
<tr><td>严重危险级 / 仓库危险级</td><td>3.0</td><td>3.6</td><td>9.0</td><td>1.5</td></tr>
<tr><td colspan="6">注：严重危险级和仓库危险级宜采用 K > 80 的洒水喷头</td></tr>
<tr><td rowspan="7">直立型、下垂型扩大覆盖面积洒水喷头的布置</td><td colspan="6">直立型、下垂型扩大覆盖面积喷头采用正方形布置间距≥ 2.4m 且符合下表</td></tr>
<tr><td rowspan="2">火灾危险等级</td><td rowspan="2">正方形布置边长 /m</td><td rowspan="2" colspan="2">一只喷头最大保护面积 /m^2</td><td colspan="2">喷头与端墙的距离 /m</td></tr>
<tr><td>最大</td><td>最小</td></tr>
<tr><td>轻危险级</td><td>5.4</td><td colspan="2">29.0</td><td>2.7</td><td rowspan="4">0.1</td></tr>
<tr><td>中危险Ⅰ级</td><td>4.8</td><td colspan="2">23.0</td><td>2.4</td></tr>
<tr><td>中危险Ⅱ级</td><td>4.2</td><td colspan="2">17.5</td><td>2.1</td></tr>
<tr><td>严重危险级</td><td>3.6</td><td colspan="2">13.0</td><td>1.8</td></tr>
<tr><td rowspan="5">直立型、下垂型喷头溅水盘设置位置</td><td colspan="6">除吊顶型及吊顶下安装，直立型、下垂型溅水盘与顶板 75mm ～ 150mm，并符合下列要求</td></tr>
<tr><td>布置位置</td><td colspan="3">与顶板距离</td><td colspan="2">与障碍物距离</td></tr>
<tr><td>梁下布置</td><td colspan="3">≤ 300mm</td><td colspan="2">25 ～ 100mm</td></tr>
<tr><td>梁间布置</td><td colspan="3">≤ 550mm（不满足时，梁下增设喷头）</td><td colspan="2">/</td></tr>
<tr><td>密肋梁下布置</td><td colspan="3">/</td><td colspan="2">25 ～ 100mm</td></tr>
</table>

三、报警阀组

考　点	内　容
报警阀组的设置要求	（1）报警阀组宜设在安全且易于操作、检修的地点，**环境温度不低于 4℃且不高于 70℃，距地面高度宜为 1.2m**。设有报警阀组的部位应设置排水设施。水力警铃应设置在有人值班的地点附近或公共通道的外墙上，其与报警阀连接的管道直径应为 20mm，**总长度不宜 > 20m**；水力警铃的工作压力**不应 < 0.05MPa**； （2）一个报警阀组控制的喷头数，对于湿式系统、预作用系统**不宜超过 800 只**，对于干式系统**不宜超过 500 只**。串联接入湿式系统配水干管的其他自动喷水灭火系统，应分别设置独立的报警阀组，其控制的喷头数计入湿式阀组控制的喷头总数。每个报警阀组供水的最高和最低位置喷头的高程差**不宜 > 50m**； （3）雨淋报警阀组的电磁阀，在入口处应设置过滤器；并联设置雨淋报警阀组的雨淋系统，其雨淋报警阀控制腔的入口处应设置止回阀

四、水流指示器

考　点	内　容
水流指示器的设置要求	（1）**水流指示器的功能是及时报告发生火灾的部位**。在设置闭式自动喷水灭火系统的建筑内，除报警阀组控制的洒水喷头仅保护不超过防火分区面积的同层场所外，每个防火分区和每个楼层均应设置水流指示器。 （2）**仓库内顶板下洒水喷头与货架内置洒水喷头应分别设置水流指示器**。 （3）当在水流指示器入口前设置控制阀时，**应采用信号阀**

五、压力开关

考　点	内　容
压力开关的组成	压力开关是一种压力传感器，它是自动喷水灭火系统中的一个部件，**其作用是将系统的压力信号转化为电信号**。接压力开关的管道充水压力达到设定值时，压力开关受到水压的作用后接通电触点，输出信号，实现报警和启动消防水泵
压力开关的设置要求	（1）压力开关安装在系统管网或报警阀延迟器出口后的报警管道上。**自动喷水灭火系统应采用压力开关控制消防水泵和稳压泵，并能调节启、停稳压泵的压力**； （2）雨淋系统和防火分隔水幕系统的水流报警装置**应采用压力开关**

六、末端试水装置

考　点	内　容
末端试水装置的设置要求	每个报警阀组控制的最不利点喷头处应设置末端试水装置，其他防火分区和楼层均应设置**直径为 25mm 的试水阀**； （2）末端试水装置和试水阀应有标识，并设在便于操作的部位，距地面高度**宜为 1.5m**，且应配备有足够排水能力的排水设施； （3）末端试水装置试水接头出水口的流量系数应与同楼层或同防火分区内选用的最小流量系数的喷头相等。**末端试水装置的出水，应采用孔口出流的方式排入排水管道**

七、管道

考　点	内　容
管道的工作压力	自动喷水灭火系统配水管道的工作压力**不应 > 1.2MPa**。其他用水设施不应设置在自动喷水灭火系统的配水管道上。轻危险级、中危险级场所中各配水管入口的压力均**不宜 > 0.4MPa**

【强化练习】

【多选题】

1.（**2016 年真题**）某建筑高度为 25m 的办公建筑，地上部分全部为办公，地下 2 层为汽车库，建筑内部全部设置自动喷水灭火系统，下列关于该自动喷水灭火系统的做法中，正确的有（　）。

A. 办公楼层采用玻璃球色标为红色的喷头　　B. 办公楼采用边墙型喷头

C. 汽车库内一只喷头的最大保护面积为 11.5m^2　　D. 汽车库采用直立型喷头

E. 办公楼层内一只喷头的最大保护面积为 20.0m^2

【正确答案】ACD

【解析】（1）因办公楼常年环境温度处于 25 ～ 35℃，闭式系统的喷头公称动作温度宜比环境最高温度高 30℃，应选择红色的喷头，其对应公称动作温度为 68℃，故选项 A 正确。

（2）当配水直管在梁下时，应采用直立型喷头。选项 B 未明确顶板的形式，故错误；选项 D 正确。（3）在净空高不大于 8m，且危险级为中危险级Ⅰ级和Ⅱ级时，自动喷水灭火系统的喷水强度分别为 6L/（min • m^2）和 8L/（min • m^2），相对应的一只喷头的最大保护面积分别为 12.5m^2 和 11.5m^2。故 C 选项正确，E 选项错误。

第五节　系统控制

一、系统自动控制方式

<table>
<tr><th>考　点</th><th>内　容</th></tr>
<tr><td>湿式系统</td><td rowspan="2">消防水泵出水干管压力开关、高位水箱流量开关和报警阀组压力开关直接自动启动</td></tr>
<tr><td>干式系统</td></tr>
<tr><td>预作用系统</td><td>火灾自动报警系统、消防水泵出水干管压力开关、高位水箱流量开关和报警阀组压力开关直接自动启动消防水泵</td></tr>
<tr><td>雨淋系统</td><td rowspan="2">电动启动：由火灾自动报警系统、消防水泵出水干管压力开关、高位水箱流量开关和报警阀组压力开关直接自动启动消防水泵；
传动管启动：消防水泵出水干管压力开关、高位水箱流量开关和报警阀组压力开关直接启动</td></tr>
<tr><td>自动控制水幕系统</td></tr>
<tr><td rowspan="4">其他组件启动方式</td><td>（1）雨淋报警阀：电动、液（水）动或气动启动、手动</td></tr>
<tr><td>（2）预作用系统、雨淋系统：自动控制、消防控制室（盘）远程控制、应急操作</td></tr>
<tr><td>（3）预作用装置：
①仅有火灾自报系统直接控制（单连锁）：
用于准工作状态时严禁误喷的场所。
②火灾自报和充气管道压力开关控制（双连锁）：
用于准工作状态时严禁管道充水的场所；
用于替代干式系统的场所</td></tr>
<tr><td>（4）快速排气阀入口前的电动阀与消防水泵同时开启</td></tr>
</table>

【强化练习】

【单选题】

1.（**2018 年真题**）某剧场舞台设有雨淋系统，雨淋报警阀采用充水传动管控制，该雨淋系统消防水泵的下列控制方案中，错误的是（ ）。

A. 由火灾自动报警系统报警信号直接启动消防喷淋泵

B. 由报警阀组压力开关信号直接联锁启动消防喷淋泵

C. 由高位水箱出水管上设置的流量开关直接自动启动消防喷淋泵

D. 由消防水泵出水干管上设置的压力开关直接自动启动消防喷淋泵

【正确答案】A

【解析】雨淋系统和自动控制的水幕系统，当采用火灾自动报警系统控制雨淋报警阀时，应由火灾自动报警系统、消防水泵出水干管上设置的压力开关、高位消防水箱出水管上的流量开关和报警阀组压力开关直接启动消防水泵；当采用充液（水）传动管控制雨淋报警阀时，应由消防水泵出水干管上设置的压力开关、高位消防水箱出水管上的流量开关和报警阀组压力开关直接启动消防水泵。雨淋系统配水管道充水时间不宜大于 2min。

第六节　系统组件（设备）安装前检查

一、安装前检查

考　点	内　容	
喷头安装前检查	**检查内容**	**检查要求**
	外观标志检查	（1）喷头具有型号规格、响应时间指数（RTI）等永久性标识； （2）边墙型有水流方向标识，隐蔽式盖板有**“不可涂覆”**文字标识
	密封性能试验	（1）*P*（试验）=3.0MPa，保压时间≥ 3min； （2）从每批抽取 1% 且≥ 5 只。当 1 只喷头不合格→再抽取 2% 且≥ 10 只； （3）累计≥ 2 只以上喷头不合格→不得使用该批
	质量偏差	（1）随机抽取 3 个喷头（摘下运输护帽）进行质量偏差检查； （2）使用天平（精度≥ 0.1g）且偏差≤ 5%
报警阀组安装前检查	**检查内容**	**检查要求**
	外观检查	阀体上有水流指示方向永久性标识
	结构检查	（1）放水口 *d* ≥ 20mm； （2）干式报警阀组、雨淋报警阀组设有自动排水阀
	渗漏试验	*P*（试验）=2*P* 工作，保压时间≥ 5min，阀瓣无渗漏
其他组件安装前检查	**检查内容**	**检查要求**
	功能检查	（1）水流指示器： ①灵敏度：*P*（试验）=0.14 ~ 1.2MPa； *q*（流量）≤ 15.0L/min 不报警；*q*（流量）=15.0 ~ 37.5L/min 可报警可不报警；*q*（流量）≥ 37.5L/min 必报警； ②有延迟功能→延迟时间 2 ~ 90s
		（2）压力开关：检查其常开或者常闭触点通断情况，动作可靠、准确
		（3）末端试水装置密封性能：*P*（试验）=1.1*P* 工作，保压时间为 5min，无渗漏

【强化练习】

【单选题】

1.（**2017 年真题**）某消防工程施工单位对自动喷水灭火系统闭式喷头进行密封性能试验，下列试验压力和保压时间的做法中，正确的是（　）。

A. 试验压力 2.0MPa，保压时间 5min

B. 试验压力 3.0MPa，保压时间 1min

C. 试验压力 3.0MPa，保压时间 3min

D. 试验压力 2.0MPa，保压时间 2min

【正确答案】C

【解析】密封性能试验的试验压力为 3.0MPa，保压时间不少于 3min。

第七节　系统组件安装调试与检测验收

一、喷头安装要求

考　点	内　容
喷头安装要求	（1）不应拆装、改动，严禁附加装饰性涂层； （2）应使用专用扳手，严禁利用喷头的框架施拧； （3）喷头安装必须在系统试压、冲洗合格后进行； （4）当喷头的公称直径 d < 10mm 时，应在配水管（配水干管）安装过滤器； （5）当梁、通风管道、排管、桥架**宽度** > 1.2m 时，增设喷头安装在其腹面以下 早期抑制快速响应（ESFR）喷头溅水盘与顶板的距离： 下垂式 150 ～ 360mm； 直立式 100 ～ 150mm； （6）顶板处实体障碍物宽 ≤ 0.6m，障碍物两侧都安装喷头，且到该障碍物的水平距离 ≤ 1/2 喷头间距； （7）对顶板处非实体的建筑构件，喷头与构件 ≥ 0.3m； （8）直立式早期抑制快速响应（ESFR）喷头下的腹部通透的屋面托架或桁架 / 建筑构件 / 管道线槽宽度或**直径** ≤ 10cm 可不计

二、报警阀组安装要求

<table>
<tr><th>考　点</th><th colspan="2">内　容</th></tr>
<tr><td rowspan="2">共性要求</td><td>报警阀组</td><td>（1）顺序：水源控制阀→报警阀→报警阀辅助管道；
（2）高度 1.2m，两侧与墙 ≥ 0.5m，正面与墙 ≥ 1.2m，凸出部位之间 ≥ 0.5m；
（3）干式报警阀组安装在不发生冰冻的场所</td></tr>
<tr><td>附件</td><td>（1）水力警铃连接采用热镀锌钢管直径 d=20mm，管长度 L ≤ 20m；
（2）警铃声强 ≥ 70dB</td></tr>
<tr><td>湿式报警阀组</td><td colspan="2">过滤器应安装在报警管路延迟器前且便于排渣</td></tr>
</table>

续表

考 点	内 容
干式报警阀组	（1）安装完成后，气室注入 50 ～ 100mm 清水； （2）充气管路接口应在气室充注水位以上部位，且连接管直径≥ 15mm 并安装止回阀、截止阀； （3）安全排气阀安装在气源与报警阀组之间且靠近报警阀组； （4）低气压报警装置应安装在配水干管一侧
雨淋报警阀组	（1）开启方式：**电动、传动管（液动、气动）、手动开启**； （2）压力表应安装在雨淋阀的水源一侧
预作用装置	（1）环境温度≥ 4℃； （2）预作用装置安装完毕→锁定防复位装置→系统处于伺应状态

三、管网安装要求

<table>
<tr><th>考 点</th><th colspan="2">内 容</th></tr>
<tr><td rowspan="11">管网可采用钢管、不锈钢管、铜管、涂覆管道、氯化聚氯乙烯（PVC-C）</td><td>材质 / 连接方式</td><td>内 容</td></tr>
<tr><td>氯化聚氯乙烯（PVC-C）管材</td><td>与 PVC-C 采用承插式黏接连接</td></tr>
<tr><td rowspan="2">沟槽连接</td><td>埋地螺栓、螺帽采用防腐处理；
水泵房内埋地管道连接采用挠性接头</td></tr>
<tr><td>立管与水平管采用沟槽式管件且不应机械三通</td></tr>
<tr><td>法兰连接</td><td>焊接法兰 / 螺纹法兰；
焊接法兰焊接处应做防腐处理，重新镀锌再连接</td></tr>
<tr><td>管道支架安装</td><td>（1）与喷头距离≥ 300mm；与末端喷头距离≤ 750mm；
（2）配水支管上每一直管段、相邻两喷头吊架均≥ 1 个，吊架的间距≤ 3.6m；
（3）公称直径 d ≥ 50mm 时，每段≥ 1 个，且间距≤ 15m →改向增设；
（4）竖直安装时在始、终端设固定管卡，管卡距地 1.5 ～ 1.8m</td></tr>
<tr><td>穿过墙体或楼板</td><td>（1）套管顶部高出装饰地面穿楼板 20mm；
（2）穿卫生间厨房时高出楼板 50mm</td></tr>
<tr><td>配水管红色或红色环圈标志</td><td>红环标志宽度≥ 20mm，间隔≤ 4m，一个独立单元≥ 2 处</td></tr>
<tr><td>涂覆钢管</td><td>不得现场焊接；
与铜管、PVC-C 管连接采用专用过渡接头</td></tr>
<tr><td>不锈钢管</td><td>与其他材料连接防止电化学腐蚀</td></tr>
</table>

四、水流报警装置要求

考点	内容	
	项目	要求
其他组件安装要求	水流指示器	（1）安装应在管道试压和冲洗合格后进行； （2）竖直安装时动作方向与水流**方向一致**； （3）信号阀应安装水流指示器前，**间距** $d \geq$ 300mm
	压力开关	竖直安装在通往水力警铃管道上
	压力开关、信号阀、水流指示器引出线	防水套管锁定
	排气阀	（1）安装应在系统管网试压和冲洗合格后进行； （2）应安装在**配水干管顶部、配水管的末端**，且应确保无渗漏
	减压阀	（1）安装应在供水管网试压、冲洗合格后进行； （2）进水侧安装过滤器，并宜在其前后安装控制阀； （3）可调式减压阀宜水平安装，阀盖应向上； （4）比例式减压阀宜垂直安装；当水平安装时，**单呼吸孔减压阀其孔口应向下，双呼吸孔减压阀其孔口应呈水平位置**
	倒流防止器	（1）应在管道冲洗合格以后进行； （2）不应在进口前安装过滤器或者使用带过滤器的倒流防止器； （3）**倒流防止器上的泄水阀不宜反向安装，泄水阀应采取间接排水方式**； （4）倒流防止器两端应分别安装闸阀，而且**至少有一端应安装挠性接头**

五、系统的冲洗、试压

考点	内容		
	项目		要求
系统的冲洗、试压	试压前提条件		（1）试压压力表≥2只，精度≥1.5级，量程为试验压力值的1.5～2.0倍； （2）对不能参与附件隔离或拆除→加设临时盲板
	水压试验	试验条件	（1）环境温度宜≥5℃，**且<5℃时**，采取防冻措施； （2）水压强度试验压力 P（设）≤1.0MPa，P（试验）=1.5P（设），且≥1.4MPa； P（设）>1.0MPa时，P（试验）=P（设）+0.4MPa （3）水压严密性试验压力=设计工作压力
		强度试验	（1）测试点→管网最低点； （2）空气排净→缓慢升压→达到试验压力→稳压30min→管网无泄漏、无变形，且压降≤0.05MPa
		严密性试验	（1）水压强度试验→管网冲洗→水压严密性试验； （2）**稳压24h**，应无泄漏
	气压严密性	试验要求	P（试验）=0.28MPa→稳压24h→压降≤0.01MPa

续表

<table>
<tr><th>考 点</th><th colspan="3">内 容</th></tr>
<tr><td rowspan="2">系统的冲洗、试压</td><td rowspan="2">管网冲洗</td><td>准备</td><td>（1）＞ *DN*100 时，敲打死角和底部；
（2）冲洗流速、流量≥系统设计值；水平管网冲洗→排水管位置低于配水支管；
（3）冲洗方向与灭火水流方向一致；
（4）管出水口与入口处水样基本一致时，可结束；
（5）宜设临时专用排水管的截面面积≥被冲洗管道 60%；
（6）冲洗结束后，必要时用压缩空气吹干</td></tr>
<tr><td>要求</td><td>（1）管网冲洗在试压合格后，宜分区、分段进行；
（2）冲洗顺序：先室外→后室内→先地下→后地上；
（3）室内管网冲洗顺序：配水干管→配水管→配水支管</td></tr>
</table>

六、系统调试

<table>
<tr><th>考 点</th><th colspan="3">内 容</th></tr>
<tr><td rowspan="6">自动喷水灭火系统调试</td><td>项 目</td><td colspan="2">调试要求</td></tr>
<tr><td rowspan="2">报警阀调试</td><td>湿式报警阀</td><td>末端试水装置放水→湿式报警阀进水压力＞ 0.14MPa、放水流量＞ 1L/s →报警阀启动→水力警铃报警（带延迟器 5 ～ 90s/ 不带延迟器 15s 内）</td></tr>
<tr><td>雨淋报警阀</td><td>公称直径≤ 200mm 时，15s 内启动；
公称直径＞ 200mm 时，60s 内启动；
报警水压为 0.05MPa，水力警铃报警</td></tr>
<tr><td rowspan="3">联动调试</td><td>湿式系统</td><td>启动一只喷头或以末端试水装置放水（0.94 ～ 1.5L/s），水流指示器、报警阀、压力开关、水力警铃和消防水泵等及时动作并发出相应信号</td></tr>
<tr><td>干式系统</td><td>启动一只喷头 / 模拟一只喷头的排量排气，报警阀、压力开关、水力警铃和消防水泵等及时动作并有相应的组件信号反馈</td></tr>
<tr><td>预作用 / 雨淋 / 水幕系统</td><td>（1）电动启动：模拟火灾信号，自动报警控制器→声光报警信号，并启动自喷系统；
（2）传动管启动：启动 1 只喷头，雨淋阀打开，压力开关动作，水泵启动</td></tr>
<tr><td>自动喷水灭火系统竣工验收</td><td>管网验收</td><td colspan="2">（1）管道横向安装宜设 2‰～ 5‰坡度，坡向排水管；
（2）干式系统、由火自报系统和充气管道压力开关开启预作用装置的预作用系统（双连锁），充水时间宜≤ 1min；雨淋系统和仅由火自报系统联动开启预作用装置的预作用系统（单连锁），充水时间宜≤ 2min</td></tr>
</table>

续表

考　点		内　容
自动喷水灭火系统竣工验收	喷头验收	（1）喷头安装间距，喷头与楼板、墙、梁等障碍物的距离应符合设计要求。抽查设计喷头**数量** 5%，总数≥ 20 个，距离偏差 ±15mm，合格率≥ 95% 时为合格。 （2）备品数量≥安装喷头总数的 1%，且每种≥ 10 个
	报警阀组验收	（1）水力警铃压力≥ 0.05MPa；距水力警铃 3m 远声强≥ 70dB。 （2）带 / 不带延迟器 90s/15s 内压力开关动作。雨淋报警阀动作后 15s 内压力开关动作。 （3）湿式末端放水试验→自放水开始至水泵启动时间≤ 5min
	消防水泵验收	（1）主电源时，消防水泵应启动正常；关掉主电源，主、备电源应能正常切换。备用电源切换时，消防水泵应在 1min 或 2min 内投入正常运行。自动或手动启动消防泵时应在 55s 内投入正常运行。 （2）停泵时，水锤消除设施后的压力≤水泵出口额定压力的 1.3 ～ 1.5 倍。 （3）置于自动启动挡，消防水泵应互为备用
	系统合格标准	A=0，**且** B ≤ 2，**且** B+C ≤ 6。其中：A 为严重缺陷项，B 为重缺陷项，C 为轻缺陷项

【强化练习】

【单选题】

1.（**2018 年真题**）根据现行国家标准《自动喷水灭火系统施工及验收规范》（GB 50261）对自动喷水灭火系统报警阀组进行调试，下列调试结果中，不符合现行国家标准要求的是（　）。

A. 湿式报警阀进水口水压为 0.15MPa、放水流量为 1.1L/s 时，报警阀组及时启动

B. 雨淋报警阀动作后，压力开关在 25s 时发出动作信号

C. 湿式报警阀启动后，不带延迟器的水力警铃在 14s 时发出报警铃声

D. 湿式报警阀启动后，带延迟器的水力警铃在 85s 时发出报警铃声

【正确答案】B

【解析】报警阀调试应符合下列要求：（1）湿式报警阀组调试时，从试水装置处放水，当湿式报警阀进水压力＞ 0.14MPa、放水流量＞ 1L/s 时，报警阀应启动，带延迟器的水力警铃应在 5 ～ 90s 内发出报警铃声，不带延迟器的水力警铃应在 15s 内发出报警铃声，压力开关应及时动作，并反馈信号。故 ACD 正确。雨淋报警阀动作后 15s 内压力开关动作，故 B 错误。

第八节　维护管理

一、自动喷水灭火系统维护管理与常见故障分析

考　点	内　容	
自动喷水灭火系统维护管理	周期	维护管理要求
	日检	（1）电源； （2）水源控制阀、报警阀组的外观； （3）设置消防储水设备的房间，寒冷季节保持室温≥5℃
	月检	（1）消防泵应每月启动运转1次，自动控制启动时，每月**模拟自动控制条件启动运转**一次； （2）**电磁阀**启动试验； （3）**铅封锁链**状态，带锁定的阀类，要求锁定装置位置正确、阀门开全启且开关后无泄漏； （4）消防水池、消防水箱及消防气压给水设备应**每月检查1次**，并应检查其消防储备水位及消防气压给水设备的气体压力。同时，应采取措施保证消防用水不作他用； （5）消防水泵接合器的接口及附件完好情况； （6）利用末端试水装置对**水流指示器**进行试验； （7）**喷头外观及备用数量**
	季检	（1）对系统所有的末端试水阀和报警阀旁的放水试验阀进行1次放水试验； （2）室外阀门井中，进水管上的控制阀门处于全开启状
	年检	（1）对水源的供水能力进行1次测定； （2）对消防储水设备进行检查，修补缺损和重新油漆； （3）对消防水泵流量检测，进行启动、放水试验； （4）对**水泵接合器进行通水加压**试验（同月检作对比）； （5）系统联动试验
	注：钢板消防水箱和消防气压给水设备的玻璃水位计，两端的角阀在不进行水位观察时**应关闭**	

考　点	故　障		原因分析
自动喷水灭火系统常见故障分析	湿式报警阀	阀组漏水	（1）排水阀门**未完全关闭**； （2）阀瓣密封垫老化或者损坏； （3）系统侧管道接口渗漏； （4）报警管路测试控制阀渗漏； （5）阀瓣组件与阀座之间因变形或者污垢、杂物阻挡**出现不密封状态**
		阀启动后报警管路不排水	（1）报警管路控制阀**关闭**； （2）限流装置过滤网**被堵塞**
		报警管路误报警	（1）未按照安装图样安装或者未按照调试要求进行调试； （2）报警阀组渗漏通过报警管路流出； （3）延迟器下部孔板溢出水孔堵塞，发生报警或者缩短延迟时间

续表

<table>
<tr><th>考 点</th><th colspan="3">内 容</th></tr>
<tr><td rowspan="7">**自动喷水灭火系统常见故障分析**</td><td rowspan="2">预作用装置</td><td>报警阀漏水</td><td>（1）排水控制阀门**未关紧**；
（2）阀瓣密封垫**老化或者损坏**；
（3）复位杆**未复位或者损坏**</td></tr>
<tr><td>压力表读数不在正常范围</td><td>（1）预作用装置前的供水控制阀**未打开**；
（2）压力表管路**堵塞**；
（3）报警阀体**漏水**；
（4）压力表管路控制阀**未打开或者开启不完全**</td></tr>
<tr><td rowspan="2">雨淋报警阀组</td><td>自动滴水阀漏水</td><td>（1）产品存在质量问题；
（2）安装调试或者平时定期试验、实施灭火后，**没有将系统侧管内的余水排尽**；
（3）雨淋报警阀隔膜球面中线密封处因施工遗留的杂物、水中杂质等导致球状密封面**不能完全密封**</td></tr>
<tr><td>长期无故报警</td><td>（1）未按照安装图样进行安装调试；
（2）误将试验管路控制阀打开</td></tr>
<tr><td colspan="2">水力警铃工作不正常（不响、响度不够、不能持续报警）</td><td>（1）产品质量问题或者安装调试不符合要求；
（2）控制口阻塞或者铃锤机构被卡住</td></tr>
<tr><td colspan="2">开启测试阀，消防水泵不能正常启动</td><td>（1）压力开关设定值不正确；
（2）消防联动控制设备控制模块损坏；
（3）水泵控制柜、联动控制设备的控制模式未设定在“自动”状态</td></tr>
<tr><td colspan="2">水流指示器故障</td><td>（1）桨片被管腔内杂物卡阻；
（2）调整螺母与触头未调试到位；
（3）电路接线脱落</td></tr>
</table>

【强化练习】

【多选题】

1. 根据现行国家标准《自动喷水灭火系统施工及验收规范》（GB 50261），关于自动喷水灭火系统应每月检查维护项目的说法，正确的有（　）。

A. 每月利用末端试水装置对水流指示器进行试验

B. 每月对消防水泵的供电电源进行检查

C. 每月对喷头进行一次外观及备用数量检查

D. 每月对消防水池、消防水箱的水位及消防气压给水设备的气体压力进行检查

E. 寒冷季节，每月检查设置储水设备的房间，保持室温不低于 -5℃，任何部位不得结冰

【正确答案】ACD

【解析】每年应对水源的供水能力进行一次测定，每日应对电源进行检查，因此 B 项错误。

寒冷季节，消防储水设备的任何部位均不得结冰。每天应检查设置储水设备的房间，保持室温不低于 5℃，因此 E 错误。本题选 ACD。

第五章　水喷雾灭火系统

第一节　灭火机理与分类

一、水喷雾灭火系统灭火机理与分类

考　点	内　容		
水喷雾灭火系统灭火机理与分类	灭火机理	**表面冷却、窒息、乳化、稀释**	
	系统分类	按启动方式分类	电动启动
			传动管启动
		按应用方式分类	固定式
			自动喷水 - 水喷雾混合配置系统
			泡沫 - 水喷雾联用系统

【强化练习】

【单选题】

1.（**2017 年真题**）水喷雾的主要灭火机理不包括（　）。

A. 窒息　　　　B. 乳化

C. 稀释　　　　D. 阻断链式反应

【正确答案】D

【解析】水喷雾的灭火机理：**表面冷却、窒息、乳化和稀释**。

第二节　工作原理与适用范围

一、工作原理与适用范围

考　点	内　容
工作原理	1. **电动启动**（和雨淋系统原理相同）： 火灾探测器→火灾报警控制器→消防联动控制器→打开雨淋阀→启动水泵
	2. 传动管启动： 传动管上的闭式喷头动作→产生压差→打开雨淋阀→启动水泵。 （1）传动管宜采用钢管，传动管长度宜≤ 300m；公称直径宜为 15 ～ 25mm；传动管上闭式喷头的间距宜≤ 2.5m； （2）气动传动管：当采用压缩空气传动管时，应采取防止冷凝水积存的措施； （3）液动传动管：电气火灾不应采用液动传动管；严寒与寒冷地区，不应采用液动传动管

续表

<table>
<tr><th>考　点</th><th colspan="2">内　容</th></tr>
<tr><td rowspan="3">水喷雾灭火系统适用范围</td><td>防护目的</td><td>适用范围</td></tr>
<tr><td>灭火</td><td>（1）固体火灾；
（2）丙类液体和饮料酒火灾（燃油锅炉、发电机油箱、丙类液体输油管道）；
（3）电气火灾（油浸式电力变压器、电缆隧道、电缆沟、电缆井、电缆夹层）</td></tr>
<tr><td>防护冷却</td><td>（1）可燃气体、甲、乙、丙类液体的生产、储存、装卸、使用设施和装置；
（2）火灾危险性大的化工装置及管道（加热器、反应器、蒸馏塔等）</td></tr>
<tr><td rowspan="2">不适用范围</td><td colspan="2">1. 不适宜用水扑救的物质
（1）过氧化物：过氧化钾、过氧化钠等（遇水发生分解反应、产生氧气）；
（2）遇水燃烧物质：金属钾、金属钠、碳化钙（电石）等（产生可燃气体）</td></tr>
<tr><td colspan="2">2. 使用水雾会造成爆炸或破坏的场所
（1）高温密闭的容器内或空间内（水雾汽化压力升高造成物理性爆炸）；
（2）表面温度经常处于高温状态的可燃液体（使液体飞溅导致火灾蔓延）</td></tr>
</table>

【强化练习】

【单选题】

1.（**2016 年真题**）下列火灾中，不适合采用水喷雾进行灭火的是（　）。

A. 樟脑油火灾

B. 人造板火灾

C. 电缆火灾

D. 豆油火灾

【正确答案】A

【解析】以灭火为目的的水喷雾灭火系统主要适用于以下范围：

1. 固体火灾：水喷雾灭火系统适用于扑救固体物质火灾。

2. 可燃液体火灾：水喷雾灭火系统可用于扑救丙类液体火灾和饮料酒火灾，如燃油锅炉、发电机油箱、丙类液体输油管道火灾等。

3. 电气火灾：水喷雾灭火系统的离心雾化喷头喷出的水雾具有良好的电绝缘性，因此可用于扑救油浸式电力变压器、电缆隧道、电缆沟、电缆井、电缆夹层等处发生的电气火灾。

樟脑油火灾属于乙类液体火灾，水喷雾灭火系统只能对其起到冷却作用；因此本题选择 A。

第三节　设计参数

一、水喷雾灭火系统设计参数

考　点	内　容
水雾喷头工作压力	（1）灭火目的≥ 0.35MPa； （2）用于防护冷却≥ 0.2MPa，但用于甲 $_B$、乙、丙类液体储罐≥ 0.15MPa
系统的响应时间	（1）所有灭火目的≤ 60s； （2）液化石油气罐瓶间、瓶库的防护冷却≤ 60s； （3）甲 $_B$、乙、丙类液体储罐的防护冷却≤ 300s； （4）其他设施的防护冷却≤ 120s （补充：响应时间≤ 120s 的系统应设置雨淋报警阀组；响应时间＞ 120s 时可根据保护对象选择雨淋报警阀、电动阀或气动阀）
系统的保护面积	（1）输送机皮带的保护面积应按上行皮带的上表面面积确定；长距离的皮带宜分段保护，每段长度宜≥ 100m； （2）冷却甲 $_B$、乙、丙类液体储罐时：着火罐的保护面积按罐壁外表面面积计算，相邻罐≥罐壁外表面面积的 1/2

【强化练习】

【单选题】

1.（**2015 年真题**）高层办公楼的柴油发电机房设置了水喷雾灭火系统。该系统水雾喷头的灭火工作压力不应＜（　）MPa。

A. 0.05　　B. 0.10　　C. 0.2　　D. 0.35

【正确答案】D

【解析】根据《水喷雾灭火系统技术规范》GB 50219—2014，水雾喷头的工作压力，当用于灭火时不应小于 0.35MPa；当用于防护冷却时不应小于 0.2MPa，但对于甲 $_B$、乙、丙类液体储罐不应小于 0.15MPa。

第四节　系统组件及设置要求

一、水雾喷头

考　点	内　容	
分类	按结构分类	离心雾化型水雾喷头（**高速水雾喷头**）
		撞击型水雾喷头（**中速水雾喷头**）
选型	（1）扑救电气火灾，应选用离心雾化型喷头； （2）室内粉尘场所设置的水雾喷头应带防尘帽，室外宜带防尘帽； （3）离心雾化型水雾喷头应带柱状过滤网	
布置方式	矩形	$S \leq 1.4R$（S 为水雾喷头之间的距离，R 为水雾锥底圆半径，m）
	菱形	$S \leq 1.7R$

续表

考　点	内　容	
布置要求	保护油浸式电力变压器	喷头水平距离与垂直距离应满足水雾锥相交的要求。
	保护储罐、球罐	（1）保护可燃气体和甲、乙、丙类液体储罐时，水雾喷头与保护储罐外壁之间的距离≤ 0.7m； （2）保护球罐时，喷头的喷口应面向球心水雾锥沿纬线方向应相交，沿经线方向应相接当球罐的容积≥ 1000m³ 时，赤道以上环管之间的距离应≤ 3.6m
	保护电缆	水雾完全包围电缆
	保护输送机皮带	水雾完全包络着火输送机的机头、机尾和上行皮带上表面

【强化练习】

【单选题】

1.（**2016 年真题**）下列关于水喷雾灭火系统水雾喷头选型和设置要求的说法中，错误的是（　）。

A. 扑救电气火灾应选用离心雾化型水雾喷头

B. 室内散发粉尘的场所设置的水雾喷头应带防尘帽

C. 保护可燃气体储罐时，水雾喷头距离保护储罐外壁不应＞ 0.7m

D. 保护油浸式变压器时，水雾喷头之间的水平距离与垂直距离不应＞ 1.2m

【正确答案】D

【解析】水雾喷头之间的水平距离与垂直距离应满足水雾锥相交的要求。本题 D 选项中 1.2m 无要求。故选择 D 选项。

第五节　系统组件（设备）安装前检查

一、水喷雾灭火系统进场检验抽查数量

考　点	内　容
阀门的强度和严密性试验	（1）阀门的强度和严密性试验 ①应采用清水进行； ②强度试验压力应为公称压力的 1.5 倍； ③严密性试验压力应为公称压力的 1.1 倍
	（2）数量检查：**抽查 10%，且≥ 1 个**；主管道上的隔断阀门应全部试验
管材及管件的规格尺寸、壁厚	**抽查 20%，且≥ 1 件**
其余项目	全数检查

【强化练习】

【单选题】

1.（**2015 年真题**）某国家重点工程的地下变电站装有 3 台大型油浸变压器，设置了水喷雾灭火系统。系统安装初调完毕后进行实喷试验时，所有离心雾化喷头始终只能喷出水珠，均不能成雾水珠，均不能成雾。现场用仪器测得水雾喷头入口处压力为0.36MPa，并拆下全部离心雾化型喷头与设计图纸、喷头样本和产品相关检测资料核对无异常。可能造成这种现象的原因是（　）。

A. 水泵额定流量偏小　　　　B. 管网压力偏低

C. 喷头存在质量问题　　　　D. 管网压力偏高

【正确答案】 C

【解析】 用于灭火的水雾喷头，其工作压力应为 0.35 ～ 0.8MPa，用于防护冷却的水雾喷头，其工作压力应为 0.2 ～ 0.6MPa，而现场用仪器测得水雾喷头入口处压力为 0.36MPa，并拆下全部离心雾化型喷头与设计图纸、喷头样本和产品相关检测资料核对无异常，可见供水压力正常，所以 ABD 均不正确，造成这种现象的原因可能是喷头存在质量问题。

第六节　系统安装调试与检测验收

一、水喷雾灭火系统安装调试与检测验收

<table>
<tr><th>项　目</th><th colspan="3">内　容</th></tr>
<tr><td>安装顺序</td><td colspan="3">管道安装完毕→供水管网试压、冲洗→安装雨淋报警阀组、减压阀、喷头</td></tr>
<tr><td>系统安装</td><td colspan="3">主要组件与自动喷水灭火系统类似
（雨淋报警阀组：供水管网试压、冲洗合格后进行，先安装水源控制阀、雨淋报警阀，再进行雨淋报警阀辅助管道的连接，水流方向应一致）</td></tr>
<tr><td rowspan="3">喷头安装</td><td>安装方式</td><td>允许偏差</td><td>检查数量</td></tr>
<tr><td>顶部安装</td><td>室外：坐标 20mm，标高 ±20mm
室内：坐标 10mm，标高 ±10mm</td><td rowspan="2">按安装总数的 10% 抽查，且不得少于 4 只</td></tr>
<tr><td>侧向安装</td><td>距离偏差 20mm</td></tr>
<tr><td>水压试验</td><td colspan="3">（1）宜采用清水进行，环境温度不宜低于 5℃，否则应采取防冻措施；
（2）P（试）=1.5P（设）；
（3）测试点宜设在网的最低点，对不能参与试压的部件，应隔离或拆除；
（4）管道充满水，排净空气→升压至试验压力→稳压 10min →管道无损坏、变形→降至设计压力→稳压 30min →以压力不降、无渗漏，为合格</td></tr>
<tr><td>冲洗</td><td colspan="3">宜用最大设计流量，流速≥ 1.5m/s，排出水色和透明度与入口水一致为合格</td></tr>
<tr><td>系统调试</td><td colspan="3">（1）雨淋报警阀组的调试详见自喷。
（2）水喷雾系统的联动试验（系统的响应时间、工作压力和流量调试）：
①当为手动控制时，以手动方式进行 1 ～ 2 次试验；
②当为自动控制时，以自动和手动方式各进行 1 ～ 2 次试验，并用压力表、流量计、秒表计量</td></tr>
<tr><td>验收</td><td colspan="3">喷头验收：（1）抽查 5%，总数≥ 20 个，合格率≥ 95% 时为合格；
（2）备用量≥安装总数的 1%，且每种≥ 5 只</td></tr>
</table>

【强化练习】

【单选题】

1.（**2018 年真题**）根据现行国家标准《水喷雾灭火系统技术规范》（GB 50219），关于水喷雾灭火系统管道水压试验的说法，正确的是（　）。

A. 水压试验时应采取防冻措施的最高环境温度为 4℃

B. 不能参与试压的设备，应加以隔离或拆除

C. 试验的测试点宜设在系统管网的最高点

D. 水压试验的试验压力应为设计压力的 1.2 倍

【正确答案】B

【解析】根据《水喷雾灭火系统技术规范》，管道安装完毕应进行水压试验，并应符合下列规定：（1）试验宜采用清水进行，试验时，环境温度不宜低于 5℃，当环境温度低于 5℃时，应采取防冻措施；（2）试验压力应为设计压力的 1.5 倍；（3）试验的测试点宜设在系统管网的最低点，对不能参与试压的设备，应加以隔离或拆除。故 B 项表述正确。

第七节　维护管理

一、水喷雾灭火系统维护管理

考点	**内　容**	
	周期	维护管理要求
水喷雾灭火系统维护管理	日检	（1）水源控制阀、**雨淋报警阀**进行外观检查； （2）寒冷季节，检查消防储水设施**是否有结冰**现象
	周检	**应对消防水泵和备用动力进行一次启动试验**
	月检	（1）电磁阀启动试验； （2）手动控制阀门的铅封、锁链（固定在开启或规定的状态）； （3）水池（罐）、水箱及气压给水设备水位及气压给水设备的气体压力； （4）保证消防用水不作他用的技术措施； （5）消防水泵接合器的接口及附件； （6）喷头（有异物及时清除）
	季检	（1）**进行一次放水试验**，检查系统启动、报警功能、出水情况； （2）室外阀门井中进水管上的控制阀门（处于全开启状态）
	年检	（1）水源的供水能力； （2）消防储水设备（修补缺损和重新油漆）

【强化练习】

【单选题】

1.（**2018 年真题**）某酒店设置有水喷雾灭火系统，检查中发现雨淋报警阀组自动滴水阀漏水，下列原因分析中，与该漏水现象无关的是（　）。

A. 系统侧管道中的余水未排净　　B. 雨淋报警阀密封橡胶件老化

C. 雨淋报警阀组快速复位阀关闭　　D. 雨淋报警阀阀瓣密封处有杂物

【正确答案】C

【解析】自动滴水阀漏水的故障原因分析：（1）安装调试或者平时定期试验、实施灭火后，没有将系统侧管道内的余水排尽；（2）雨淋报警阀隔膜球面中线密封处因施工遗留的杂物、不干净消防用水中的杂质等导致球状密封面不能完全密封。

第六章　细水雾灭火系统

第一节　灭火机理与分类

一、系统灭火机理

表面冷却、窒息、辐射热阻隔、浸湿

二、系统分类

考　点	内　容	
按系统工作压力分	低压系统	系统工作压力≤ 1.21MPa 的细水雾灭火系统
	中压系统	系统工作压力＞ 1.21MPa 且＜ 3.45MPa 细水雾灭火系统
	高压系统	系统工作压力≥ 3.45MPa 细水雾灭火系统
按系统应用方式分	全淹没系统	向整个防护区内喷放细水雾，保护其内部所有防护对象
	局部应用系统	直接向防护对象喷放细水雾，用于保护防护区内某具体防护对象
按所使用的细水雾喷头形式分	开式系统	采用开式细水雾喷头
	闭式系统	采用闭式细水雾喷头（**不应采用瓶组系统**）
按雾化介质类型分	单流体系统	使用单个管道向每个喷头供给灭火介质
	双流体系统	水和雾化介质分管供给**并在喷头处混合**
按供水方式分	泵组式系统	采用泵组作为供水方式，适用于高、中和低压系统
	瓶组式系统	采用储水容器储水、储气容器加压供水，适用于中、高压系统（只应用于开式）
	瓶组与泵组结合式系统	适用于**高、中和低压系统**

【强化练习】

【单选题】

1.（**2017 年真题**）细水雾灭火系统按照供水方式分类，可分为泵组式系统、瓶组与泵组结合式系统和（　）。

A. 低压系统　　　　B. 瓶组式系统

C. 中压系统　　　　D. 高压系统

【正确答案】B

【解析】细水雾灭火系统按供水方式分类分为泵组式系统、瓶组式系统和瓶组与泵组结合式系统。

第二节　工作原理与适用范围

一、细水雾灭火系统工作原理与适用范围

考　点	内　容	
开式细水雾灭火系统	系统组成	开式细水雾灭火系统包括全淹没应用方式和局部应用方式，是**采用开式细水雾喷头**，由配套的火灾自动报警系统自动联锁或远程控制、手动控制启动后，控制一组喷头同时喷水的自动细水雾灭火系统
	工作原理	采用自动控制方式时，火灾发生后，报警控制器收到**两个独立的火灾报警信号**，自动启动系统控制阀组和消防水泵并向系统管网供水，水雾喷头喷出细水雾实施灭火
闭式细水雾灭火系统	系统组成	根据使用场所的不同，闭式细水雾灭火系统又可以分为**湿式系统**、**干式系统**和**预作用系统**三种形式。闭式细水雾灭火系统适用于采用非密集柜存储的图书库、资料库和档案库等保护对象
	工作原理	除喷头不同外，闭式细水雾灭火系统的工作原理与闭式自动喷水灭火系统相同
系统适用范围	可燃固体表面火灾（A 类）	**纸张、木材、纺织品和塑料泡沫、橡胶**等
	可燃液体火灾（B 类）	**正庚烷**或**汽油**等低闪点可燃液体和**润滑油**、**液压油**等**中**、**高闪点**可燃液体（包括甲、乙、丙）
	电气火灾（E 类）	电缆、控制柜等电子、电气设备火灾和变压器火灾
不适用范围	遇水能发生剧烈反应或产生大量有害物质的活泼金属火灾	
	可燃气体火灾	
	可燃固体深位火灾	

【强化练习】

【单选题】

1.（**2015 年真题**）基于细水雾灭火系统的灭火机理，下列场所中，细水雾灭火系统不适用于扑救的是（　）。

A. 电缆夹层　　B. 柴油发电机　　C. 锅炉房　　D. 电石仓库

【正确答案】D

【解析】细水雾灭火系统不能直接用于能与水发生剧烈反应或产生大量有害物质的活泼金属及其化合物火灾，电石（碳化钙）与水作用产生可燃性气体乙炔，并放出大量的热，这些热量可能引燃乙炔，并发生爆炸。

第三节　系统设计参数

一、细水雾灭火系统设计参数

<table>
<tr><th>考　点</th><th colspan="4">内　容</th></tr>
<tr><td rowspan="3">开式系统</td><td colspan="2">应用场所</td><td>设计参数</td><td>工作压力</td></tr>
<tr><td>全淹没</td><td>液压站、配电室、电缆隧道、电缆夹层、电子信息系统机房、文物库以及密集柜存储的图书库、资料库和档案库</td><td>（1）防护区数量≤ 3 个；
（2）单个防护区的容积，泵组系统宜≤ 3000m³，瓶组系统宜≤ 260 m³；
（3）同一防护区各瓶组必须能同时启动，其动作响应时差≤ 2s</td><td rowspan="4">喷头最低设计工作压力≥ 1.20MPa</td></tr>
<tr><td>局部应用</td><td>油浸变压器室、涡轮机房、柴油发电机房、润滑油站和燃油锅炉房、厨房内烹饪设备及其排烟罩和排烟管道部位</td><td>保护对象周围的气流速度宜≤ 3m/s</td></tr>
<tr><td>闭式系统</td><td colspan="2">非密集柜储存的图书库、资料库和档案库</td><td>作用面积宜≥ 140m²，每套泵组所带喷头数量≤ 100 只</td></tr>
<tr><td>泵组、瓶组式系统</td><td colspan="3">（1）系统宜选用泵组系统，闭式系统不应采用瓶组系统；
（2）对于瓶组系统，系统的设计持续喷雾时间可按其实体火灾模拟试验灭火时间的 2 倍确定，且宜≥ 10min</td></tr>
</table>

【强化练习】

【单选题】

1.（**2018 年真题**）某文物库采用细水雾灭火系统进行保护，系统选型为全淹没应用方式的开式系统，该系统最不利点喷头最低工作压力应为（　）。

A. 0.1MPa　　B. 1.0MPa　　C. 1.2MPa　　D. 1.6MPa

【正确答案】C

【解析】细水雾灭火系统的基本设计参数应根据细水雾灭火系统的特性和防护区的具体情况确定。喷头的最低设计工作压力不应小于 1.20MPa。

第四节　组件（设备）安装前检查

一、细水雾灭火系统系统组件（设备）安装前检查

考　点	内　容
组件名称 喷头	（1）检查内容：螺纹密封面； （2）检查方法：分别按不同型号规格**抽查** 1%，且≥ 5 只或< 5 只时，全数检查
管材管件	（1）检查内容：规格、尺寸和壁厚及允许偏差； （2）检查方法：**抽查** 20%，且不得少于 1 件

第五节　安装调试与检测验收

一、供水设施安装

考　点	内　容	
供水设施安装	泵组	（1）安装要求：控制柜与基座应采用直径≥ 12mm 的螺栓固定，每个控制柜**不应少于 4 只螺栓**；控制柜基座的水平度偏差**不应** > ±2mm/m，并采取防腐处理及防水措施；做控制柜的上下进出线口时，不应破坏控制柜的防护等级。 （2）检查方法：采用尺量检查和观察检查，高压泵组应启泵检查
	储水箱	（1）安装要求：应安装在便于检查、测试和维护维修的位置。应避免暴露于恶劣气象条件，以及化学的、物理的或是其他形式的损坏条件下。 （2）检查方法：采用尺量检查和观察检查
	储水瓶组与储气瓶组	（1）安装要求：应按设计要求确定瓶组的安装位置。瓶组容器上的压力表应朝向操作面，**安装高度和方向应保持一致**。 （2）检查方法：采用尺量检查和观察检查

二、管道安装

考　点	内　容
管道安装	（1）管道之间或管道与管接头之间的焊接应采用对口焊接。系统管道焊接时，应使用氩弧焊工艺，并应使用性能相容的焊条。 （2）同排管道法兰的间距**不宜**< 100mm，以方便拆装为原则。 （3）对管道采取导**除静电**的措施。 （4）在管道穿过墙体、楼板处应使用套管；穿过墙体的套管长度不应小于该墙体的厚度，过楼板的套管长度应高出楼板地面 50mm

三、系统主要组件安装

考 点	内 容
喷头	（1）不带装饰罩的喷头，螺纹不应露出吊顶；带装饰罩的喷头应紧贴吊顶； （2）带有外置式过滤网的喷头，其过滤网不应伸入支干管内； （3）喷头与管道的连接宜采用端面密封或 **O 形圈**密封，不应采用聚四氟乙烯、麻丝、黏结剂等作为密封材料
控制阀组	分区控制阀安装高度宜为 1.2 ～ 1.6m，操作面与墙、设备距离≥ 0.8m
其他组件	（1）在管网压力可能超越系统或系统组件最大额定工作压力的情况下，应在适当的位置安装压力调节阀。阀门应在系统压力达到 **95%** 系统组件最大额定工作压力时开启。 （2）在压力调节阀的两侧、供水设备的压力侧、自动控水阀门的压力侧应安装压力表。压力表的测量范围应为 **1.5 ～ 2 倍**的系统工作压力。 （3）当供给细水雾灭火系统的压缩气体压力大于系统的设计工作压力时，应安装压缩气体泄压调压阀门。阀门的设定值由制造商设定，且应有防止误操作的措施和正确操作的永久标识

四、系统冲洗、试压、吹扫

考 点	内 容
管网冲洗	冲洗流速≥设计流速；用白布检查无杂质为合格
水压试验	（1）水质：与冲洗水一致； （2）*P*（试）=1.5*P*（设）［*P*（设）为系统工作压力］； （3）测试点：管网的最低点（不能参与的部件应隔离或试验后安装）； （4）方法：管道充满水、排净空气→缓慢升压至试验压力→**稳压** 5min：管道无损坏、变形→再降至设计压力→稳压 120min →压力不降、无渗漏、目测管道无变形为合格
管网吹扫	（1）宜采用压缩空气或氮气，吹扫压力≤管道的设计压力，**流速**≥ 20m/s； （2）在管道末端设置贴有白布或涂白漆的靶板，5min 内靶板上无锈渣、灰尘、水渍及其他杂物，为合格

五、系统调试

考 点	内 容
泵组	（1）以自动或手动方式启动→立即投入运行； （2）以备用电源切换方式或备用泵切换启动→立即投入运行； （3）采用柴油泵作为备用泵时，柴油泵的启动时间≤ 5s
稳压泵	模拟设计启动条件，立即启动；达到系统设计压力时自动停止
分区控制阀	开式系统：采用自动和手动方式启动分区控制阀，水通过泄放试验阀排出； 闭式系统：在试水阀处放水或手动关闭分区控制阀

【强化练习】

【单选题】

1.（**2016 年真题**）细水雾灭火系统喷头的安装，应在管道安装完毕，试压、吹扫合格后进行，喷头与管道连接处的密封材料宜采用（ ）。

A. 聚四氯乙烯　　B. 麻丝

C. O 形密封圈　　D. 黏合剂

【正确答案】 C

【解析】 细水雾灭火系统喷头的安装，应在管道试压、吹扫合格后进行，喷头和管道连接宜采用端面密封或 O 形圈密封，不应采用聚四氟乙烯、麻丝、黏结剂等作为密封材料。

第七章　气体灭火系统

第一节　系统灭火机理

一、系统灭火机理

考　点	内　容	
系统灭火机理	系统名称	灭火机理
	七氟丙烷灭火系统	**窒息、冷却、分解吸热**
	IG541 混合气体灭火系统	**窒息**
	高压二氧化碳灭火系统	主要是**窒息，冷却**（气液两相共存，属于物理灭火方式）
	低压二氧化碳灭火系统	主要是**窒息，冷却**（液态，属于物理灭火方式）

第二节　系统分类和组成

分　类	内　容	
按系统的结构特点分类	无管网（预制）灭火系统	该系统预先设计、组装成套且具有联动控制功能，该系统又分为柜式和悬挂式两种类型，其适应于较小的、无特殊要求的防护区
	管网灭火系统	组合分配系统：用一套气体灭火剂储存装置通过管网的选择分配，保护两个或两个以上防护区的灭火系统。要使用**选择阀且和防护区一一对应**
		单元独立系统：**用一套灭火剂储存装置**保护一个防护区的灭火系统
按应用方式分类	全淹没灭火系统	喷头均匀布置在防护区的顶部，充满整个防护区
	局部应用灭火系统	向保护对象直接喷射，在保护对象周围形成局部高浓度
按灭火剂类型	**二氧化碳灭火系统、七氟丙烷灭火系统、惰性气体灭火系统**	
按加压方式分类	**自压式灭火系统、内储压灭火系统、外储压灭火系统**	

【强化练习】

【单选题】

1.(**2018 年真题**)下列气体灭火系统分类中，按系统的结构特点进行分类的是(　)。

A. 二氧化碳灭火系统、七氟丙烷灭火系统、惰性气体灭火系统和气溶胶灭火系统

B. 管网灭火系统和预制灭火系统

C. 全淹没灭火系统和局部应用灭火系统

D. 自压式气体灭火系统、内储压式气体灭火系统和外储压式气体灭火系统

【正确答案】B

【解析】气体灭火系统按结构特点分为无管网、管网的灭火系统。选项 A 是按使用的灭火剂分类，选项 C 是按应用方式分类，选项 D 是按加压方式分类。

第三节　系统工作原理与控制方式

一、系统控制方式

考　点	内　容
自动控制	(1)同一区域内两只独立探测器报警信号、一只探测器与一只手动火灾报警按钮报警信号或防护区外紧急启动信号，探测器组合**宜用感烟和感温探测器**； (2)控制器在接收到首个触发信号后，应启动该区内火灾声光警报器；**在接收到第二个联动触发信号后，应发出联动控制信号**，此信号应为同一防护区域内与首次报警的探测器或报警按钮相邻的感温探测器、火焰探测器或手报按钮的信号； (3)联动控制信号应包括下列内容： 关闭区域送(排)风机及送(排)风阀门；停止通风和空气调节系统及关闭该区域电动防火阀；联动控制区域开口封闭装置启动；启动灭火装置、控制器、可**设定≤ 30s 延迟喷射时间**； (4)无人工作区，可无延迟的喷射，接收首个信号后执行联动控制； (5)防护区出口外上方应设表示气体喷洒火灾声光警报器； 注：防护区出口外上方应设置表示气体喷洒的火灾声光警报器，指示气体释放声信号应与该对象中设的火灾声警报器声信号有明显区别。 启动灭火装置应启动设在区入口处表示气体喷洒火灾声光警报器；组合分配系统应首先开启相应区域选择阀，再启动灭火装置；组合分配系统启动时，选择阀应在容器阀开启前或同时打开。 注：**二氧化碳局部应用灭火系统用于经常有人保护场所可不设自动控制**
手动控制	防护区疏散出口的门外应设灭火装置手动启、停按钮；气体灭火控制器上应设对应于不同防护区的手动启、停按钮： (1)手动启动按钮按下时，灭火控制器应执行联动操作； (2)手动停止按钮按下时，控制器应停止正在执行的联动操作。 注：**二氧化碳低压系统制冷装置的供电应采用消防电源，制冷装置应自动控制、手动操作**

续表

考　点	内　容
控制转换	防护区域内设有手动与自动控制转换装置的系统，其手动或自动控制方式的工作状态应在防护区内、外的显示装置上显示
机械应急启动	现场工作人员确认火灾探测器报警信号后，也可通过机械应急操作开关开启选择阀和瓶头阀喷放灭火剂实施灭火
紧急启动/停止	（1）职守人员发现火情而气体灭火控制器未发出声光报警信号时，应立即通知现场所有人员撤离，**在确定所有人员撤离现场后，按下紧急启动/停止按钮，系统实施灭火操作**； （2）气体灭火控制器发出声光报警信号并正处于延时阶段，如发现误报火警时可立即按下紧急启动/停止按钮，系统将停止实施灭火操作，避免不必要损失

第四节　系统适用范围

一、系统适用范围

考　点	内　容
二氧化碳灭火系统	1. 用于扑救 （1）灭火前可切断气源气体火灾；（2）液体火灾或**石蜡、沥青**等可熔化固体火灾；（3）固体表面火灾及棉毛、织物、纸张等部分固体深位火灾；（4）**电气火灾**
	2. 不得用于扑救 （1）硝化纤维、火药等含氧化剂化学制品火灾；（2）**钾、钠、镁、钛、锆**等活泼金属火灾；（3）**氰化钾、氰化钠**等金属氢化物火灾；（4）**二氧化碳全淹没灭火系统不应用于经常有人停留的场所**
七氟丙烷 IG541 灭火系统	1. 用于扑救 （1）**电气**火灾；（2）**液体**火灾；（3）**固体表面**火灾；（4）灭火前可切断气源气体火灾
	2. 不适用于扑救 （1）**硝化纤维、硝酸钠等氧化剂或含氧化剂化学制品**火灾；（2）**钾、镁、钠、钛、锆、铀**等活泼金属火灾；（3）**氰化钾、氢化钠**等金属氢化物火灾；（4）**过氧化氢、联胺**等能自行分解的化学物质火灾；（5）**可燃固体物质**深位火灾

【强化练习】

【单选题】

1.（**2018 年真题**）下列火灾中，可以采用 IG541 混合气体灭火剂扑救的是（　）。

A. 硝化纤维、硝酸钠火灾　　B. 精密仪器火灾

C. 钾、钠、镁火灾　　D. 联胺火灾

【正确答案】 B

【解析】 1.IG541 混合气体灭火系统适用扑救：电气火灾、固体表面火灾、液体火灾、灭火前能切断气源的气体火灾。

2.IG541 混合气体灭火系统不适用扑救：（1）硝化纤维、硝酸钠等氧化剂或含氧化

剂的化学制品火灾；（2）钾，镁、钠、钛、锆、铀等活泼金属火灾；（3）氰化钾、氰化钠等金属氢化物火灾；（4）过氧化氢、联胺等能自行分解的化学物质火灾；（5）可燃固体物质的深位火灾。

第五节　系统设计参数

一、设计要求

<table>
<tr><th>考　点</th><th colspan="2">内　容</th></tr>
<tr><td>防护区划分</td><td colspan="2">（1）管网灭火系统时，一个防护区面积宜≤ 800m^2，且容积宜≤ 3600m^3；
（2）预制灭火系统时，一个防护区面积宜≤ 500m^2，且容积宜≤ 1600m^3</td></tr>
<tr><td>耐火性能</td><td colspan="2">防护区围护结构及门窗耐火极限均宜≥ 0.50h；吊顶耐火极限宜≥ 0.25h</td></tr>
<tr><td>耐压性能</td><td colspan="2">防护区围护结构承受内压的允许压强，宜≥ 1200Pa</td></tr>
<tr><td>泄压能力</td><td colspan="2">（1）全封闭防护区应设泄压口，七氟丙烷灭火系统泄压口应位于防护区净高 2/3。以上。防护区设置的泄压口，宜设外墙上。
（2）设有防爆泄压设施或门窗缝隙未设密封条防护区可不设泄压口</td></tr>
<tr><td>封闭性能</td><td colspan="2">防护区围护构件上不宜设敞开孔洞。必须设敞开孔洞时，应设手动和自动关闭装置。喷放灭火剂前，应自动关闭防护区内除泄压口外的开口</td></tr>
<tr><td>环境温度</td><td colspan="2">防护区最低环境温度≥ -10℃</td></tr>
<tr><td>安全要求</td><td colspan="2">（1）防护区应有保证人员在 30s 内疏散完毕通道或出口。
（2）门向疏散方向开启，并能自行关闭；用于疏散的门必须能从防护区内打开。
（3）灭火后防护区应通风换气，地下防护区和无窗或固定窗扇地上防护区，应设机械排风装置，排风口宜设防护区下部并直通室外。通信机房、电子计算机房等场所的通风换气次数≥ 5 次 /h。
（4）爆炸危险和变电、配电场所的管网，以及设在以上场所的金属箱体等，应设防静电接地</td></tr>
<tr><td rowspan="3">二氧化碳灭火系统</td><td>全淹没系统</td><td>（1）二氧化碳设计浓度≥灭火浓度的 1.7 倍，并不得＜ 34%。
（2）泄压口宜设在外墙上，其高度＞防护区净高 2/3。当防护区设有防爆泄压孔时，可不单独设泄压口。
（3）全淹没灭火系统二氧化碳的喷放时间≤ 1min。扑救固体深位火灾时，喷放时间≤ 7min，并应在前 2min 内使二氧化碳浓度达到 30%。
（4）气（液）体、电气和固体表面火灾，喷放二氧化碳前不能自动关闭开口，其面积小于等于防护区总内表面积 3%，且开口不应设在底面。
（5）固体深位火灾，除泄压口以外开口，在喷放二氧化碳前应自动关闭。
（6）防护区用通风机和通风管道中的防火阀，在喷放二氧化碳前应自动关闭</td></tr>
<tr><td>局部应用系统</td><td>（1）系统设计可采用面积法或体积法。保护对象着火部位是比较平直表面时，宜采用面积法；着火对象为不规则物体时，应采用体积法。
（2）二氧化碳喷射时间≥ 0.5min。对于燃点温度＜沸点温度液体和可熔化固体火灾，二氧化碳喷射时间≥ 1.5min。
（3）保护对象周围空气流动速度宜≤ 3m/s。
（4）当保护对象为可燃液体时，液面至容器缘口的距离≥ 150mm。
（5）启动释放二氧化碳之前或同时，必须切断可燃、助燃气体的气源</td></tr>
<tr><td>组合分配系统</td><td>（1）组合分配系统二氧化碳储存量≥所需储存量最大的一个防护区域或保护对象储存量；
（2）组合分配系统保护≥ 5 个防护区或保护对象时，或在 48h 内不能恢复时，二氧化碳有备用量，备用量≥系统设计储存量</td></tr>
</table>

续表

考 点	内 容
七氟丙烷灭火系统	（1）灭火设计浓度≥灭火浓度 1.3 倍，惰化设计浓度≥惰化浓度 1.1 倍； （2）通讯机房和电子计算机房等防护区，设计喷放时间≤ 8s；其他防护区，设计喷放时间≤ 10s
IG541 混合气体灭火系统	（1）灭火设计浓度≥灭火浓度的 1.3 倍，惰化设计浓度≥灭火浓度的 1.1 倍； （2）灭火剂喷放至设计用量 95% 时，48s ≤喷放时间≤ 60s
七氟丙烷、IG541 混合气体灭火系统一般规定	（1）两个或两个以上防护区用组合分配系统时，一个组合分配系统所保护的防护区≤ 8 个；组合分配系统灭火剂储量，应按储存量最大防护区确定； （2）灭火系统的储存装置 72h 内不能重新充装恢复工作的，应按系统原储存量的 100% 设置备用量；灭火系统的设计温度，应采用 20℃； （3）一个防护区设的预制灭火系统，其装置数量宜≤ 10 台； （4）同一防护区内预制灭火系统装置 > 1 台，必须能同时启动，动作响应时差≤ 2s； （5）同一集流管上的储存容器，其规格、充压压力和充装量应相同； （6）管网上不应采用四通管件进行分流

二、气体灭火浸渍时间

考 点	内 容
七氟丙烷灭火系统	（1）木材、纸张、织物等固体表面火灾，宜采用 20min； （2）通讯机房、电子计算机房内的电气设备火灾，应采用 5min； （3）其他固体表面火灾，宜采用 10min； （4）气体和液体火灾，≥ 1min
IG541 混合气体灭火系统	（1）木材、纸张、织物等固体表面火灾，宜采用 20min； （2）通讯机房、电子计算机房内的电气设备火灾，宜采用 10min； （3）其他固体表面火灾，宜采用 10min

【强化练习】

【单选题】

1.（**2018 年真题**）某电子计算机房，拟采用气体灭火系统保护。下列气体灭火系统中，设计灭火浓度最低的是（ ）。

A. 氮气灭火系统　　B. IG541 灭火系统

C. 二氧化碳灭火系统　　D. 七氟丙烷灭火系统

【正确答案】D

【解析】根据《气体灭火系统设计规范》GB 50370—2005，通讯机房和电子计算机房等防护区，七氟丙烷灭火设计浓度宜采用 8%。IG541 混合气体灭火系统的灭火设计浓度不应小于灭火浓度的 1.3 倍。固体表面火灾的灭火浓度为 28.1%。氮气的灭火机理与 IG541 类似。

二氧化碳设计浓度不应小于灭火浓度的 1.7 倍，并不得低于 34%。故本题选择 D。

第六节　系统组件及设置要求

一、二氧化碳灭火系统组件及设置要求

考　点	内　容
高压系统	储存容器的工作压力≥ 15MPa，储存装置的环境温度应为 0 ~ 49℃
低压系统	（1）储存容器的设计压力≥ 2.5MPa，容器阀应能在喷出要求的二氧化碳量后自动关闭；储存装置环境温度宜为 -23 ~ 49℃； （2）储存装置高压报警压力设定值为 2.2MPa，低压报警压力设定值为 1.8MPa； （3）储存装置应设称重检漏装置，当**二氧化碳损失量达到 10%** 时，应及时补充
选择阀	（1）选择阀工作压力：高压系统≥ 12MPa，低压系统≥ 2.5MPa； （2）系统启动时，选择阀应在容器阀动作之前或同时打开
管道	（1）采用螺纹连接、法兰连接或焊接。公称直径≤ 80mm 的管道，宜采用螺纹连接；公称直径＞ 80mm 的管道，宜法兰连接； （2）二氧化碳灭火剂输送管网**不应**采用四通管件分流
正常排风量	不具备自然通风条件的储存容器间，应设机械排风装置，排风口距地面高度宜≤ 0.5m，排出口应直接通向室外，**正常排风量宜**≥ 4 次 /h，**事故排风量应**≥ 8 次 /h

二、七氟丙烷、IG541 气体灭火系统组件及设置要求

考　点	内　容
储存装置	（1）储存容器与其他组件公称工作压力≥最高环境温度下所承受工作压力； （2）在储存容器或容器阀上，应设安全泄压装置和压力表。组合分配系统的集流管，应设安全泄压装置
喷头	喷放后灭火剂在防护区内均匀分布。保护对象为可燃液体时，喷头射流方向**不应**朝向**液体表面**
管道	公称直径≤ 80mm 时，宜螺纹连接；＞ 80mm 时，宜法兰连接

【强化练习】

【多选题】

1.（**2018 年真题**）下列关于气体灭火系统操作和控制的说法中，正确的有（　）。

A. 组合分配系统启动时，选择阀应该在容器阀开启后打开

B. 采用气体灭火系统的防护区应选用灵敏度级别高的火灾探测器

C. 自动控制装置应在接到任一火灾信号后联动启动

D. 预制灭火系统应设置自动控制和手动控制两种启动方式

E. 气体灭火系统的操作与控制应包括对防火阀、通风机械、开口封闭装置的联动操作与控制

【正确答案】BDE

【解析】选项A错误，选择阀应在容器阀开启之前或同时打开；选项C错误，自动控制装置应在接到两个独立的火灾信号后才能启动。

第七节　组件（设备）安装前检查

一、气体灭火系统组件（设备）安装前检查

考　点	内　容	
系统组件检查	外观	（1）同一规格的**灭火剂**储存容器，其高度差宜≤ 20mm； （2）同一规格的**驱动气体**储存容器，其高度差宜≤ 10mm
	阀驱动装置	储存容器内气体压力≥设计压力，**且不得超过设计压力的 5%**

第八节　安装调试与检测验收

一、气体灭火系统组件安装

考　点	内　容
灭火剂储存装置安装	（1）泄压装置泄压方向**不应朝向操作面**； （2）低压二氧化碳系统的安全阀要通过**专用的泄压管接到室外**
选择阀及信号反馈装置	（1）选择阀操作手柄安装在操作面一侧，**高度＞ 1.7m** 时，采用便于操作措施； （2）用螺纹连接的选择阀，与管网连接处宜采用**活接**； （3）选择阀流向指示箭头应指向**介质流动方向**
阀驱动装置安装	1. 气动驱动装置的管道 （1）**竖直管道**在其始端和终端应设**防晃支架或用管卡**固定； （2）**水平管道**用管卡固定。**管卡的间距宜**≤ 0.6m。转弯处应增设 **1 个管卡**
	2. 气动驱动装置的管道安装后应做气压严密性试验
灭火剂输送管道	1. 管道支、吊架的安装规定 （1）管道**末端**采用防晃支架固定，支架与末端喷嘴间的**距离**≤ 500mm； （2）**公称直径**≥ **50mm 的主干管道**，垂直方向和水平方向**各安装 1 个**防晃支架。当管道穿过建筑物楼层时，**每层设 1 个**防晃支架。当**水平管道改变方向**时，增设防晃支架
	2. 灭火剂输送管道安装完毕后，要进行强度试验和气压严密性试验
控制组件安装	（1）设在防护区处手动、自动转换开关要安装在防护区入口便于操作的部位，安装高度为中心点距地（楼）面 1.5m； （2）手动启动、停止按钮安装在防护区入口便于操作的部位，安装高度为中心点距地（楼）面 1.5m； （3）气体喷放指示灯宜安装在防护区入口的正上方

二、系统调试要求

<table>
<tr><th>考 点</th><th colspan="2">内 容</th></tr>
<tr><td rowspan="2">模拟启动试验</td><td>手动模拟启动试验</td><td>（1）按手动按钮，观察动作信号及联动设备动作是否正常；
（2）观察相关防护区门外气体喷放指示灯是否正常</td></tr>
<tr><td>自动模拟启动试验</td><td>（1）灭火控制器启动输出端与灭火系统相应防护区驱动装置连接。驱动装置与阀门的动作机构脱离；也可用 1 个启动电压、电流与驱动装置的启动电压、电流相同的负载代替。
（2）人工模拟火警使防火区任意 1 个火灾探测器动作。观察单一火警信号输出后，相关报警设备动作是否正常。
（3）人工模拟火警使该防护区内另一火灾探测器动作，观察复合火警信号输出后，相关动作信号及联动设备动作是否正常</td></tr>
<tr><td rowspan="2">模拟喷气试验</td><td colspan="2">（1）调试时，对所有防护区进行系统手动、自动模拟启动、模拟喷气试验，并合格；
（2）设有灭火剂备用量且储存容器连接在同一集流管上的系统应进行模拟切换操作试验，并应合格</td></tr>
<tr><td>喷气试验条件</td><td>（1）高压二氧化碳系统及 IG541 系统，应采用充装的灭火剂进行模拟喷气试验，试验用储存容器数应为选定试验防护区或对象设计用量所需容器总数 5%，且不少于 1 个。
（2）低压二氧化碳灭火系统用二氧化碳灭火剂进行模拟喷气试验。试验用输送管道最长防护区或保护对象进行，喷放量≥设计用量 10%。
（3）卤代烷灭火系统模拟喷气试验不应采用卤代烷灭火剂，宜采用氮气（也可压缩空气）进行。储存容器与被试验容器的结构、型号、规格应相同，连接与控制方式要一致，充装压力和灭火剂储存压力相等。储存容器数≥灭火剂储存容器数的 20%，且≥ 1 个。
（4）模拟喷气试验宜采用自动启动方式</td></tr>
</table>

三、系统检测与验收

<table>
<tr><th>考 点</th><th colspan="2">内 容</th></tr>
<tr><td rowspan="3">高压储存装置</td><td>安装检查</td><td>（1）同一系统的贮存容器的规格、尺寸要一致，高度差宜≤ 20mm；
（2）贮存容器固定在支架上，操作面距墙或两操作面之间的距离宜≥ 1.0m，且≥贮存容器外径的 1.5 倍；
（3）容器阀上压力表正面朝向操作面。同一系统中容器阀上的压力表安装高度差宜≤ 10mm，相差较大时，使用垫片调整；二氧化碳灭火系统要设检漏装置；
（4）卤代烷灭火剂贮存容器内的实际压力≤储存压力的 5%，其他灭火剂贮存容器的充装量和储存压力≤设计充装量 1.5%，贮存容器中充装的二氧化碳质量损失≤ 10%；
（5）容器阀和集流管之间采用挠性连接；
（6）组合分配的二氧化碳气体灭火系统保护≥ 5 个防护区或保护对象时，或在 48h 内不能恢复时，二氧化碳要有备用量。其他灭火系统的储存装置 72h 内不能重新充装恢复工作的，按系统原储存量的 100% 设置备用量</td></tr>
<tr><td>功能检查</td><td>贮存容器中充装的二氧化碳质量损失 > 10% 时，二氧化碳灭火系统的检漏装置应正确报警</td></tr>
<tr><td>验收</td><td>称重检查按储存容器全数（不足 5 个的按 5 个计）的 20% 检查；储存压力检查按储存容器全数检查</td></tr>
</table>

续表

考　点		内　容
低压储存装置	功能检查	（1）制冷装置采用自动控制，且设手动操作装置； （2）低压二氧化碳灭火系统储存装置的报警功能正常，**高压报警**压力设定值应为 2.2MPa，**低压报警**压力设定值应为 1.8MPa
	验收	低压二氧化碳储存容器按全数检查
功能检查阀驱动装置		安装检查要求： （1）以重力式机械驱动的下落行程应保证驱动所需距离，且≥ 25mm。 （2）多个驱动装置集中安装时其**高度相差宜**≤ 10mm；压力表**高度相差宜**≤ 10mm。 （3）气动管道应用护口式或卡套式连接，连接应紧密；竖直管道应在其始端和终端设防晃支架或采用管卡固定；水平管道应采用管卡固定；**管卡的间距宜**≤ 600mm；转弯处应增设 1 个管卡。 （4）取驱动气体的贮存压力，以 0.5MPa/s 的升压速率缓慢升压至试验压力，关断试验气源 3min 内压力降≤试验压力的 10% 为合格
泄压装置		低压二氧化碳灭火系统储存容器上**至少应设置 2 套**安全泄压装置，低压二氧化碳灭火系统的安全阀应通过专用泄压管接到室外，其泄压动作压力应为（2.38±0.12）MPa
喷嘴	安装检查	（1）喷头的最大保护高度宜≤ 6.5m，最小保护高度≥ 0.3m； （2）喷头安装高度 < 1.5m 时，保护半径宜≤ 4.5m；喷头安装高度≥ 1.5m 时，保护半径≤ 7.5m
预制灭火装置	安装检查	（1）同一防护区设置多台装置时，其相互间的距离≤ 10m； （2）防护区内设置的预制灭火系统的充压压力≤ 2.5MPa
	功能检查	同一防护区内的预制灭火系统装置＞ 1 台时，必须能同时启动，其动作响应时差≤ 2s

【强化练习】

【单选题】

1.（**2016 年真题**）根据《气体灭火系统施工及验收规范》GB 50263，安装气体灭火系统气动驱动装置的管道时，水平管道应采用管卡固定，管卡的间距不宜＞（　）m，转弯处应增设 1 个管卡。

A. 0.6　　B. 0.5　　C. 0.7　　D. 0.8

【正确答案】A

【解析】气动驱动装置的管道安装应符合下列规定：

（1）管道布置应符合设计要求。

（2）竖直管道应在其始端和终端设防晃支架或采用管卡固定。

（3）水平管道应采用管卡固定。管卡的间距不宜＞ 0.6m。转弯处应增设 1 个管卡。

第九节　维护管理

一、气体灭火系统维护管理

<table>
<tr><th>考　点</th><th colspan="2">内　容</th></tr>
<tr><td rowspan="10">气体灭火系统维护管理</td><td>周期</td><td>检查内容</td></tr>
<tr><td>每日</td><td>低压二氧化碳储存装置的运行情况、储存装置间的设备状态</td></tr>
<tr><td rowspan="3">每月</td><td>1. 低压二氧化碳灭火系统：储存装置的液位计检查→灭火剂损失 10% 时应及时补充</td></tr>
<tr><td>2. 高压二氧化碳、七氟丙烷管网灭火系统、IG541
（1）灭火剂储存容器等全部系统组件：“完好无损”（即：无碰撞变形及其他机械性损伤，表面应无锈蚀，保护涂层应完好，铭牌和标志牌应清晰，手动操作装置的防护罩、铅封和安全标志应完整。）
（2）灭火剂和驱动气体储存容器内的压力≥设计储存压力的 90%</td></tr>
<tr><td>3. 预制灭火系统的设备状态和运行状况</td></tr>
<tr><td>每季度</td><td>对气体灭火系统进行 1 次全面检查：
（1）可燃物的种类、分布情况，防护区的开口情况，应符合设计规定；
（2）储存装置间的设备、灭火剂输送管道和支、吊架的固定，应无松动；
（3）连接管应无变形、裂纹及老化。必要时，送法定质量检验机构进行检测或更换；
（4）各喷嘴孔口应无堵塞；
（5）对高压二氧化碳储存容器逐个进行称重检查，灭火剂净重不得小于设计储存量的 90%；
（6）灭火剂输送管道有损伤与堵塞现象时，应按规范规定进行严密性试验和吹扫</td></tr>
<tr><td>每年</td><td>对每个防护区 1 次模拟启动试验，并应按规定进行 1 次模拟喷气试验。</td></tr>
<tr><td>5 年后维护保养（专业维修人员进行）</td><td>（1）五年后，每 3 年对金属软管（连接管）进行水压强度试验和气密性试验；
（2）五年后，对释放过灭火剂的储瓶、相关阀门等部件进行一次水压强度和气体密封性试验</td></tr>
<tr><td>执行标准</td><td>（1）低压二氧化碳灭火剂储存容器：《压力容器安全技术监察规程》；
（2）钢瓶：《气瓶安全监察规程》；
（3）灭火剂输送管道耐压试验周期：《压力管道安全管理监察规定》</td></tr>
</table>

第八章　泡沫灭火系统

第一节　灭火机理

一、灭火机理的主要体现

考　点	内　容
系统灭火机理	（1）灭火机理主要体现在：①隔氧窒息作用；②辐射热阻隔作用；③吸热冷却作用； （2）泡沫液的储存温度应为 0 ～ 40℃

第二节　系统组成和分类

一、系统组成

考　点	内　容
系统组成	泡沫灭火系统一般由泡沫液储罐、泡沫消防泵、泡沫比例混合器（装置）、泡沫产生装置、火灾探测与启动控制装置、控制阀门及管道等系统组件组成

二、系统分类

考　点	内　容	
按喷射方式分	**液上喷射**：泡沫**从液面上喷入**被保护储罐内的灭火系统	
	液下喷射：高背压泡沫产生器产生的泡沫通过泡沫喷射管**从燃烧液体液面下输送到储罐内**，泡沫在初始动能和浮力的作用下浮到燃烧液面实施灭火的系统。它有固定式和半固定式两种应用形式。适用于非水溶性液体固定顶储罐，不适用于水溶性液体和其他对普通泡沫有破坏作用的甲、乙、丙类液体固定顶储罐，也不适用于外浮顶和内浮顶储罐（有浮顶泡沫漂不上去）	
	半液下喷射：泡沫从储罐底部注入，通过软管**浮升到液体燃料表面**进行灭火的泡沫灭火系统。适用于甲、乙、丙类可燃液体固定顶储罐。由于浮顶会阻碍泡沫的正常分布，半液下喷射系统也不适用于外浮顶和内浮顶储罐	
按系统结构分	**固定式**：由固定的泡沫消防水泵或泡沫混合液泵、泡沫比例混合器（装置）、泡沫产生器（或喷头）和管道等组成的灭火系统	
	半固体式：由固定的泡沫产生器与部分连接管道，泡沫消防车或机动泵，用水带连接组成的灭火系统	
	移动式：由消防车、机动消防泵或有压水源、泡沫比例混合器、泡沫枪、泡沫炮或移动式泡沫产生器，用水带等连接组成的灭火系统	
按发泡倍数分	低倍数	产生的灭火泡沫倍数**低于** 20 的系统
	中倍数	产生的灭火泡沫倍数在 20 ～ 200 的系统
	高倍数	产生的灭火泡沫倍数**高于** 200 的系统

续表

考　点	内　容	
按系统形式分	全淹没系统	将泡沫喷放到封闭或被围挡的防护区内
	局部应用系统	将泡沫喷放到发生火灾的部位
	移动系统	移动式中倍数系统适用于发生火灾部位难以接近的较小火灾场所、流淌面积≤ $100m^2$ 的液体流淌火灾场所
	泡沫 - 水喷淋系统	主要是在自动喷水灭火系统的基础上增加了泡沫液供给系统和泡沫比例混合器（装置），其他系统组件和自动喷水灭火系统相同
	泡沫喷雾系统	采用泡沫喷雾喷头

第三节　系统形式的选择

一、系统选择基本要求

考　点	内　容
系统选择基本要求	（1）甲、乙、丙类液体储罐区宜选用**低倍数泡沫灭火系统**
	（2）甲、乙、丙类液体储罐区**固定式、半固定式或移动式**泡沫灭火系统的选择应符合下列规定：低倍数泡沫灭火系统应符合相关国家标准的规定，**油罐中倍数泡沫灭火系统宜为固定式**
	（3）全淹没式、局部应用式和移动式中倍数、高倍数泡沫灭火系统的选择，应根据防护区的总体布局、火灾的危害程度、火灾的种类和扑救条件等因素，经综合技术经济比较后确定
	（4）储罐区泡沫灭火系统的选择应符合下列规定：**非水溶性甲、乙、丙类液体固定顶储罐**，可选用液上喷射、液下喷射或半液下喷射系统；**水溶性甲、乙、丙类液体和其他对普通泡沫有破坏作用的甲、乙、丙类液体固定顶储罐**，应选用液上喷射或半液下喷射系统；**外浮顶和内浮顶储罐**应选用液上喷射系统；**非水溶性液体外浮顶储罐、内浮顶储罐、直径大于 18m 的固定顶储罐以及水溶性液体的立式储罐，不得选用泡沫炮**作为主要灭火设施；**高度大于 7m 或直径大于 9m 的固定顶储罐，不得选用泡沫枪**作为主要灭火设施；油罐中倍数泡沫灭火系统应选用液上喷射系统

考　点	储罐形式	喷射方式		
		液上喷射	液下喷射	半液下喷射
储罐区泡沫灭火系统的选择	烃类液体固定顶储罐	√	√	√
	水溶性甲、乙、丙液体的固定顶储罐	√		√
	外浮顶和内浮顶储罐	√		
	油罐中倍数泡沫系统	√		

二、系统适用场所

考　点	内　容	
	泡沫灭火系统类型	适用场所
泡沫灭火系统的适用场所	全淹没式高倍数	（1）**封闭**空间场所； （2）设有阻止泡沫流失的固定围墙或其他围挡设施的场所
	全淹没式中倍数	（1）**小型封闭**空间场所； （2）设有阻止泡沫流失的固定围墙或其他围挡设施的场所
	局部应用式高倍数	（1）**四周不完全封闭**的 A 类火灾与 B 类火灾场所； （2）天然气液化站与接收站的集液池或储罐围堰区
	局部应用式中倍数	（1）**四周不完全封闭的 A 类**火灾场所； （2）限定位置的**流散 B 类**火灾场所； （3）固定位置**面积≤ 100m^2** 的**流淌 B 类**火灾场所
	移动式高倍数	（1）发生火灾的**部位难以确定**或**人员难以接近**的火灾场所； （2）**流淌的 B 类**火灾场所； （3）发生火灾时需要**排烟、降温或排除有害气体**的封闭空间
	移动式中倍数	（1）发生火灾的部位难以确定或人员难以接近的较小火灾场所； （2）**流散的 B 类**火灾场所； （3）**面积≤ 100m^2 的流淌 B 类**火灾场所
	泡沫 - 水喷淋系统	（1）具有非水溶性液体泄漏火灾危险的室内场所； （2）存放量不超过 25L/m^2 或超过 25L/m^2 但有缓冲物的水溶性液体室内场所
	泡沫喷雾系统	（1）独立变电站的油浸电力变压器； （2）面积≤ 200m^2 的非水溶性液体室内场所
	泡沫炮系统	（1）直径＜ 18m 的非水溶行液体固定顶储罐； （2）围堰内的甲、乙、丙类液体流淌火灾； （3）甲、乙、丙类液体汽车槽车栈台或火车槽车栈台； （4）室外甲、乙、丙类液体流淌火灾； （5）飞机库

【强化练习】

【多选题】

1.（**2018 年真题**）某固定顶储罐，储存 5000m³ 航空煤油，该储罐低倍数、泡沫灭火系统可选用（　）。

A. 固定式液上喷射系统　　B. 固定式半液下喷射系统

C. 半固定式液下喷射系统　　D. 固定式液下喷射系统

E. 半固定式液上喷射系统

【正确答案】ABD

【解析】航空煤油为非水溶性乙类液体，根据《泡沫灭火系统设计规范》GB 50151—2010，储罐区低倍数泡沫灭火系统的选择，应符合下列规定：非水溶性甲、乙、丙类液体固定顶储罐，应选用液上喷射、液下喷射或半液下喷射系统；

根据《建筑设计防火规范》GB 50016—2014，甲、乙、丙类液体储罐的灭火系统设置应符合下列规定：单罐容量大于 1000m³ 的固定顶罐应设置固定式泡沫灭火系统；故本题正确答案应为 ABD。

第四节　系统设计要求

一、低倍数泡沫灭火系统

考　点	内　容
基本要求	（1）储罐区泡沫灭火系统扑救一次火灾的泡沫混合液设计用量，应按**罐内用量、该罐辅助泡沫枪用量、管道剩余量三者之和最大的储罐**确定； （2）采用固定式泡沫灭火系统的储罐区，宜沿防火堤外均匀布置泡沫消火栓，且泡沫消火栓的**间距**≤ 60m； （3）**每支辅助泡沫枪的泡沫混合液流量**≥ 240L/min，即 4L/s； （4）储罐区固定式泡沫灭火系统的**泡沫混合液流量**≥ 100L/s 时，系统的泵、比例混合装置及其管道上的控制阀、干管控制阀宜**具备远程控制功能**； （5）固定式泡沫灭火系统的设计应满足在泡沫消防水泵或泡沫混合液泵启动后，将**泡沫混合液或泡沫输送到保护对象的时间**≤ 5min
固定顶储罐	（1）固定顶储罐的保护面积，应按储罐横截面面积计算； （2）非水溶性液体储罐液下或半液下喷射系统，其**泡沫混合液供给强度**≥ 5L/（min·m²），**连续供给时间**≥ 40min； （3）当一个储罐所需的泡沫产生器数量＞ 1 时，宜选用同规格的泡沫产生器，且应沿着储罐均匀布置；**水溶性液体储罐应设置泡沫缓冲装置**
外浮顶储罐	钢制单盘式与双盘式外浮顶储罐的保护面积，应按罐壁与泡沫堰板间的环形面积确定；**非水溶性液体的泡沫混合液供给强度**≥ 12.5L/（min·m²），**连续供给时间**≥ 30min
内浮顶储罐	（1）钢制单盘式、双盘式与敞口隔舱式内浮顶储罐的保护面积，应按罐壁与泡沫堰板间的环形面积确定；其他内浮顶储罐应按固定顶储罐对待； （2）钢制单盘式、双盘式与敞口隔舱式内浮顶储罐的泡沫堰板与罐壁的距离≥ 0.55m，其高度≥ 0.5m；**单个泡沫产生器保护周长**≤ 24m；**非水溶性液体的泡沫混合液供给强度**≥ 12.5L/（min·m²），水溶性液体的泡沫混合液供给强度≥固定顶储罐中水溶性溶液的泡沫混合液体供给强度的 1.5 倍；泡沫混合液**连续供给时间**≥ 30min
其他场所	**火车**装卸栈台的泡沫混合液量≥ 30L/s；**汽车**装卸栈台泡沫混合液量≥ 8L/s；泡沫混合液连续**供给时间**≥ 30min

二、高、中倍数泡沫灭火系统

<table>
<tr><th>考 点</th><th colspan="2">内 容</th></tr>
<tr><td rowspan="6">全淹没系统</td><td>防护区</td><td>(1) 泡沫的围挡应为不燃结构；
(2) 门、窗等位于设计淹没深度以下的开口，应在泡沫喷放前或同时关闭；
(3) 对于不能自动关闭的开口，全淹没系统应对其泡沫损失进行补偿；
(4) 利用防护区外部空气发泡的封闭空间，应设置排气口，应避免燃烧产物或其他有害气物回流。排气口在灭火系统工作时应自动、手动开启，其排气速度宜≤ 5m/s；
(5) 防护区内应设置排水设施</td></tr>
<tr><td rowspan="5">高倍数</td><td>淹没深度要求：
(1)当用于扑救 A 类火灾时，泡沫淹没深度≥最高保护对象高度的 1.1 倍，且应高于最高保护对象最高点以上 0.6m；
(2) 当用于扑救 B 类火灾时，汽油、煤油、柴油或苯类火灾的泡沫淹没深度应高于起火部位 2m</td></tr>
<tr><td>淹没时间要求：
系统自接到火灾信号至开始喷放泡沫的延时宜≤ 1min；当＞ 1min 时，应从淹没时间中扣除超出的时间</td></tr>
<tr><td>泡沫和水的连续供给时间。当高倍数泡沫系统用于：
(1) 扑救 A 类火灾时，连续供给时间≥ 25min；
(2) 扑救 B 类火灾时，连续供给时间≥ 15min</td></tr>
<tr><td>淹没体积要求：
(1) A 类火灾单独使用高倍数泡沫灭火系统时，淹没体积的保持时间应 > 60min；
(2) 高倍数泡沫灭火系统与自喷系统联合使用时，淹没体积的保持时间 > 30min</td></tr>
<tr style="display:none"><td></td></tr>
<tr><td rowspan="5">局部应用系统</td><td rowspan="3">高倍数</td><td>泡沫的供给速率应符合下列要求：
(1) 达到覆盖厚度的时间≤ 2min；
(2) 淹没或覆盖 A 类火灾保护对象最高点的厚度≥ 0.6m；
(3) 对于汽油、煤油、柴油或苯，覆盖起火部位的厚度≥ 2m</td></tr>
<tr><td>当用于扑救 A 类和 B 类火灾时，其泡沫连续供给时间≥ 12min</td></tr>
<tr><td>高倍数泡沫灭火系统设置在液化天然气集液池或储罐围堰区时，应符合下列规定：
(1) 应选择固定式系统，并应设置导泡筒；
(2) 宜采用发泡倍数为 300 ～ 500 的高倍数泡沫产生器；
(3) 系统泡沫液和水的连续供给时间应根据所需的控制时间确定，且宜 ≥ 40min；
(4) 保护场所应有适合设置导泡筒的位置</td></tr>
<tr><td rowspan="2">中倍数</td><td>对于 A 类火灾场所，中倍数泡沫灭火系统的设计应符合：
(1) 覆盖保护对象的时间≤ 2min；
(2) 覆盖保护对象最高点的厚度宜由试验确定；
(3) 泡沫连续供给时间≥ 12min</td></tr>
<tr><td>对于流散 B 类火灾场所或面积≤ 100m^2 的流淌 B 类火灾场所，中倍数泡沫灭火系统的设计应符合：
(1) 沸点不低于 45℃的非水溶性液体，泡沫混合液供给强度 > 4L (min·m^2)；
(2) 室内场所的最小泡沫连续供给时间 > 10min；
(3) 室外场所的最小泡沫连续供给时间 > 15min</td></tr>
</table>

续表

考 点		内 容
移动式系统	高倍数	（1）当辅助全淹没或局部应用高倍数泡沫灭火系统使用时，泡沫液和水的储备量可增加 5% ~ 10%； （2）当在消防车上配备时，**每套系统的泡沫液储备量宜≥ 0.5t**； （3）当用于扑救煤矿火灾时，每个**矿山救护大队应储存＞ 2t** 的泡沫液
	中倍数	对于面积≤ $100m^2$ 流淌的 B 类火灾场所，中倍数泡沫灭火系统**泡沫混合液供给强度＞ 4L（min・m^2）**
油罐中倍数泡沫灭火系统		固定顶与内浮顶油罐的保护面积应为油罐的横截面积。泡**沫混合液供给强度≥ 4L/（min・m^2）**，连续供给时间≥ 30min。设置固定式中倍数泡沫灭火系统的油罐，宜设置低倍数泡沫枪与泡沫栓。用于油罐的中倍数泡沫灭火剂应采用特制 **8% 型氟蛋白泡沫液**

【强化练习】

【单选题】

1.（**2015 年真题**）某储罐区有 4 个固定顶轻柴油储罐，单罐容积为 $2000m^3$，设置了低倍数泡沫灭火系统，该泡沫灭火系统的设计保护面积应按（ ）确定。

A. 储罐罐壁与泡沫堰板间的环形面积

B. 储罐表面积

C. 储罐横截面面积

D. 防火堤内的地面面积

【正确答案】C

【解析】根据《泡沫灭火系统设计规范》GB 50151—2010，固定顶储罐的保护面积应按其横截面积确定。

第五节 组件及设置要求

考 点			内 容
泡沫消防泵			泡沫消防水泵、泡沫混合液泵应选择特性曲线平缓的离心泵，泡沫液泵备用泵的规格、型号应与工作泵相同；**泡沫液泵应耐受时长≥ 10min 的空载运行**
泡沫比例混合器	环泵式	适用范围	适用于建有独立泡沫消防泵站的场所，尤其适用于储罐规格较单一的甲、乙、丙类液体储罐区
		设计要求	（1）水池相对水位不宜过高，以保证泡沫比例混合器出口压力（背压）为零或负压； （2）泡沫比例混合器泡沫液入口**不应高于泡沫液储罐最低液面 1m**； （3）比例混合器的出口压力＞ 0 时，其吸液管上应设有防止水倒流入泡沫液储罐的措施

续表

<table>
<tr><th>考　点</th><th colspan="3">内　容</th></tr>
<tr><td rowspan="2">**泡沫比例混合器**</td><td rowspan="2">压力式</td><td>适用范围</td><td>适用于低倍数泡沫灭火系统，也可用于集中控制流量基本不变的一个或多个防护区的全淹没式高倍数系统和局部应用式高倍数系统</td></tr>
<tr><td>设计要求</td><td>（1）压力比例混合器的**单罐容积宜≤ 10m³**；
（2）无囊式压力比例混合器，当**单罐容积＞ 5m³ 且**储罐内无分隔设施时，宜**设置一台小容积压力比例混合器**，其容积＞ 0.5m³，并能保证系统按最大设计流量**连续提供** 3min 的泡沫混合液</td></tr>
<tr><td rowspan="6">**泡沫产生装置**</td><td>低倍数泡沫产生器</td><td colspan="2">安装在油罐壁的上部，分横式、竖式两种。固定顶储罐、按固定顶储罐对待的内浮顶储罐，宜选用立式泡沫产生器。泡沫产生器进口的工作压力应为其额定值 ±0.1MPa。横式泡沫产生器的出口，应设置**长度≥ 1m 的泡沫管**</td></tr>
<tr><td>高背压泡沫产生器</td><td colspan="2">高背压泡沫产生器是从储罐内底部液下喷射空气泡沫扑救油罐火灾的主要设备：（1）出口工作压力应大于泡沫管道的阻力和罐内液体静压力之和；（2）2 ≤发泡倍数≤ 4</td></tr>
<tr><td>高倍数泡沫产生器</td><td colspan="2">（1）在防护区内设置并利用热烟气发泡时，应选用**水力驱动型泡沫产生器**；
（2）在防护区内固定设置泡沫产生器时，应采用**不锈钢材料的发泡网**</td></tr>
<tr><td rowspan="3">中倍数泡沫产生器</td><td colspan="2">中倍数泡沫产生器分为吸气型和吹气型两种，吸气型的发泡原理和低倍数泡沫产生器相同，吹气型的发泡原理跟高倍数泡沫产生器相同。吸气型的泡沫产生器的发泡倍数要低于吹气型的泡沫产生器</td></tr>
<tr><td colspan="2">该气泡器目前有**固定式**和**手提式**两种</td></tr>
<tr><td colspan="2">中倍数泡沫产生器应符合下列规定：
（1）发泡网应采用**不锈钢材料**；
（2）安装于油罐上的中倍数泡沫发生器，其**进空气口应高出罐壁顶**</td></tr>
</table>

【强化练习】

【单选题】

1.（**2015 年真题**）某乙类可燃液体储罐设置固定液上喷射低倍数泡沫灭火器系统，当采用环泵式泡沫比例混合器时，泡沫液的投加点应在（　）。

A. 消防水泵的出水管上　　B. 消防给水管道临近储罐上

C. 消防水泵的吸水管上　　D. 在消防水泵房外的给水管道上

【正确答案】C

【解析】泡沫液的投加点应在消防水泵的吸水管上。

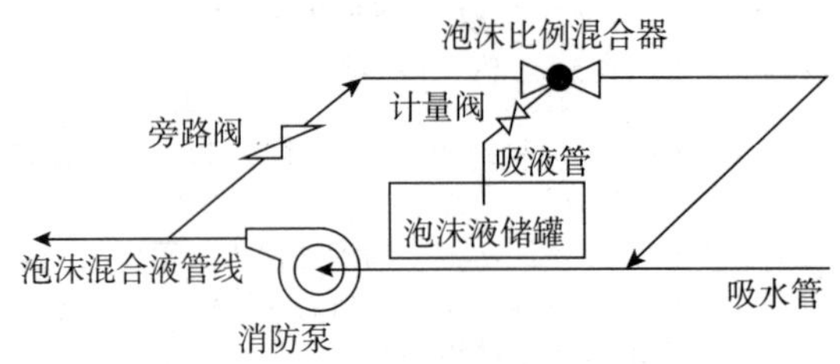

第六节　泡沫液和系统组件现场检查

考　点	内　容	
泡沫液的现场检查	检查内容及要求	（1）**6% 型**低倍数泡沫液设计用量≥ 7t； （2）**3% 型**低倍数泡沫液设计用量≥ 3.5t； （3）**6% 蛋白型**中倍数泡沫液最小储备量≥ 2.5t； （4）**6% 合成型**中倍数泡沫液最小储备量≥ 2t； （5）**高倍数泡沫液**最小储备量≥ 1t； （6）合同文件规定的需要现场取样送检的泡沫液
	检查方法	取样留存的泡沫液，观察检查和检查市场准入制度要求的有效证明文件及产品出厂合格证；送检泡沫液主要对其发泡性能和灭火性能进行检测，检测内容主要包括发泡倍数、析液时间、灭火时间和抗烧时间

【强化练习】

【单选题】

1.（**2017 年真题**）某化工企业的立式甲醇储罐采用液上喷射低倍数泡沫灭火系统，某消防设施检测机构对该系统进行检测，下列检测结果中，不符合现行国家消防技术标准要求的是（　）。

A. 泡沫泵启动后 3.1min 泡沫产生器喷出泡沫

B. 自动喷泡沫试验，喷射泡沫时间为 1min

C. 泡沫混合液的发泡倍数为 10 倍

D. 泡沫液选用水成膜泡沫液

【正确答案】D

【解析】根据《泡沫灭火系统设计规范》3.2.3　水溶性甲、乙、丙类液体和其他对普通泡沫有破坏作用的甲、乙、丙类液体，以及用一套系统同时保护水溶性和非水溶性甲、乙、丙类液体的，必须选用抗溶泡沫液。甲醇属于水溶性溶液，应选用抗溶性泡沫液，D 项错误。

第七节　系统组件安装调试与检测验收

一、系统主要组件安装与技术检测

考　点	内　容	
泡沫液储罐	一般要求	泡沫液储罐周围要留有满足检修需要的通道，其**宽度**≥ 0.7m，且**操作面**≥ 1.5m；当泡沫液储罐上的控制阀**距地面高度** > 1.8m 时，需要在操作面处设置操作平台或操作凳

续表

考　点		内　容
泡沫液储罐	常压泡沫液储罐	（1）现场制作的常压钢质泡沫液储罐，考虑到比例混合器要能从储罐内顺利吸入泡沫液，同时防止将储罐内的锈渣和沉淀物吸入管内堵塞管道，泡沫液管道出液口**不能高于泡沫液储罐最低液面** 1m，泡沫液管道吸液口距泡沫液储罐底面**不应**＜ 0.15m，且最好做成喇叭口形； （2）现场制作的常压钢质泡沫液储罐需要进行严密性试验，试验压力为储罐装满水后的静压力，**试验时间不能** < 30min，目测不能有渗漏； （3）现场制作的常压钢质泡沫液储罐内、外表面需要按设计要求进行防腐处理，防腐处理要在严密性试验合格后进行
	泡沫液压力储罐	安装时，采用地脚螺栓将支架与地面上浇注混凝土的基础牢固固定；泡沫液压力储罐在安装时不得随意拆卸或损坏，尤其是安全阀更不能随便拆动，安装时出口**不能朝向操作面**
泡沫比例混合器（装置）	一般要求	（1）使泡沫比例混合器（装置）的**标注方向与液流方向一致**； （2）装置与管道连接处的安装保证严密，不能有渗漏
	环泵式	混合器的进口要与水泵的出口管段连接，出口要与水泵的进口管段连接，进泡沫液口要与泡沫液储罐上的出液口管段连接
泡沫消火栓		（1）室内泡沫消火栓的栓口方向**宜向下**或与设置泡沫消火栓的墙面成 90°，栓口离地面或操作基面的高度为 1.1m，允许偏差 ±20mm，坐标的允许偏差 20mm； （2）地下式泡沫消火栓顶部与井盖底面的距离**不得** > 0.4m，且不小于井盖的半径（此处和地下水泵接合器设置一样）

二、管网及管道安装与技术检测

考点	内　容
一般要求	（1）防火堤内要以 **3‰的坡度**坡向**防火堤**，在防火堤外应 **2‰的坡度**坡向**放空阀**； （2）立管要用管卡固定在支架上，**管卡间距**≤ 3m； （3）穿防火堤和防火墙套管的长度**不能小于**防火堤和防火墙的**厚度**，穿楼板套管长度要高出楼板 50mm，底部要与楼板底面相平；**空隙**需要采用**防火材料封堵**；管道穿过建筑物的**变形缝**时，要采取**保护**措施（与供水管道的要求一样）
泡沫混合液管道	（1）储罐上泡沫混合液立管下端设置的锈渣清扫口与储罐基础或地面的距离一般为 0.3~0.5m；锈渣清扫口需要采用闸阀或盲板封堵；当采用闸阀时，要竖直安装。 （2）当外浮顶储罐的泡沫喷射口设置在浮顶上，且泡沫混合液管道采用的耐压软管从储罐内通过时，耐压软管安装后的运动轨迹不能与浮顶的支撑结构相碰，且与**储罐底部伴热管的距离要** > 0.5m，以防止耐压软管受热老化。 （3）外浮顶储罐梯子平台上设置的带闷盖的管牙接口，要靠近平台栏杆安装，并高**出平台** 1m，其接口要**朝向储罐**；引至防火堤外设置的相应管牙接口，要**面向道路或朝下**。 （4）连接泡沫产生装置的泡沫混合液管道上设置的压力表接口要靠近防火堤外侧，并竖直安装。 （5）泡沫产生装置入口处的管道要用管卡固定在支架上，其出口管道在储罐上的开口位置和尺寸要符合设计及产品要求。 （6）泡沫混合液主管道上留出的流量检测仪器安装位置要符合设计要求。 （7）泡沫混合液管道上试验检测口的设置位置和数量要符合设计要求
泡沫管道	（1）当液下喷射和半液下喷射设≥ 2 个喷射口，沿罐周均匀设置，其**间距偏差**≤ 100mm； （2）半固定式系统的泡沫管道，在防火堤外设置的高背压泡沫产生器快装接口要**水平安装**； （3）液下喷射泡沫管道上的防油品渗漏设施要安装在止回阀出口或泡沫喷射口处；半液下喷射泡沫管道上防油品渗漏的密封膜要安装在泡沫喷射装置的出口处
泡沫喷淋管道	（1）泡沫喷淋管道支、吊架与泡沫喷头之间的距离**不宜** < 0.3m；与末端泡沫喷头之间的距离**不宜** > 0.5m。 （2）泡沫喷淋分支管上每一直管段、相邻两泡沫喷头之间的管段设置的支、吊架均不少于一个，且支、吊架的间距**不宜** > 3.6m；当泡沫喷头的设置高度＞ 10m 时，支、吊架的间距**不宜** > 3.2m

三、系统冲洗、试压

考点		内容
项目管道水压试验	试验要求	（1）试验要采用清水进行，环境温度**不得低于 5℃**，低于 5℃采取防冻措施； （2）试验压力应为**设计压力的 1.5 倍**； （3）试验前需要将泡沫产生装置、泡沫比例混合器（装置）隔离
	试验方法及合格标准	管道充满水，排净空气，用试压装置缓慢升压，当压力升至试验压力后，稳压 10min，管道无损坏、变形，再将试验压力降至设计压力，稳压 30min，以压力不降、无渗漏为合格
管道冲洗	试验要求	（1）管道试压合格后，需要用清水冲洗； （2）地上管道在试压、冲洗合格后需要进行涂漆防腐
	试验方法及合格标准	采用最大设计流量进行冲洗，**水流速度≥ 1.5m/s**，以排出水色和透明度与入口水目测一致为合格

四、系统调试

考点		内容
系统组件调试	**泡沫比例混合器（装置）的调试**	泡沫比例混合器（装置）的调试需要与系统喷泡沫试验同时进行，其混合比要符合设计要求
	泡沫产生装置的调试	（1）**低倍数（含高背压）泡沫产生器、中倍数泡沫产生器**要进行喷水试验，其进口压力要符合设计要求； （2）**泡沫喷头**要进行喷水试验，其防护区内任意四个相邻喷头组成的四边形保护面积内的平均供给强度要不小于设计值； （3）**固定式泡沫炮**要进行喷水试验，其进口压力、射程、射高、仰俯角度、水平回转角度等指标要符合设计要求； （4）**泡沫枪**要进行喷水试验，其进口压力和射程要符合设计要求； （5）**高倍数泡沫产生器**要进行喷水试验，其进口压力的平均值不能小于设计值，每台高倍数泡沫产生器发泡网的喷水状态要正常
	泡沫消火栓的调试	泡沫消火栓要进行喷水试验，其出口压力要符合设计要求
系统功能调试	**系统喷水试验**	（1）试验要求：当为手动灭火系统时，要以手动控制的方式进行一次喷水试验；当为自动灭火系统时，要以手动和自动控制的方式各进行一次喷水试验。各项性能指标均要达到设计要求。 （2）检测方法：用压力表、流量计、秒表测量。当系统为手动灭火系统时，选择最远的防护区或储罐进行喷水试验；当系统为自动灭火系统时，选择最大和最远的两个防护区或储罐分别以手动和自动的方式进行喷水试验
	低、中倍数泡沫灭火系统喷泡沫试验	试验要求：低、中倍数泡沫灭火系统喷水试验完毕后，将水放空，进行喷泡沫试验；当泡沫灭火系统为自动灭火系统时，要以自动控制的方式进行；喷射泡沫的时间不应少于 1min；实测泡沫混合液的混合比、泡沫混合液的发泡倍数及到达最不利点防护区或储罐的时间和湿式联用系统自喷水至喷泡沫的转换时间要符合设计要求
	高倍数泡沫灭火系统喷泡沫试验	试验要求：高倍数泡沫灭火系统喷水试验完毕后，将水放空，以手动或自动控制的方式对防护区进行喷泡沫试验，喷射泡沫的时间不应少于 30s，实测泡沫混合液的混合比和泡沫供给速率及自接到火灾模拟信号至开始喷泡沫的时间要符合设计要求

五、系统验收

考　点	内　容	
系统功能验收	低、中倍数泡沫灭火系统喷泡沫试验	试验要求：当泡沫灭火系统为自动灭火系统时，以**自动控制**的方式进行试验；喷射泡沫的时间≥ 1min；实测泡沫混合液的混合比和泡沫混合液的发泡倍数，以及到达最不利点防护区或储罐的时间和湿式联用系统自喷水至喷泡沫的转换时间要符合设计要求
	高倍数泡沫灭火系统喷泡沫试验	（1）试验要求：要以**手动或自动**控制的方式对防护区进行喷泡沫试验，喷射泡沫的时间≥ 30s，实测泡沫混合液的混合比和泡沫供给速率及自接到火灾模拟信号至开始喷泡沫的时间要符合设计要求； （2）检测方法：蛋白、氟蛋白等折射指数高的泡沫液的混合比可用手持折射仪测量，水成膜、抗溶水成膜等折射指数低的泡沫液的混合比可用手持导电度测量仪测量

【强化练习】

【单选题】

1.（**2018 年真题**）对某石化企业的原油储罐区安装的低倍数泡沫自动灭火系统进行喷泡沫试验。下列喷泡沫试验的方法和结果中，符合现行国家标准《泡沫灭火系统施工及验收规范》（GB 50281）的是（　）。

A. 以手动控制方式进行 1 次喷泡沫试验，喷射泡沫的时间为 1min

B. 以手动控制方式进行 2 次喷泡沫试验，喷射泡沫的时间为 30s

C. 以自动控制方式进行 2 次喷泡沫试验，喷射泡沫的时间为 30s

D. 以自动控制方式进行 1 次喷泡沫试验，喷射泡沫的时间为 2min

【正确答案】D

【解析】当泡沫灭火系统为自动灭火系统时，要以自动控制的方式进行；喷射泡沫的时间不应＜ 1min；实测泡沫混合液的混合比、泡沫混合液的发泡倍数及到达最不利点防护区或储罐的时间和湿式联用系统自喷水至喷泡沫的转换时间要符合设计要求。

第八节　系统维护管理

一、系统日常维护

考　点	内　容	
泡沫灭火系统的系统维护管理	周期	维护管理要求
	周检	消防泵和备用动力以**手动或自动**控制的方式进行一次**启动试验**，空转时运转时间≤ 5s
	月检	（1）对低、中、高倍数泡沫产生器，泡沫喷头，固定式泡沫炮，泡沫比例混合器（装置），泡沫液储罐进行外观检查，各部件要完好无损； （2）对固定式泡沫炮的回转机构、仰俯机构或电动操作机构进行检查，性能要达到标准的要求； （3）泡沫消火栓和阀门要能自由开启与关闭，不能有锈蚀； （4）压力表、管道过滤器、金属软管、管道及附件不能有损伤； （5）对遥控功能或自动控制设施及操纵机构进行检查，性能要符合设计要求； （6）对储罐上的低、中倍数泡沫混合液立管要清除锈渣； （7）动力源和电气设备工作状况要良好； （8）水源及水位指示装置要正常
	年检	（1）**每半年**清洗一次管道（除混合液立管、液下喷射防火堤内管道、高倍泡沫产生器进口阀后管道外）全部冲洗、清除锈渣； （2）**每两年**：喷泡沫试验、各组件全面检查。系统检查和试验完毕，清水冲洗后放空，复原系统（其他系统联动检测一般都是年检，泡沫联动是两年检）

【强化练习】

【单选题】

1.（**2018 年真题**）消防技术服务机构对某石化企业安装的低倍数泡沫灭火系统进行日常检查与维护。维保人员开展的下列检查与维护工作中，不符合现行国家标准《泡沫灭火系统施工及验收规范》（GB 50281）的是（　）。

A. 每周以手动或自动控制方式对消防泵和备用泵进行一次启动试验

B. 每月对低倍数泡沫产生器、泡沫比例混合装置、泡沫喷头等外观是否完好无损进行检查

C. 每年对除储罐上泡沫混合液立管外的全部管道进行冲洗，清除锈渣

D. 每两年对系统进行喷泡沫试验

【正确答案】C

【解析】泡沫灭火系统检查每半年除储罐上泡沫混合液立管和液下喷射防火堤内泡沫管道，以及高倍数泡沫产生器进口端控制阀后的管道外，其余管道需要全部冲洗，清除锈渣。故 C 项表述错误。注意区分对储罐上的低、中倍数泡沫混合液立管要清除锈渣应每月进行。其他选项均符合要求。

第九章　干粉灭火系统

第一节　灭火剂的种类及其灭火机理

考　点	内　容	
干粉灭火剂	由灭火**基料**和适量的**流动助剂**以及**防潮剂**研磨、混配制成的**固体粉末灭火剂**	
干粉灭火剂的类型	普通干粉灭火剂	可扑救 B、C、E 类火灾，又称为 **BC 干粉灭火剂**
	多用途干粉灭火剂	可扑救 A、B、C、E 类火灾，又称为 **ABC 干粉灭火剂**
	专用干粉灭火剂	可扑救 D 类火灾，又称为 **D 类专用干粉灭火剂**
干粉的灭火机理	**化学抑制作用**	自由基数量急剧减少，燃烧反应链中断，使火焰熄灭
	隔离作用	固体粉末覆盖在燃烧物表面，构成阻碍燃烧的隔离层
	冷却与窒息作用	起到冷却和稀释可燃气体的作用，使火焰的温度降低

第二节　系统的组成和分类

考　点	内　容	
干粉灭火系统的组成	由**干粉灭火设备**和**自动控制**两大部分组成	
干粉灭火系统分类	按**应用方式**分类	全淹没干粉灭火系统、局部应用干粉灭火系统
	按**设计情况**分类	设计型干粉灭火系统、预制型干粉灭火系统
	按**系统保护情况**分类	组合分配系统、单元独立系统
	按**驱动气体储存方式**分类	储气式干粉灭火系统、储压式干粉灭火系统、燃气式干粉灭火系统

【强化练习】

【多选题】

1. 干粉灭火系统按驱动气体储存方式分类包括（　）。

A. 储气式干粉灭火系统　　B. 储压式干粉灭火系统

C. 设计型干粉灭火系统　　D. 燃气式干粉灭火系统

E. 单元独立系统

【正确答案】ABD

【解析】干粉灭火系统按驱动气体储存方式分类包括：储气式干粉灭火系统、储压式干粉灭火系统、燃气式干粉灭火系统。

第三节　系统工作原理及适用范围

<table>
<tr><th>考　点</th><th colspan="2">内　容</th></tr>
<tr><td rowspan="2">系统工作原理</td><td>自动控制方式</td><td>着火→温度上升→探测器发出火灾信号→控制器打开报警设备→启动机构将启动瓶打开→氮气将高压驱动气体瓶组的瓶头阀打开→高压驱动气体进入集气管→进入减压阀→进入干粉储罐内→搅动罐中干粉灭火剂→当干粉罐内的压力升至规定压力数值时→定压动作机构开始动作→打开干粉罐出口球阀→干粉灭火剂经过总阀门、选择阀、输粉管和喷嘴喷向着火对象或经喷枪射到着火对象的表面进行灭火</td></tr>
<tr><td>手动控制方式</td><td>手动启动是防护区内或保护对象附近的人员发现火险时启动灭火系统的手段之一。手动紧急停止是在系统启动后的延迟时段内发现不需要或不能够实施喷放灭火剂的情况时可采用的一种使系统中止的手段</td></tr>
<tr><td>适用范围</td><td colspan="2">（1）灭火前可切断气源的气体火灾；
（2）易燃、可燃液体和可溶化固体火灾；
（3）可燃固体表面火灾；
（4）带电设备火灾</td></tr>
<tr><td>不适用范围</td><td colspan="2">（1）硝化纤维、炸药等无空气仍能迅速氧化的化学物质与强氧化剂；
（2）钾、钠、镁、钛、锆等活泼金属及其氢化物</td></tr>
</table>

【强化练习】

【单选题】

1.**（2018 年真题）**磷酸铵盐干粉灭火剂不适合扑救（　）火灾。

A. 汽油　　B. 石蜡

C. 钠　　D. 木制家具

【正确答案】C

【解析】磷酸铵盐干粉灭火剂可用于扑救固体火灾、液体火灾、气体火灾、电气火灾，但不能用于扑救金属火灾。钠属于金属火灾，故 C 选项符合题意。

第四节　系统设计参数

考　点	内　容
一般规定	1. 扑救封闭空间内的火灾应采用**全淹没灭火系统**，扑救具体保护对象的火灾应采用**局部应用灭火系统**
	2. **采用全淹没灭火系统的防护区** （1）喷放干粉时不能自动关闭的防护区开口，其总面积不应大于该防护区总内表面积的 15%，且开口**不应设在底面**； （2）防护区的围护结构及门窗的耐火极限≥ 0.50h，吊顶的耐火极限≥ 0.25h；围护结构及门窗的允许压力宜≥ 1200Pa
	3. **采用局部应用灭火系统的保护对象**： （1）保护对象周围的空气流动速度≤ 2m/s； （2）喷头喷射角范围内不应有遮挡物； （3）当保护对象为可燃液体时，液面至容器缘口的距离**不得** < 150mm
	4. 可燃气体，易燃、可燃液体和可熔化固体火灾宜采用**碳酸氢钠干粉灭火剂**；可燃固体表面火灾应采用**磷酸铵盐干粉灭火剂**
	5. 组合分配系统保护的防护区与保护对象之和**不得超过 8 个**。当防护区与保护对象之和**超过 5h**，或者在喷放后 **48h 内**不能恢复到正常工作状态时，灭火剂应有备用量。备用量不应小于系统设计的储存量
全淹没灭火系统	（1）全淹没灭火系统的灭火剂设计浓度**不得** < 0.65kg/m³； （2）全淹没灭火系统的干粉喷射时间≤ 30s； （3）防护区应设泄压口，并宜设在外墙上，其**高度 > 防护区净高的 2/3**
局部应用灭火系统	（1）局部应用灭火系统的设计可采用**面积法**或**体积法**。当保护对象的着火部位是**平面**时，宜采用**面积法**；当采用面积法**不能**做到使所有表面被**完全覆盖**时，应采用**体积法**； （2）室内局部应用灭火系统的干粉喷射时间**不应** < 30s，室外或有复燃危险的室内局部应用灭火系统的干粉喷射时间**不应** < 60s
预制灭火装置	（1）预制灭火装置应符合下列规定： ①灭火剂储存量**不得** > 150kg； ②管道长度**不得** > 20m； ③工作压力**不得** > 2.5MPa。 （2）一个防护区或保护对象宜用**一套**预制灭火装置保护。 （3）一个防护区或保护对象所用预制灭火装置最多**不得超过 4 套**，并应同时启动，其动作响应时间差**不得** > 2s。 （4）管网起点（干粉储存容器输出容器阀出口）压力**不应** > 2.5MPa，管网最不利点喷头工作压力**不应** < 0.1MPa

【强化练习】

【单选题】

1.（**2016 年真题**）某大型钢铁企业设置了预制干粉灭火装置。下列关于该装置设置要求的说法中正确的是（　）。

A. 一个防护区或保护对象所用预制干粉灭火装置最多不得超过 4 套，并应同时启动，其动作响应时间差不得＞ 4s

B. 一个防护区或保护对象所用预制干粉灭火装置最多不得超过 8 套，并应同时启动，其动作响应时间差不得＞ 2s

C. 一个防护区或保护对象所用预制干粉灭火装置最多不得超过 8 套，并应同时启动，其动作响应时间差不得＞ 4s

D. 一个防护区或保护对象所用预制干粉灭火装置最多不得超过 4 套，并应同时启动，其动作响应时间差不得＞ 2s

【正确答案】D

【解析】预制灭火装置应符合下列规定：一个防护区或保护对象所用预制灭火装置最多不得超过 4 套，并应同时启动，其动作响应时间差不得＞ 2s。

第五节　系统组件及设置要求

考　点	内　容
系统组件	储存装置由**干粉储存容器、容器阀、安全泄压装置、驱动气体储瓶、瓶头阀、集流管、减压阀、压力报警及控制装置**等组成
	干粉储存容器设计压力可取 1.6MPa 或 2.5MPa 压力级；其干粉灭火剂的装量系数**不应**＞ 0.85，其增压时间**不应**＞ 30s
	干粉储存容器应满足的要求： （1）驱动气体应选用**惰性气体**，宜选用**氮气**；二氧化碳含水率不应＞ 0.015%（m/m），其他气体含水率**不得**＞ 0.006%（m/m）；驱动压力不得＞干粉储存容器的最高工作压力； （2）储存装置的布置应方便检查和维护，并应避免阳光直射，其环境温度应为 -20 ～ 50℃； （3）储存装置宜设在专用的储存装置间内。专用储存装置间的设置应符合下列规定：①应靠近防护区，出口应直接通向室外或疏散通道；②耐火等级**不应低于二级**；③宜保持干燥和良好通风，并应设应急照明； （4）当采取防湿、防冻、防火等措施后，局部应用灭火系统的储存装置可设置在固定的安全围栏内
系统设置要求	（1）驱动气体管道连接必须牢固； （2）干粉灭火剂灌装**避免在阴雨天操作**，一次装完，**立即密封**； （3）全淹没系统喷头应均匀分布，喷头间距≤ 2.25m，喷头与墙的距离≤ 1m，每个喷头的保护容积≤ $14m^3$

【强化练习】

【单选题】

1.（**2016 年真题**）下列关于干粉灭火系统组件及其设置要求的说法中，正确的是（　）。

A. 储存装置的驱动气体应选用压缩空气

B. 储存装置可设在耐火等级为三级的房间内

C. 干粉储存容器设计压力可取 1.6MPa 或 2.5MPa 压力级

D. 驱动压力应大于储存容器的最高工作压力

【正确答案】C

【解析】A 错，驱动气体应选用惰性气体，宜选用氮气；B 错，专用储存装置间耐火等级不应低于二级；D 错，驱动压力不得大于干粉储存容器的最高工作压力。C 正确，干粉储存容器设计压力可取 1.6MPa 或 2.5MPa 压力级。

第六节　系统组件（设备）安装前检查

考　点	内　容
干粉储存容器的现场检查	干粉储存容器的检查主要有：**外观质量检查、密封面检查**和**充装量检查**。 （1）密封面检查要求所有外露接口均设有防护堵、盖，且封闭良好，接口螺纹和法兰密封面无损伤。可采用**目测观察**检查； （2）充装量检查要求实际充装量不得小于设计充装量，也不得超过设计充装量的 3%。可通过核查产品**出厂合格证、灭火剂充装时称重测量**等方法检查
气体储瓶、减压阀、选择阀、信号反馈装置、喷头、安全防护装置、压力报警及控制器等的现场检查	（1）**检查内容：外观检查、密封面检查**
	（2）**外观检查** ①对同一规格的干粉储存容器和驱动气体储瓶，其高度差**不超过** 20mm； ②对同一规格的启动气体储瓶，其高度差**不超过** 10mm

【强化练习】

【单选题】

1. 下列关于干粉灭火系统储存容器的现场检查，不符合要求的是（　）。

A. 干粉储存容器的检查主要有三个方面：外观质量检查、密封面检查和设计用量检查

B. 外观检查可采用目测观察，通过核查产品出厂合格证和法定机构出具的有效证明文件等方法进行检查

C. 密封面检查要求所有外露接口均设有防护堵、盖，且封闭良好

D. 充装量检查要求实际充装量不得小于设计充装量，也不得超过设计充装量的 3%

【正确答案】A

【解析】干粉储存容器的检查主要有三个方面：外观质量检查、密封面检查和充装量检查，故 A 项错误。

第七节 系统组件安装调试与检测验收

<table>
<tr><th>考 点</th><th colspan="4">内 容</th></tr>
<tr><td rowspan="8">系统组件的安装与技术检测</td><td>干粉储存容器</td><td colspan="3">（1）是否符合设计图样要求，周边是否留有操作空间及维修间距；
（2）支座应与地面固定牢固，并做防腐处理；
（3）避免潮湿或高温环境，不受阳光直接照射；
（4）安全防护装置的泄压方向不能朝向操作面；阀门便于手动操作</td></tr>
<tr><td>驱动气体储瓶</td><td colspan="3">（1）检查瓶架是否固定牢固并做防腐处理；
（2）注意安全防护装置的泄压方向不能朝向操作面；
（3）驱动介质流动方向与减压阀、止回阀标记的方向一致</td></tr>
<tr><td>干粉输送管道</td><td colspan="3">（1）采用螺纹连接时，管材宜采用机械切割，安装后的螺纹根部有 2 ~ 3 条外露螺纹，连接处外部清理干净并做防腐处理；
（2）采用法兰连接时，衬垫不能凸入管内，拧紧后，凸出螺母的长度不能大于螺杆直径的 1/2，确保有不少于 2 条外露螺纹；
（3）经过防腐处理的无缝钢管不宜采用焊接连接，确需焊接时，要对被焊接破坏的防腐层进行二次防腐处理；
（4）管道穿过墙壁、楼板处须安装套管。套管公称直径比管道公称直径至少大 2 级，穿墙套管长度应与墙厚相等，穿楼板套管长度须高出地板 50mm；
（5）管道末端采用防晃支架固定，支架与末端喷头间的距离≤ 500mm</td></tr>
<tr><td rowspan="5">喷头</td><td>干粉灭火系统</td><td>应用方式</td><td>喷头的最大安装高度</td></tr>
<tr><td rowspan="2">储压型</td><td>全淹没</td><td>不应＞ 7m</td></tr>
<tr><td>局部</td><td>不应＞ 6m</td></tr>
<tr><td rowspan="2">储气瓶型</td><td>全淹没</td><td>不应＞ 8m</td></tr>
<tr><td>局部</td><td>不应＞ 7m</td></tr>
<tr><td rowspan="3">系统试压和吹扫</td><td>基本知识</td><td colspan="3">在管网安装完成后，需对管网进行强度试验和严密性试验。系统强度试验和严密性试验采用清水作为介质，当不具备水压强度试验条件时，可采用气压强度试验代替。水压试验合格后，用干燥压缩空气对管道进行吹扫，以清除残留水分和异物</td></tr>
<tr><td>基本要求</td><td colspan="3">（1）准备不少于两只的试验用压力表，精度不低于 1.5 级，量程为试验压力值的 1.5 ～ 2 倍；
（2）采用生活用水进行水压试验和管网冲洗，不得使用海水或者含有腐蚀性化学物质的水进行试压试验和管网冲洗</td></tr>
<tr><td>水压强度试验</td><td colspan="3">（1）确保环境温度不低于 5℃，如果低于 5℃，采取防冻措施；
（2）确保水压强度试验压力不低于 1.5 倍系统最大工作压力；
（3）测试点选择在系统管网的最低点；
（4）以≤ 0.5MPa/s 的速率缓慢升压至试验压力，达到试验压力后稳压 5min，管网无渗漏、无变形；
（5）采用试压装置进行试验，目测观察管网外观和测压用压力表</td></tr>
</table>

续表

考 点	内 容		
系统试压和吹扫	气压强度试验		（1）压强度试验压力取 1.15 倍系统最大工作压力； （2）在试验前，用加压介质进行预试验，预试验压力为 0.2MPa； （3）试验时，逐步缓慢增加压力，当压力升至试验压力的 50% 时，如未发现异状或泄漏，继续按试验压力的 10% 逐级升压，每级稳压 3min，直至达到试验压力
	管网吹扫		（1）吹扫时间：水压强度试验合格后，或气密性试验前； （2）管网吹扫可采用压缩空气或氮气； （3）吹扫时，管道末端的气体流速≥ 20m/s； （4）可采用**白布检查**，直至无铁锈、尘土、水渍及其他异物出现
	气密性试验		（1）试验压力为水压强度试验压力的 2/3； （2）对气体输送管道，试验压力为**气体最高工作储存压力**； （3）进行气密性试验时，应≤ 0.5MPa/s 的升压速率缓慢升压至试验压力；关断试验气源 3min 内压力降**不超过**试验压力的 10% 为合格
系统调试与现场功能测试	组成		系统调试：模拟**启动**试验、模拟**喷放**试验、模拟**切换操作**试验
	模拟自动启动试验	判定标准	延时启动时符合设定时间，声光报警信号正常，联动设备动作正确，启动驱动装置（或负载）动作可靠
	模拟手动启动试验	判定标准	延时启动时符合设定时间，声光报警信号正常，联动设备动作正确，启动驱动装置（或负载）动作可靠
	模拟喷放试验	基本要求	模拟喷放试验采用干粉灭火剂和自动启动方式，干粉用量**不少于设计用量的** 30%；当现场条件不允许喷放干粉灭火剂时，可采用**惰性气体**；试验时应保证出口压力**不低于设计压力**
		判定标准	延时启动时符合设定时间；有关声光报警信号正确；信号反馈装置动作正常；干粉输送管无明显晃动和机械性损坏；干粉或气体能喷入被试防护区内或保护对象上，且能从每个喷头喷出
	干粉炮调试	基本要求	调试干粉炮灭火系统时，先分别对**动力源、电动阀门**和**干粉炮**等逐个进行单机动作运行检查，正常后再对系统进行调试
系统验收	组成		系统验收须对各组件的安装位置、安装方式、安装要求及系统整体调试进行全方位的验收，主要包括**系统组件验收**和**系统功能验收**
	系统组件验收		干粉储存容器、驱动气体储瓶、集流管、驱动气体管道和减压阀、阀驱动装置、管道、喷头、启动气体储瓶和选择阀
	防护区或保护对象及储存装置间验收		**验收内容：** （1）防护区或保护对象的位置、用途、几何尺寸、开口、通风环境，可燃物种类与数量，防护区封闭结构等； （2）安全设施； （3）干粉储存装置专用间的位置、通道、耐火等级、应急照明、火灾报警控制电源等； （4）火灾报警控制系统及联动设备
	系统功能验收		模拟启动试验验收、模拟喷放试验验收和模拟主、备用电源切换试验，其试验方法和判定标准与系统功能测试相同

【强化练习】

【单选题】

1.(2018 年真题)消防技术服务机构单位设置的预制干粉灭火装置进行验收前检测。根据现行国家标准《干粉灭火系统设计规范》(GB 50374),下列检测结果中,不符合规范要求的是( )

A. 1 个防护区内设置了 5 套预制干粉灭火装置

B. 干粉储存容器的存储压力为 2.5MPa

C. 预制干粉灭火装置的灭火剂储存量为 120kg

D. 预制干粉灭火装置的管道长为 15m

【正确答案】A

【解析】预制灭火装置应符合下列要求:(1)灭火剂存储量≤ 150kg;(2)管道长度≤ 20m;(3)工作压力≤ 2.5MPa;(4)一个防护区或保护对象所用装置数不得超过 4 套。

第八节 系统维护管理

考 点		内 容
系统巡查	基本知识	干粉灭火系统的巡查主要是针对**系统组件外观、现场运行状态、系统监测装置工作状态、安装部位环境条件**等的日常巡查
系统周期性检查	日检查内容	(1)干粉储存装置外观; (2)灭火控制器运行情况; (3)启动气体储瓶和驱动气体储瓶压力
	月检查内容	(1)干粉储存装置部件; (2)驱动气体储瓶充装量
	年检查内容	(1)防护区及干粉储存装置间; (2)管网、支架及喷放组件; (3)模拟启动检查
系统年度检查	检查内容	(1)喷头; (2)储存装置; (3)功能检测:①模拟干粉喷放功能检测。②模拟自动启动功能检测。③模拟手动启动 / 紧急停止功能检测。④备用瓶组切换功能检测

【强化练习】

【单选题】

1.(2016 年真题)对干粉灭火系统进行周期性检查维护管理,下列检查项目中,不属于年度维护检查项目的是( )。

A. 气瓶和干粉储罐充装量　　　　B. 模拟启动检查

C. 模拟备用瓶组功能试验　　　　D. 模拟紧急启停功能

【正确答案】A

【解析】下列项目至少每月检查一次：干粉储存装置部件驱动气体储瓶充装量。所以答案选择 A。

第十章　建筑灭火器

第一节　灭火器的分类

<table>
<tr><th>考　点</th><th colspan="3">内　容</th></tr>
<tr><td rowspan="5">灭火器的分类</td><td>分类标准</td><td colspan="2">类　型</td></tr>
<tr><td>按其移动方式</td><td colspan="2">手提式灭火器、推车式灭火器</td></tr>
<tr><td>按驱动灭火剂的动力来源</td><td colspan="2">储气瓶式灭火器、储压式灭火器</td></tr>
<tr><td>按所充装的灭火剂</td><td colspan="2">水基型、干粉、二氧化碳、洁净气体灭火器</td></tr>
<tr><td>按灭火类型</td><td colspan="2">A 类、B 类、C 类、D 类、E 类灭火器</td></tr>
<tr><td rowspan="7">灭火器的型号与标识</td><td>组成部分</td><td colspan="2">由类、组、特征代号及主要参数几部分组成</td></tr>
<tr><td>型号首位</td><td colspan="2">灭火器本身的代号，通常用“M”表示</td></tr>
<tr><td>灭火剂代号</td><td colspan="2">F——干粉灭火剂；T——二氧化碳灭火剂；Q——清水灭火剂</td></tr>
<tr><td>形式号</td><td colspan="2">各类灭火器结构特征的代号，我国灭火器的结构特征有手提式（包括手轮式）、推车式、鸭嘴式、舟车式和背负式五种，分别用 S、T、Y、Z、B 表示</td></tr>
<tr><td>阿拉伯数字</td><td colspan="2">灭火剂重量或容积，一般单位为 kg 或 L</td></tr>
<tr><td>举例</td><td colspan="2">“MF/ABC2”：2kgABC 干粉灭火器；
“MSQ9”：容积为 9L 的手提式清水灭火器；
“MFT50”：灭火剂重量 50kg 推车式（碳酸氢钠）干粉灭火器</td></tr>
<tr><td>常用灭火器的类型</td><td colspan="2">水基型灭火器、干粉灭火器、二氧化碳灭火器、洁净气体灭火器等</td></tr>
<tr><td rowspan="3">水基型灭火器</td><td rowspan="3">清水灭火器</td><td>概念</td><td>清水灭火器是指筒体中充装的是清洁的水，并以二氧化碳（氮气）为驱动气体的灭火器。一般有 6L 和 9L 两种规格</td></tr>
<tr><td>用途</td><td>主要用于扑救固体物质火灾，如木材、棉麻、纺织品等的初起火灾，但不适用于扑救油类、电气、轻金属以及可燃气体火灾</td></tr>
<tr><td>注意事项</td><td>清水灭火器的有效喷水时间为 1min 左右；清水灭火器在使用中应始终与地面保持大致垂直状态</td></tr>
</table>

续表

考　点	内　容		
水基型灭火器	水基型泡沫灭火器	原理	靠泡沫和水膜的双重作用迅速有效地灭火，是化学泡沫灭火器的更新换代产品
		用途	扑灭可燃**固体和液体的初起火灾**，更多地用于扑救**石油及石油产品**等非水溶性物质的火灾（抗溶性泡沫灭火器可用于扑救水溶性易燃、可燃液体火灾）
		优点	操作简单、灭火效率高、使用时不需倒置、有效期长、抗复燃、双重灭火
	水基型水雾灭火器	特点	绿色环保（灭火后药剂可 100% 生物降解，不会对周围设备与空间造成污染）、高效阻燃、抗复燃性强、灭火速度快、渗透性强
		应用场合	配置在**具有可燃固体物质的场所**，如商场、饭店、写字楼、学校、旅游场所等
干粉灭火器	原理	利用**氮气**作为驱动气体，将筒内的干粉喷出灭火的灭火器	
	应用场合	可扑灭一般的**可燃固体火灾**，还可扑灭**油、气**等燃烧引起的火灾，主要用于扑救石油、有机溶剂等易燃液体、可燃气体和电气设备的初起火灾	
二氧化碳灭火器	原理	二氧化碳灭火器内充装的是**二氧化碳**气体，靠自身的压力驱动喷出进行灭火。二氧化碳的作用：一是**窒息**；二是**冷却**	
	应用场合	二氧化碳灭火器具有流动性好、喷射率高、不腐蚀容器和不易变质等优良性能，**用来扑救图书、档案、贵重设备、精密仪器、600V 以下电气设备及油类的初起火灾**	
洁净气体灭火器	应用场合	洁净气体灭火器适用于扑救**可燃液体、可燃气体和可熔化的固体物质**以及**带电设备**的初起火灾，可在图书馆、宾馆、档案室、商场以及各种公共场所使用	

【强化练习】

【单选题】

1.(**2015 年真题**)某场所配置的灭火器型号为“MF/ABC10”。下列对该灭火器类型、规格的说明中，正确的是（　）。

A. 该灭火器是 10kg 手提式（磷酸铵盐）干粉灭火器

B. 该灭火器是 10kg 推车式（磷酸铵盐）干粉灭火器

C. 该灭火器是 10L 手提式（碳酸氢钠）干粉灭火器

D. 该灭火器是 10L 手提式（磷酸铵盐）干粉灭火器

【正确答案】A

【解析】题干中：MF/ABC10，可转化为：MF（S）/ABC10。行业标准要省略 S。各类灭火器一般都有特定的型号与标识，我国灭火器的型号是按照《消防产品型号编制方法》（CN11—1982）编制的。它由类、组、特征代号及主要参数几部分组成。类、组、特征代号用汉语拼音大写字母表示，一般编在型号首位，是灭火器本身的代号，通常用“M”表示。灭火剂代号编在型号第二位：F——干粉灭火剂；T——二氧化碳灭火剂；Q——清水灭火剂。形式号编在型号第三位，是各类灭火器结构特征的代号。目前，我国灭火器的结构特征有手提式（包括手轮式）、推车式、鸭嘴式、舟车式和背负式五种，分别用 S、T、Y、Z、B 表示。型号最后面的阿拉伯数字代表灭火剂重量或容积，一般单位为 kg 或 L。

2.（**2015 年真题**）某白酒灌装车间设置推车式灭火器，应优先选择的是（　）。

A. 抗溶性泡沫灭火器　　B. 清水灭火器

C. 水雾灭火器　　D. 碳酸氢钠干粉灭火器

【正确答案】A

【解析】抗溶性泡沫灭火器可用于扑救水溶性易燃、可燃液体火灾。故本题答案为 A。

第二节　灭火器的构造

<table>
<tr><th>考　点</th><th colspan="3">内　容</th></tr>
<tr><td>灭火器配件</td><td colspan="3">由灭火器筒体、器头（阀门）、灭火剂、保险销、虹吸管、密封圈和压力指示器（二氧化碳灭火器除外）等组成</td></tr>
<tr><td rowspan="3">灭火器构造</td><td rowspan="2">手提式灭火器</td><td>形式</td><td>手提式灭火器的结构根据驱动气体的驱动方式可分为储压式、外置储气瓶式和内置储气瓶式</td></tr>
<tr><td>注意事项</td><td>（1）手提式二氧化碳灭火器的充装压力较大，取消了压力表，增加了安全阀；
（2）判断二氧化碳灭火器是否失效一般采用称重法；
（3）二氧化碳灭火器每年至少检查一次，低于额定充装量的 95% 就应进行检修；
（4）使用二氧化碳灭火器扑救电气火灾时，如果电压超过 600V，应先断电后灭火；
（5）使用二氧化碳灭火器时，在室外使用的，应选择在上风方向喷射；在室内狭小空间使用的，灭火后操作者应迅速离开，以防窒息</td></tr>
<tr><td>推车式灭火器</td><td colspan="2">推车式灭火器主要由灭火器筒体、阀门机构、喷管喷枪、车架、灭火剂、驱动气体（一般为氮气，与灭火剂一起密封在灭火器筒体内）、压力表及铭牌等组成</td></tr>
</table>

【强化练习】

【单选题】

1.（**2017 年真题**）灭火器组件不包括（　）。

A. 筒体，阀门　　B. 压力开关

C. 压力表，保险销　　D. 虹吸管，密封阀

【正确答案】B

【解析】灭火器配件主要由灭火器筒体、阀门（俗称器头）、灭火剂、保险销、虹吸管、密封圈和压力指示器（二氧化碳灭火器除外）等组成。

2.（**2017 年真题**）与其他手提式灭火器相比，手提式二氧化碳灭火器的结构特点是（　）。

A. 取消了压力表，增加虹吸管　　B. 取消了安全阀，增加了虹吸管

C. 取消了安全阀，增加了压力表　　D. 取消了压力表，增加了安全阀

【正确答案】D

【解析】手提式二氧化碳灭火器的结构与其他手提式灭火器的结构基本相似，只是二氧化碳灭火器的充装压力较大，取消了压力表，增加了安全阀。

第三节　灭火器的灭火机理与适用范围

考　点	内　容	
灭火器的灭火机理	干粉灭火器	（1）靠燃烧的链式反应中断而灭火； （2）隔绝氧气，窒息灭火
	二氧化碳灭火器	窒息作用和部分冷却作用灭火
灭火器的适用范围	火灾类型	适用的灭火器
	A 类火灾（固体物质）	水基型（水雾、泡沫）灭火器、ABC 干粉灭火器
	B 类火灾（液体或可熔化的固体物质）	水基型（水雾、泡沫）、BC 干粉或 ABC 干粉、洁净气体灭火器
	C 类火灾（气体）	干粉、水基型（水雾）、洁净气体、二氧化碳灭火器
	D 类火灾（金属）	7150 灭火剂、干沙、土或铸铁屑粉末
	E 类火灾（带电）	二氧化碳或洁净气体灭火器，如果没有，也可以使用干粉灭火器、水基型（水雾）灭火器 （注意：电压超过 600V，应先断电后灭火）
	F 类火灾（烹饪器具内的烹饪物）	BC 干粉灭火器、水基型（水雾、泡沫）灭火器

续表

<table>
<tr><th>考 点</th><th colspan="8">内 容</th></tr>
<tr><td rowspan="11">灭火器配置场所的危险等级</td><td rowspan="5">工业建筑</td><td colspan="7">危险等级分类：严重危险级、中危险级、轻危险级</td></tr>
<tr><td colspan="7">灭火器配置场所与危险等级的对应关系</td></tr>
<tr><td colspan="2">配置场所</td><td colspan="2">严重危险级</td><td colspan="2">中危险级</td><td>轻危险级</td></tr>
<tr><td colspan="2">厂房</td><td colspan="2">甲、乙类物品生产场所</td><td colspan="2">丙类物品生产场所</td><td>丁、戊类物品生产场所</td></tr>
<tr><td colspan="2">库房</td><td colspan="2">甲、乙类物品储存场所</td><td colspan="2">丙类物品储存场所</td><td>丁、戊类物品储存场所</td></tr>
<tr><td rowspan="6">民用建筑</td><td colspan="7">危险等级分类：严重危险级；中危险级；轻危险级</td></tr>
<tr><td colspan="7">危险因素与危险等级的对应关系</td></tr>
<tr><td>危险因素</td><td>使用性质</td><td>人员密集程度</td><td>用电用火设备</td><td>可燃物数量</td><td>火灾蔓延速度</td><td>扑救难度</td></tr>
<tr><td>严重危险级</td><td>重要</td><td>密集</td><td>多</td><td>多</td><td>迅速</td><td>大</td></tr>
<tr><td>中危险级</td><td>较重要</td><td>较密集</td><td>较多</td><td>较多</td><td>较迅速</td><td>较大</td></tr>
<tr><td>轻危险级</td><td>一般</td><td>不密集</td><td>较少</td><td>较少</td><td>较缓慢</td><td>较小</td></tr>
</table>

【强化练习】

【单选题】

1.（**2017 年真题**）下列场所灭火器配置方案中，错误的是（　）。

A. 商场女装库房配置水型灭火器　　B. 碱金属（钾，钠）库房配置水型灭火器

C. 食用油库房配置泡沫灭火器　　D. 液化石油气罐瓶间配置干粉灭火器

【正确答案】B

【解析】发生 D 类火灾时，可用 7150 灭火剂（俗称液态三甲基硼氧六环，这类灭火剂我国目前没有现成的产品，它是特种灭火剂，适用于扑救 D 类火灾，其主要化学成分为偏硼酸三甲酯）进行灭火，也可用干沙、土或铸铁屑粉末进行灭火。碱金属遇水发生剧烈反应，不应配置水型灭火器。金属火灾处理较为困难，普通灭火器起不到效果，只能使用 7150 灭火器或者沙、金属屑。

2.（**2018 年真题**）根据现行国家标准《建筑灭火器配置设计规范》（GB 50140），下列配置灭火器的场所中，危险等级属于严重危险级的是（　）。

A. 中药材库房　　B. 酒精度数＜ 60 度的白酒库房

C. 工厂分控制室　　D. 电脑、电视机等电子产品库房

【正确答案】C

【解析】根据《建筑灭火器配置设计规范》GB 50140—2005 附录 C，中药材库房属于中危险级；酒精度数小于 60 度的白酒库房属于中危险级；工厂分控制室属于严重危险级；电脑、电视机等电子产品库房属于中危险级。故 C 选项正确。

第四节 灭火器的配置要求

<table>
<tr><th>考 点</th><th colspan="4">内 容</th></tr>
<tr><td>灭火器的设置</td><td colspan="4">（1）设置在位置明显和便于取用的地点，且不得影响安全疏散；
（2）对有视线障碍的灭火器设置点，应设置指示其位置的发光标志；
（3）灭火器的摆放应稳固，其铭牌朝外。手提式灭火器宜设置在灭火器箱内或挂钩、托架上，其顶部离地面高度不应 > 1.5m，底部离地面高度不宜 < 0.08m，灭火器箱不应上锁；
（4）灭火器不应设置在潮湿或强腐蚀性地点；
（5）灭火器不得设置在超出其使用温度范围的地点</td></tr>
<tr><td>灭火器配置场所的配置设计计算</td><td colspan="4">一个计算单元内的灭火器数量不应少于 2 具，每个设置点的灭火器数量不宜多于 5 具</td></tr>
<tr><td rowspan="2">灭火器配置场所计算单元的划分</td><td>计算单元划分</td><td colspan="3">（1）灭火器配置场所的危险等级和火灾种类均相同的相邻场所，可将一个楼层或一个防火分区作为一个计算单元；
（2）灭火器配置场所的危险等级或火灾种类不相同的场所，应分别作为一个计算单元；
（3）同一计算单元不得跨越防火分区和楼层</td></tr>
<tr><td>计算单元保护面积（S）的计算</td><td colspan="3">（1）建筑物应按其建筑面积进行计算；
（2）可燃物露天堆场，甲、乙、丙类液体储罐区，可燃气体储罐区按堆垛和储罐的占地面积进行计算</td></tr>
<tr><td rowspan="9">计算单元的最小需配灭火级别的计算</td><td colspan="4">$Q=KS/U$
式中 Q——计算单元的最小需配灭火级别，A 或 B；
S——计算单元的保护面积，m^2；
U——A 类或 B 类火灾场所单位灭火级别最大保护面积，m^2/A 或 m^2/B；
K——修正系数</td></tr>
<tr><td colspan="4">A 类火灾场所灭火器的最低配置基准</td></tr>
<tr><td>危险等级</td><td>严重危险级</td><td>中危险级</td><td>轻危险级</td></tr>
<tr><td>单具灭火器最小配置灭火级别</td><td>3A</td><td>2A</td><td>1A</td></tr>
<tr><td>单位灭火级别最大保护面积 /（m^2/A）</td><td>50</td><td>75</td><td>100</td></tr>
<tr><td colspan="4">B、C 类火灾场所灭火器的最低配置基准</td></tr>
<tr><td>危险等级</td><td>严重危险级</td><td>中危险级</td><td>轻危险级</td></tr>
<tr><td>单具灭火器最小配置灭火级别</td><td>89B</td><td>55B</td><td>21B</td></tr>
<tr><td>单位灭火级别最大保护面积 /（m^2/B）</td><td>0.5</td><td>1.0</td><td>1.5</td></tr>
</table>

续表

<table>
<tr><th>考　点</th><th colspan="5">内　容</th></tr>
<tr><td rowspan="8">计算单元的最小需配灭火级别的计算</td><td colspan="5">修正系数</td></tr>
<tr><td colspan="4">计算单元</td><td>K</td></tr>
<tr><td colspan="4">未设室内消火栓系统和灭火系统</td><td>1</td></tr>
<tr><td colspan="4">设有室内消火栓系统</td><td>0.9</td></tr>
<tr><td colspan="4">设有灭火系统</td><td>0.7</td></tr>
<tr><td colspan="4">设有室内消火栓系统和灭火系统</td><td>0.5</td></tr>
<tr><td colspan="4">可燃物露天堆场，甲乙丙类液体储罐区、可燃气体储罐区</td><td>0.3</td></tr>
<tr><td colspan="5">注意：歌舞娱乐放映游艺场所、网吧、商场、寺庙以及地下场所等的计算单元的最小需配灭火级别应在公式计算结果的基础上增加 30%。</td></tr>
<tr><td>计算单元中每个灭火器设置点的最小需配灭火级别计算</td><td colspan="5">$Q_e=Q/N$
式中　Q_e——计算单元中每个灭火器设置点的最小需配灭火级别（A 或 B）；
N——计算单元中的灭火器设置点数（个）</td></tr>
<tr><td rowspan="8">灭火器设置点的确定</td><td colspan="5">每个灭火器设置点实配灭火器的灭火级别和数量不得小于最小需配灭火级别和数量的计算值</td></tr>
<tr><td colspan="5">A、B、C 类火灾场所的灭火器最大保护距离</td></tr>
<tr><td rowspan="2">危险等级
灭火器类型</td><td colspan="2">A 类</td><td colspan="2">B、C 类场所</td></tr>
<tr><td>手提式</td><td>推车式</td><td>手提式</td><td>推车式</td></tr>
<tr><td>严重危险级</td><td>15</td><td>30</td><td>9</td><td>18</td></tr>
<tr><td>中危险级</td><td>20</td><td>40</td><td>12</td><td>24</td></tr>
<tr><td>轻危险级</td><td>25</td><td>50</td><td>15</td><td>30</td></tr>
<tr><td colspan="5">注：1.D 类火灾场所的灭火器，其最大保护距离应根据具体情况研究确定。
2. E 类火灾场所的灭火器，其最大保护距离不应低于该场所内 A 类或 B 类火灾的规定</td></tr>
</table>

【强化练习】

【单选题】

1.（**2017 年真题**）关于灭火器配置计算修正系数的说法，错误的是（　）。

A. 同时设置室内消火栓系统，灭火系统和火灾自动报警系统时，修正系数为 0.3

B. 仅设置室内消火栓系统时，修正系统为 0.9

C. 仅设有灭火系统时，修正系统为 0.7

D. 同时设置室内消火栓系统和灭火系统时，修正系统为 0.5

【正确答案】A

【解析】同时设置室内消火栓系统、灭火系统，修正系数为0.5，故A项错误，D项正确；设有室内消火栓系统，修正系数为0.9，B项正确；设有灭火系统，修正系数为0.7，C项正确。修正系数为0.3的情况为：可燃物露天堆场，甲、乙、丙类液体储罐区，可燃气体储罐区。

2.（2015年真题）地下汽车库配置灭火器时，计算单元的最小需配灭火级别计算应比地上汽车库增加（　）。

A. 10%　　B. 20%　　C. 30%　　D. 25%

【正确答案】C

【解析】歌舞娱乐放映游艺场所、网吧、商场、寺庙以及地下场所等的计算单元的最小需配灭火级别应在计算结果的基础上增加30%。

第五节　安装设置

考　点	内　容	
灭火器及灭火器箱现场检查	质量保证文件检查	灭火器及其附件、灭火器箱符合市场准入规定的**证明文件、出厂合格证、使用和维修说明**
	灭火器箱现场质量检查	（1）**外观标志**检查：灭火器箱标志、铭牌、使用说明标志以及翻盖式灭火器箱开启标志； （2）**外观质量**检查：灭火器箱机械加工质量、配件及零部件安装质量及其公差等； （3）**箱体结构及箱门（盖）开启性能检查**
	灭火器及其附件现场质量检查	（1）**外观标志**检查：灭火器发光标志，以及铭牌、永久性钢印标志、警示说明等； （2）**外观质量**检查：灭火器及其附件机械加工、外表涂层质量； （3）**结构**检查：灭火器结构以及保险机构、器头（阀门）、压力指示器、喷射软管及喷嘴、推车式灭火器行驶机构等装配质量
灭火器安装设置	**手提式灭火器安装设置要求：** （1）灭火器箱不得被遮挡、上锁或者拴系； （2）**开门型**灭火器箱的箱门开启角度**不得** < 175°，**翻盖型**灭火器箱的翻盖开启角度**不得** < 100°； （3）嵌墙式灭火器箱、挂钩、托架的安装高度的安装高度，按照手提式灭火器顶部与地面距离≤ 1.5m，底部与地面距离≥ 0.08m 的要求确定； （4）**2具及以上**的手提式灭火器相邻设置在挂钩、托架上时，可任意取用其中1具	

【强化练习】

【单选题】

1.（2018年真题）某消防工程施工单位对进场的一批手提式二氧化碳灭火器进行现场检查，根据现行国家标准《建筑灭火器配置验收及检查规范》（GB 50444），（　）。

不属于该灭火器的现场检查项目。

A. 压力表指针位置　　B. 市场准入证明

C. 筒体机械损伤　　D. 永久性钢印标识

【正确答案】A

【解析】(1) 灭火器及灭火器箱质量保证文件检查：检查灭火器及其附件、灭火器箱符合市场准入规定的证明文件、出厂合格证、使用和维修说明，核查产品与市场准入文件、消防设计文件的一致性。(2) 灭火器箱现场质量检查：外观检查包括检查灭火器箱标志、铭牌、使用说明标志以及翻盖式灭火器箱开启标志。(3) 灭火器及其附件现场质量检查：外观标志检查包括检查灭火器发光标志，以及铭牌、永久性钢印标志、警示说明的内容等。外观质量检查包括检查灭火器及其附件机械加工、外表涂层质量。二氧化碳灭火器没有压力表，故本题选 A。

2.（2016 年真题）在对建筑灭火器箱进行防火检查时，应注意检查灭火器箱与地面的距离，根据现行国家消防技术标准，灭火器箱底部距地面的高度不应＜（　）cm。

A. 8　　B. 5　　C. 10　　D. 15

【正确答案】A

【解析】嵌墙式灭火器箱的安装高度，按照手提式灭火器顶部与地面距离≤ 1.50m，底部与地面距离≥ 0.08m 的要求确定。挂钩、托架的安装高度满足手提式灭火器顶部与地面距离≤ 1.50m，底部与地面距离≥ 0.08m 的要求。0.08m=8cm，所以答案选择 A。

第六节　竣工验收

考　点	内　容
灭火器配置合格判定标准	(1) 配置单元内的灭火器类型、规格、灭火级别和配置数量符合经消防设计审核、备案检查合格的**消防设计文件要求**。 (2) 每个配置单元内灭火器数量**不少于 2 具**，每个设置点的灭火器**不宜多于 5 具**；住宅楼每层公共部位建筑**面积超过** 100m^2 的，按照**每** 100m^2 **至少配置 1 具** 1A 的手提式灭火器进行安装设置，**每增加** 100m^2，增配 **1 具** 1A 的手提式灭火器。 (3) 同一配置单元内配置的不同类型灭火器，其灭火剂类型属于能相容的灭火剂
建筑灭火器竣工验收判定标准	建筑灭火器配置工程竣工验收按照**单栋建筑独立验收**，局部验收按照规定要求申报。项目缺陷划分为严重缺陷项（A）、重缺陷项（B）和轻缺陷项（C），灭火器配置验收的合格判定条件为：A=0，且 B ≤ 1，且 B+C ≤ 4；否则，验收评定为不合格

【强化练习】

【单选题】

1.（2015年真题）对在同一配置单元内设置有两种类型的灭火器的场所进行验收检查时，下列检查结论中正确的是（　）。

A. 核查灭火器的类型、数量、规格、灭火级别均符合设计要求，而且两种灭火剂的充装量相等，判定灭火器的配置合格

B. 核查灭火器的类型、数量、规格、灭火级别均符合设计要求，而且两种灭火剂的类型不相容，判定灭火器的配置合格

C. 核查灭火器的类型、数量、规格、灭火级别均符合设计要求，而且两种灭火剂的类型相容，判定灭火器的配置合格

D. 核查灭火器的类型、数量、规格、灭火级别均符合设计要求，但两种灭火剂的充装量不相等，判定灭火器的配置不合格

【正确答案】C

【解析】符合下列要求的，灭火器基本配置验收判定为合格：（1）经对照检查，配置单元内的灭火器类型、规格、灭火级别和配置数量符合消防设计审核、备案检查合格的消防审计文件要求。（2）经核对，同一配置单元配置的不同类型灭火器，其灭火剂类型属于相容的灭火剂。

第七节　维护管理

<table>
<tr><th>考　点</th><th colspan="3">内　容</th></tr>
<tr><td rowspan="3">灭火器日常管理</td><td rowspan="2">巡查</td><td>巡查内容</td><td>灭火器设置点状况，灭火器数量、外观、灭火器压力指示器以及维修标识等情况</td></tr>
<tr><td>巡查周期</td><td>消防安全重点单位每天至少巡查一次，其他单位每周至少巡查一次</td></tr>
<tr><td>检查</td><td>检查周期</td><td>灭火器的配置、外观等全面检查每月进行一次，候车（机、船）室、歌舞娱乐放映游艺等人员密集的公共场所、堆场、罐区、石油化工装置区、加油站、锅炉房、地下室等场所配置的灭火器每半月检查一次</td></tr>
<tr><td>灭火器送修</td><td colspan="2">报修条件</td><td>日常管理中，发现灭火器使用达到维修年限，或者灭火器存在机械损伤、明显锈蚀、灭火剂泄漏、被开启使用过、压力指示器指向红区等问题，或者符合其他报修条件的，建筑（场所）使用管理单位应按照规定程序予以送修</td></tr>
</table>

续表

考　点	内　容	
灭火器送修	维修年限	（1）手提式、推车式水基型灭火器出厂期**满 3 年**，首次维修以后**每满 1 年**； （2）手提式、推车式干粉灭火器、洁净气体灭火器、二氧化碳灭火器出厂期**满 5 年**，首次维修以后**每满 2 年**； 注：送修的灭火器数量**不得超过**计算单元配置灭火器总数量的 1/4。超出时，应选择相同类型和操作方法的灭火器替代，替代灭火器的灭火级别**不得小于**原配置灭火器的灭火级别
灭火器维修	维修程序及其技术要求	（1）拆卸灭火器； （2）灭火剂回收处理； （3）水压试验：水压试验时，不得有泄漏、部件脱落、破裂、可见的宏观变形；二氧化碳灭火器气瓶的残余变形率**不得＞ 3%**； （4）更换零部件； （5）再充装； （6）维修记录：灭火器维修记录、报废记录与维修前的灭火器信息记录合并建档，保存期限**不得低于 5 年**
灭火器报废条件	列入国家颁布的淘汰目录的灭火器	（1）酸碱型灭火器； （2）化学泡沫型灭火器； （3）倒置使用型灭火器； （4）氯溴甲烷、四氯化碳灭火器； （5）1211 灭火器、1301 灭火器； （6）国家政策明令淘汰的其他类型灭火器
	达到报废年限的灭火器	（1）**水基型**灭火器出厂期**满 6 年**； （2）**干粉**灭火器、洁净气体灭火器出厂期**满 10 年**； （3）**二氧化碳**灭火器出厂期**满 12 年**
	存在严重损伤、重大缺陷的灭火器	（1）永久性标志模糊，无法识别； （2）筒体或者气瓶被火烧过； （3）筒体或者气瓶有严重变形； （4）筒体或者气瓶外部涂层脱落面积大于筒体或者气瓶总面积的 1/3； （5）筒体或者气瓶**外表面、连接部位、底座**有腐蚀的**凹坑**； （6）筒体或者气瓶有锡焊、铜焊或补缀等**修补痕迹**； （7）筒体或者气瓶**内部**有锈屑或内表面有腐蚀的**凹坑**； （8）水基型灭火器筒体内部的**防腐层失效**； （9）筒体或者气瓶的连接螺纹有损伤； （10）筒体或者气瓶水压试验不符合水压试验的要求； （11）灭火器产品不符合消防产品市场准入制度； （12）灭火器由**不合法的维修机构**维修的
回收处置	灭火器报废后，建筑（场所）使用管理单位按照**等效替代**的原则对灭火器进行更换	

【强化练习】

【单选题】

1.（**2016 年真题**）某消防技术服务机构的检测人员对一大型商业综合体设置的各类灭火器进行检查，根据现行国家标准《建筑灭火器配置验收及检查规范》（GB 50444）的要求，下列关于灭火器的检测结论中，正确的是（ ）。

A. 每月对顶层办公区域配置的灭火器进行一次检查，符合要求

B. 每月对商场部分配置的灭火器进行一次检查，符合要求

C. 每月对地下室配置的灭火器进行一次检查，符合要求

D. 每月对锅炉房配置的灭火器进行一次检查，符合要求

【正确答案】A

【解析】灭火器的配置、外观等全面检查每月进行一次；候车室、歌舞娱乐放映游艺等人员密集的公共场所以及堆场、罐区、石油化工装置区、加油站、锅炉房、地下室等场所配置的灭火器每半月检查一次。办公场所不属于人员密集场所，每月检查一次。

2.（**2018 年真题**）某幼儿园共配置了 20 具 4kg 磷酸铵盐干粉灭火器，委托某消防技术服务机构进行检查维护，经检查有 8 具灭火器需送修。该幼儿园无备用灭火器，根据现行国家标准《建筑灭火器配置验收及检查规范》（GB 50444），幼儿园一次送修的灭火器数量最多为（ ）具。

A. 8　　B. 6　　C. 5　　D. 7

【正确答案】C

【解析】根据《建筑灭火器配置验收及检查规范》（GB 50444—2008），送修灭火器时，一次送修数量不得超过配置计算单元所配置的灭火器总数量的 1/4。超出时，需要选择相同类型、相同操作方法的灭火器替代，且灭火器级别不得小于原配置灭火器的级别。即该幼儿园一次送修的灭火器数量 =20×1/4=5 具。

第十一章　防烟排烟系统

第一节　基础知识

<table>
<tr><th>考　点</th><th colspan="2">内　容</th></tr>
<tr><td>建筑火灾烟气控制</td><td colspan="2">建筑火灾烟气控制分为防烟和排烟两个方面。防烟采取自然通风和机械加压送风的形式，排烟则包括自然排烟和机械排烟两种形式</td></tr>
<tr><td>防烟设施设置场合</td><td colspan="2">建筑内的防烟楼梯间及其前室、消防电梯间前室或合用前室、避难走道的前室、避难层（间）</td></tr>
<tr><td rowspan="3">排烟设施设置场合</td><td>民用建筑</td><td>（1）设置在一、二、三层且房间建筑面积 > 100m^2 和设置在四层及以上或地下、半地下的歌舞娱乐放映游艺场所；
（2）中庭；
（3）公共建筑内建筑面积 > 100m^2 且经常有人停留的地上房间和建筑面积 > 300m^2 且可燃物较多的地上房间；
（4）建筑内长度 > 20m 的疏散走道</td></tr>
<tr><td>工业建筑</td><td>（1）人员、可燃物较多的丙类生产场所；
（2）丙类厂房内建筑面积 > 300m^2 且经常有人停留或可燃物较多的地上房间；
（3）建筑面积 > 5000m^2 的丁类生产车间；
（4）占地面积 > 1000m^2 的丙类仓库；
（5）高度 > 32m 的高层厂（库）中长度 > 20m 的内走道，其他厂（库）房中长度 > 40m 的疏散走道</td></tr>
<tr><td colspan="2">地下、半地下建筑（室）和地上建筑内的无窗房间，当总建筑面积 > 200m^2 或一个房间建筑面积 > 50m^2，且经常有人停留或可燃物较多时</td></tr>
</table>

【强化练习】

【单选题】

1.**（2017 年真题）**下列民用建筑的场所或部位中，应设置排烟设施的是（　）。

A. 设置在二层，房间建筑面积为 50m^2 的歌舞娱乐放映游艺场所

B. 地下一层的防烟楼梯间前室

C. 建筑面积 120m^2 的中庭

D. 建筑内长度为 15m 的疏散走道

【正确答案】C

【解析】民用建筑中应设置排烟设施的有：（1）设置在一、二、三层且房间建筑面积＞ 100m^2 和设置在四层及以上或地下、半地下的歌舞娱乐放映游艺场所；（2）中庭；（3）公共建筑中建筑面积＞ 100m^2 且经常有人停留的地上房间和建筑面积＞ 300m^2 且可燃物较多的地上房间；（4）建筑中长度＞ 20m 的疏散走道。

第二节　自然通风与自然排烟

考　点	内　容
选择自然通风方式的建筑	（1）建筑高度≤ 50m 的公共建筑、工业建筑； （2）建筑高度≤ 100m 的住宅建筑
自然通风设施的设置	（1）封闭楼梯间和防烟楼梯间应在最高部位设置面积≥ $1m^2$ 的可开启外窗或开口。当建筑高度＞ 10m 时，还应在楼梯间外墙每 5 层内设置**总面积**≥ $2m^2$ 可开启外窗或开口，且宜**每隔 2 ～ 3 层**布置一次。 （2）防烟楼梯间前室、消防电梯前室可开启外窗或开口的**有效面积不应**＜ $2m^2$，**合用前室不应**＜ $3m^2$。 （3）采用自然通风方式的避难层（间）应设有不同朝向的可开启外窗，其有效面积**不应小于**该避难层（间）地面面积的 2%，且每个朝向的有效面积**不应**＜ $2m^2$。 （4）可开启外窗应方便开启；设置在高处的可开启外窗应设置距地面高度为 1.3 ～ 1.5m 的开启装置
自然排烟方式的选择	（1）**高层**建筑一般多采用**机械排烟**方式； （2）**多层**建筑一般多采用**自然排烟**方式； （3）自然排烟口的总面积＞本防烟分区面积的 2% 时，宜采用**自然排烟**方式； （4）敞开式汽车库以及建筑面积＜ $1000m^2$ 的地下一层汽车库和修车库，其汽车进出口可直接排烟，且不大于一个防烟分区，可以不设排烟系统，但汽车库和修车库内最不利点至汽车坡道口**不应**＞ 30m
自然排烟设施的设置	1. 自然排烟窗应设置在排烟区域的顶部或外墙，并应符合下列规定： （1）当设置在外墙上时，排烟窗应在储烟仓以内，但走道、室内空间净高≤ 3m 的区域，其自然排烟窗可设置在室内净高度的 1/2 以上； （2）宜分散均匀布置，每组排烟窗的**长度不宜**＞ 3m； （3）设置在防火墙两侧的排烟窗之间的**水平距离不应**＜ 2m； （4）自动排烟窗附近应同时设置便于操作的手动开启装置，手动开启装置距地面高度宜为 1.3 ～ 1.5m； （5）走道设有机械排烟系统的建筑物，当房间面积≤ $200m^2$ 时，排烟窗的设置高度和开启方向可不限； （6）室内或走道的任一点至防烟分区内最近的排烟窗的水平距离**不应**＞ 30m，当公共建筑室内高度**超过** 6m 且具有自然对流条件时，其水平距离可增加 25%。当工业建筑采用自然排烟方式时，其水平距离不应大于建筑内空间净高的 2.8 倍。 2. 当公共建筑中的营业厅、展览厅、观众厅、多功能厅及体育馆、客运站、航站楼以及类似建筑中高度**超过** 9m 的中庭等公共建筑场所采用自然排烟方式时，应采取下列措施： （1）有火灾自动报警系统的应设置自动排烟窗，且设置集中控制的手动开启装置； （2）常开排烟口

【强化练习】

【单选题】

1.（**2017 年真题**）根据现行国家标准《建筑防烟排烟系统技术标准》（GB 51251—2017），下列民用建筑楼梯间的防烟设计方案中，错误的是（　）。

A. 建筑高度 97m 的住宅建筑，防烟楼梯间及其前室均采用自然通风方式防烟

B. 建筑高度 48m 的办公楼，防烟楼梯间及其前室均采用自然通风方式防烟

C. 采用自然通风的防烟楼梯间，楼梯间外墙上开设的可开启外窗最大布置间隔为 3 层

D. 采用自然通风方式的封闭楼梯间，在最高部位设置 1.0 ㎡的固定窗

【正确答案】D

【解析】采用自然通风方式的封闭楼梯间、防烟楼梯间，应在最高部位设置面积不小于 $1.0m^2$ 的可开启外窗或开口。

第三节　机械加压送风系统

<table>
<tr><th>考　点</th><th colspan="2">内　容</th></tr>
<tr><td>组成</td><td colspan="2">送风口、送风管道、送风机和吸风口组成</td></tr>
<tr><td>工作原理</td><td colspan="2">从安全性的角度出发，高层建筑内可分为四个安全区：
第一类安全区为防烟楼梯间、避难层；第二类安全区为防烟楼梯间前室、消防电梯间前室或合用前室；第三类安全区为走道；第四类安全区为房间；
加压送风时应使防烟楼梯间压力 > 前室压力 > 走道压力 > 房间压力，同时还要保证各部分之间的压差不要过大，以免造成开门困难，从而影响疏散</td></tr>
<tr><td rowspan="5">机械加压送风系统的选择</td><td>公共、工业建筑（高度≤ 50m）、住宅建筑（高度≤ 100m）</td><td>当前室或合用前室采用机械加压送风系统，且其加压送风口设置在前室的顶部或正对前室入口的墙面上时，楼梯间可采用自然通风方式。不符合上述规定时，防烟楼梯间应采用机械加压送风系统</td></tr>
<tr><td>公共、工业建筑（高度 > 50m）、住宅建筑（高度 > 100m）</td><td>防烟楼梯间、消防电梯前室应采用机械加压送风方式</td></tr>
<tr><td>带裙房的高层建筑</td><td>当裙房高度以上部分利用可开启外窗进行自然通风、裙房等高范围内不具备自然通风条件时，该高层建筑不具备自然通风条件的前室、消防电梯前室或合用前室应设置机械加压送风系统</td></tr>
<tr><td>地下室</td><td>（1）当地下室、半地下室楼梯间与地上部分楼梯间均需设置机械加压送风系统时，宜分别独立设置；
（2）当地上部分楼梯间利用可开启外窗进行自然通风时，地下部分不能采用自然通风的防烟楼梯间应采用机械加压送风系统</td></tr>
<tr><td>封闭楼梯间</td><td>（1）自然通风条件不能满足每 5 层内的可开启外窗或开口的有效面积不应 < $2m^2$，且在该楼梯间的最高部位应设置有效面积≥ $1m^2$ 的可开启外窗或开口的封闭楼梯间和防烟楼梯间，应设置机械加压送风系统；
（2）当封闭楼梯间位于地下且不与地上楼梯间共用而地下仅为一层时，可不设置机械加压送风系统，但应在首层设置≥ $1.2m^2$ 的可开启外窗或直通室外的门</td></tr>
</table>

续表

考 点	内 容	
机械加压送风系统的选择	避难层	（1）应设置直接对外的可开启外窗或独立的机械防烟设施，外窗应采用**乙级防火窗**或耐火极限**不低于 1h 的 C 类**防火窗； （2）设置机械加压送风系统的避难层（间），应在外墙设置固定窗，且面积不应小于该层（间）面积的 1%，每个窗的面积不应＜ 2m^2； （3）除长度＜ 60m 两端直通室外或长度＜ 30m一端直通室外，可仅在避难走道前室设置机械加压送风系统的避难走道外，避难走道及其前室应设置机械加压送风系统
	高层建筑（高度＞ 100m）	送风系统应竖向分段设计，且每段高度**不应超过** 100m
	建筑（高度≤ 50m）	当楼梯间设置加压送风井（管）道确有困难时，楼梯间可采用**直灌式**加压送风系统，并应符合下列规定： （1）建筑高度大于 32m 的高层建筑，应采用楼梯间多点部位送风的方式，送风口之间距离**不宜小于**建筑高度的 1/2； （2）直灌式加压送风系统的送风量应按计算值**增加** 20% 取值； （3）加压送风口不宜设在影响人员疏散的位置
	人防工程	人防工程的**防烟楼梯间**及其**前室或合用前室**，**避难走道的前室**应设置机械加压送风防烟设施
	汽车库	建筑高度＞ 32m 的高层汽车库、室内地面与室外出入口地坪的**高差**＞ 10m 的地下汽车库，应采用防烟楼梯间
机械加压送风系统的主要设计参数	加压送风量的选取	（1）机械加压送风系统的设计风量应充分考虑管道沿程损耗和漏风量，且不应小于计算风量的 1.2 倍。 （2）封闭避难层（间）、避难走道的机械加压送风量应按避难层（间）、避难走道净面积每平方米**不少于** 30m^3/h 计算。避难走道前室的送风量应按直接开向前室的疏散门的总断面积乘以 1m/s 门洞断面风速计算。 （3）人民防空工程的防烟楼梯间的机械加压送风量**不应**＜ 25000m^3/h。当防烟楼梯间与前室或合用前室分别送风时，防烟楼梯间的送风量**不应**＜ 16000m^3/h，前室或合用前室的送风量**不应**＜ 12000m^3/h
	风压的有关规定	（1）前室、合用前室、消防电梯前室、封闭避难层（间）与走道之间的压差应为 25 ～ 30Pa； （2）防烟楼梯间、封闭楼梯间与走道之间的压差应为 40 ～ 50Pa； （3）当系统余压值超过最大允许压力差时应采取泄压措施
	送风风速	当采用金属管道时，管道风速**不应**＞ 20m/s；当采用非金属材料管道时，**不应**＞ 15m/s。加压送风口的风速**不宜**＞ 7m/s
机械加压送风的组件与设置要求	机械加压送风机	机械加压送风机可采用轴流风机或中、低压离心风机，其安装位置应符合下列要求： （1）送风机的进风口**不应**与排烟风机的出风口**设在同一层**； （2）送风机应设置在专用机房内。该房间应采用耐火极限**不低于 2h 的隔墙**和耐火极限不低于 1.5h **的楼板**及**甲级**防火门与其他部位隔开

续表

考　点	内　容	
机械加压送风的组件与设置要求	加压送风口	加压送风口用作机械加压送风系统的风口，具有感烟和防烟的作用。加压送风口分**常开**和**常闭**两种形式； （1）除直灌式送风方式外，楼梯间宜每隔 2 ~ 3 层设一个**常开式百叶送风口**；井道的剪刀楼梯的两个楼梯间应分别每隔一层设置一个常开式百叶送风口。 （2）送风口的风速**不宜 > 7m/s**
	送风管道	管道井应采用耐火极限**不低于 1h 的隔墙**与相邻部位分隔，当墙上必须设置检修门时，应采用**乙级**防火门； 送风管道应独立设置在管道井内，当确有困难未设置在管道井内的加压送风管，其耐火极限**不应低于 1h**
	余压阀	应在防烟楼梯间与前室、前室与走道之间设置余压阀，控制余压阀两侧正压间的**压力差不超过 50Pa**

【强化练习】

【单选题】

1.（**2017 年真题**）下列建筑中，当其楼梯间的前室或合用前室采用敞开阳台时，楼梯间可不设置防烟系统的是（　）。

A. 建筑高度为 68m 的旅馆建筑　　B. 建筑高度为 52m 的生产建筑

C. 建筑高度为 81m 的住宅建筑　　D. 建筑高度为 52m 的办公建筑

【正确答案】C

【解析】建筑高度≤ 50m 的公共建筑、厂房、仓库和建筑高度≤ 100m 的住宅建筑，当其防烟楼梯间的前室符合下列条件之一时，楼梯间可不设置防烟系统：（1）前室或合用前室采用敞开阳台、凹廊；（2）前室或者合用前室有不同朝向的可开启外窗，且可开启外窗的面积满足自然排烟口的面积要求。

2.（**2017 年真题**）机械加压送风系统启动后，按照余压值从大到小排列，排序正确的是（　）。

A. 走道、前室、防烟楼梯间　　B. 前室、防烟楼梯间、走道

C. 防烟楼梯间、前室、走道　　D. 防烟楼梯间、走道、前室

【正确答案】C

【解析】为了促使防烟楼梯间内的加压空气向走道流动，以发挥对着火层烟气的阻挡作用，要求在加压送风时，防烟楼梯间的空气压力要大于前室的空气压力，而前室的空气压力要大于走道的空气压力。

第四节　机械排烟系统

<table>
<tr><th>考　点</th><th colspan="3">内　容</th></tr>
<tr><td>组成</td><td colspan="3">机械排烟系统是由挡烟垂壁（活动式或固定式挡烟垂壁，或挡烟隔墙、挡烟梁）、排烟口（或带有排烟阀的排烟口）、排烟防火阀、排烟道、排烟风机和排烟出口组成的</td></tr>
<tr><td rowspan="6">机械排烟系统的选择</td><td colspan="3">（1）建筑内应设排烟设施，但不具备自然排烟条件的房间、走道及中庭等，高层建筑，均应采用机械排烟方式</td></tr>
<tr><td colspan="3">（2）人防工程以下位置应设置机械排烟设施：
①建筑面积 > $50m^2$，且经常有人停留或可燃物较多的房间和大厅；
②丙、丁类生产车间；
③总长度 > 20m 的疏散走道；
④电影放映间和舞台等</td></tr>
<tr><td colspan="3">（3）除敞开式汽车库、建筑面积 < $1000m^2$ 的地下一层汽车库和修车库外，汽车库和修车库应设置排烟系统</td></tr>
<tr><td colspan="3">（4）机械排烟系统横向应按每个防火分区独立设置</td></tr>
<tr><td colspan="3">（5）建筑高度超过 50m 的公共建筑和建筑高度超过 100m 的住宅排烟系统应竖向分段独立设置，且每段高度，公共建筑不宜超过 50m，住宅不宜超过 100m</td></tr>
<tr><td colspan="3">注意：在同一个防烟分区内不应同时采用自然排烟方式和机械排烟方式</td></tr>
<tr><td rowspan="16">排烟系统设计计算</td><td colspan="3">排烟系统的设计风量不应小于该系统计算风量的 1.2 倍</td></tr>
<tr><td colspan="3">每一个防烟分区的排烟量计算</td></tr>
<tr><td>场所（除中庭外）</td><td>排烟量</td><td>设置自然排烟窗 / 口</td></tr>
<tr><td>净高≤ 6m</td><td>$\geqslant 60m^3/(h \cdot m^2)$ 且取值 $\geqslant 15000m^3/h$</td><td>有效面积不小于该房间建筑面积 2%</td></tr>
<tr><td>净高＞ 6m</td><td colspan="2">根据场所内的热释放速率以及标准的相关规定计算确定</td></tr>
<tr><td>仅在走道或回廊</td><td>不应 < $13000m^3/h$</td><td>在走道两端（侧）均设置面积 $\geqslant 2m^2$，且两侧自然排烟窗（口）的距离不应小于走道长度的 2/3</td></tr>
<tr><td>房间内与走道或回廊均需设置</td><td>可按 $60m^3/(h \cdot m^2)$ 计算，且 $\geqslant 13000m^3/h$</td><td>有效面积不小于走道、回廊建筑面积 2%</td></tr>
<tr><td colspan="3">中庭排烟量的设计计算</td></tr>
<tr><td rowspan="2">中庭周围场所设有排烟系统</td><td>机械排烟</td><td>周围场所防烟分区中最大排烟量 2 倍计算，且不应 < $10700m^3/h$</td></tr>
<tr><td>自然排烟</td><td>风速≤ 0.5m/s 计算有效开窗面积</td></tr>
<tr><td rowspan="2">中庭周围场所不需设置排烟系统</td><td>仅在回廊设置排烟系统</td><td>中庭的排烟量不应 < $40000m^3/h$</td></tr>
<tr><td>中庭采用自然排烟系统</td><td>风速≤ 0.4m/s 计算有效开窗面积</td></tr>
<tr><td colspan="3">当一个排烟系统担负多个防烟分区排烟时，其系统排烟量的计算</td></tr>
<tr><td>场　所</td><td colspan="2">排烟量</td></tr>
<tr><td>净高＞ 6m</td><td colspan="2">按排烟量最大的一个防烟分区的排烟量计算</td></tr>
<tr><td>净高≤ 6m</td><td colspan="2">应按任意两个相邻防烟分区的排烟量之和的最大值计算</td></tr>
</table>

续表

考　点	内　容	
机械排烟系统的组件与设置要求	排烟风机	（1）排烟风机宜设置在排烟系统的**顶部**，烟气出口宜**朝上**； （2）排烟风机应能在 280℃时连续工作不少于 30min； （3）排烟风机应设置在专用机房内，两侧应有 600mm 以上的空间
	排烟阀（口）	（1）排烟口应设在防烟分区所形成的储烟仓内，防烟分区内任一点与最近的排烟口的水平距离**不应** > 30m； （2）走道、室内空间净高≤ 3m 的场所内排烟口应设置在其净空**高度的** 1/2 以上，当设置在侧墙时，其最近的边缘与吊顶的距离**不应** > 0.5m； （3）排烟口的设置宜使烟流方向与人员疏散方向相反，排烟口与附近安全出口相邻边缘之间的水平距离**不应** < 1.5m； （4）排烟口的风速**不宜** > 10m/s
	排烟管道	（1）排烟管道必须采用不燃材料制作，且不应采用土建风道。当采用金属风道时，管道风速**不应** > 20m/s；当采用非金属材料风道时，**不应** > 15m/s； （2）当吊顶内有可燃物时，吊顶内的排烟管道应采用不燃烧材料进行隔热，并应与可燃物保持≥ 1.5m 的距离； （3）排烟管道井应采用耐火极限≥ 1h 的隔墙与相邻区域分隔；排烟管道的耐火极限不应低于 0.5h； （4）当排烟管道竖向穿越防火分区时，垂直风道应设在管井内，且排烟井道必须要有 1h 的耐火极限
	挡烟垂壁	**有效高度**≥ 5m；挡烟垂壁是用于分隔防烟分区的装置或设施，可分为固定式和活动式
补风	补风量	补风量不应小于排烟量的 50%
	补风风速	机械补风口的风速不宜＞ 10m/s，人员密集场所补风口的风速不宜＞ 5m/s；自然补风口的风速不宜＞ 3m/s
	补风口	补风口与排烟口水平距离不应＜ 5m

【强化练习】

【单选题】

1.（**2017 年真题**）高度≤ 6.0m 的民用建筑采用自然排烟的防烟分区内任一点至最近排烟窗的水平距离不应＞（　）m。

A. 20　　B. 35　　C. 50　　D. 30

【正确答案】D

【解析】排烟口应设在防烟分区所形成的储烟仓内，当用隔墙或挡烟垂壁划分防烟分区时，每个防烟分区应分别设置排烟口，排烟口的设置应经计算确定，且防烟分区内任一点与最近的排烟口的水平距离不应＞ 30m。

2.（**2018 年真题**）某二类高层建筑设有独立的机械排烟系统，该机械排烟系统的组件可不包括（　）。

A. 在 280℃的环境条件下能够连续工作 30min 的排烟风机

B. 动作温度为 70℃的防火阀

C. 采取了隔热防火措施的镀锌钢板风道

D. 可手动和电动启动的常闭排烟口

【正确答案】B

【解析】机械排烟设施包括排烟风机、排烟管道、排烟防火阀、排烟口、挡烟垂壁等。（1）排烟风机应保证在 280℃的环境条件下能连续工作不少于 30min。（2）安装在机械排烟设施的风管（风道）管壁上作为烟气吸入口，平时呈关闭状态并满足允许漏风量要求，火灾或需要排烟时手动或电动打开，起排烟作用，外加带有装饰口或进行过装饰处理的阀门称为排烟口。（3）挡烟垂壁是用于分隔防烟分区的装置或设施，可分为固定式和活动式。动作温度为 70℃的防火阀主要应用在通风空调系统中，70℃自动关闭。

第五节　系统组件（设备）安装前检查

考　点	内　容		
现场检验	项目	检查内容	检查数量
	风管检查要求	（1）材料品种、规格、厚度等； （2）有耐火极限要求的风管的本体、框架与固定材料、密封垫料等必须为不燃材料，材料品种、规格、厚度及耐火极限等	按风管、材料加工批次的数量抽查 10%，且**不少于 5 件**
	阀（口）检查要求	（1）排烟防火阀、送风口、排烟阀或排烟口等符合有关消防产品标准的规定，型号、规格应符合设计要求，手动开启灵活、关闭可靠严密	按种类、批抽查 10%，且**不得少于 2 个**
		（2）电动防火阀、送风口和排烟阀或排烟口等的驱动装置，动作应可靠，在最大工作压力下工作正常	按批抽查 10%，且**不得少于 1 件**
		（3）防烟、排烟系统柔性短管的制作材料必须为不燃材料	**全数检查**
	风机检查要求	符合有关消防产品标准的规定，其型号、规格、数量应符合设计要求，出口方向应正确	**全数检查**

【强化练习】

【单选题】

1. **（2016 年真题）**防排烟系统施工安装前，对风管部件进行现场检验时，下列检查项目中，不属于现场检查项目的是（　）。

A. 电动防火阀　　B. 送风口　　C. 正压送风机　　D. 柔性短管

【正确答案】C

【解析】正压送风机属于风机检验项目，故选项 C 不属于风管部件现场检验。

第六节　系统安装检测与调试

<table>
<tr><th>考　点</th><th colspan="3">内　容</th></tr>
<tr><td rowspan="6">系统的安装与检测</td><td rowspan="5">部件的安装与检测</td><td>检测内容</td><td>检查数量</td></tr>
<tr><td>排烟防火阀：阀门应顺气流方向关闭，防火分区隔墙两侧的排烟防火间，距墙端面不应＞ 200mm</td><td rowspan="3">各系统按不小于 30% 检查</td></tr>
<tr><td>送风口、排烟阀（口）：排烟口距可燃物或可燃构件的距离不应＜ 1.5m</td></tr>
<tr><td>常闭送风口、排烟阀（口）：距楼地面 1.3 ～ 1.5m 的便于操作的位置</td></tr>
<tr><td>挡烟垂壁：活动挡烟垂壁与建筑结构（柱或墙）面的缝隙不应＞ 60mm</td><td>全数检查</td></tr>
<tr><td>风机的安装与检测</td><td colspan="2">送风机的进风口不应与排烟风机的出风口设在同一面上。风机外壳至墙壁或其他设备的距离不应＜ 600mm</td></tr>
<tr><td rowspan="5">设备单机调试</td><td>排烟防火阀</td><td colspan="2">（1）模拟火灾，相应区域火灾报警后，同一防火分区内排烟管道上的其他阀门应联动关闭；
（2）阀门关闭后的状态信号应能反馈到消防控制室；
（3）阀门关闭后应能联动相应的风机停止</td></tr>
<tr><td>常闭送风口、排烟阀（口）</td><td colspan="2">（1）模拟火灾，相应区域火灾报警后，同一防火分区的常闭送风口和同一防烟分区的排烟阀或排烟口应联动开启；
（2）阀门开启后的状态信号应能反馈到消防控制室；
（3）阀门开启后应能联动相应的风机启动</td></tr>
<tr><td>活动挡烟垂壁</td><td colspan="2">模拟火灾，相应区域火灾报警后，同一防烟分区内挡烟垂壁应在 60s 内联动下降到设计高度</td></tr>
<tr><td>自动排烟窗</td><td colspan="2">模拟火灾，相应区域火灾报警后，同一防烟分区内排烟窗应能联动开启；完全开启时间应在 60s 内或小于烟气充满储烟仓时间内</td></tr>
<tr><td>送风机、排烟风机</td><td colspan="2">手动开启风机，风机应正常运转 2h，叶轮旋转方向应正确、运转平稳、无异常振动与声响</td></tr>
<tr><td rowspan="2">系统联动调试</td><td>机械加压送风系统</td><td colspan="2">（1）当任何一个常闭送风口开启时，相应的送风机均能同时启动；
（2）与火灾自动报警系统联动调试。当火灾自动报警探测器发出火警信号后，应在 15s 内启动有关部位的送风口、送风机</td></tr>
<tr><td>机械排烟系统</td><td colspan="2">（1）当任何一个常闭排烟阀（口）开启时，排烟风机均能联动启动。
（2）与火灾自动报警系统联动调试。当火灾自动报警探测器发出火警信号后，机械排烟系统应启动有关部位的排烟阀或排烟口、排烟风机。
（3）有补风要求的机械排烟场所，当火灾确认后，补风系统应启动</td></tr>
</table>

【强化练习】

【单选题】

1.（**2018 年真题**）对某大厦设置的机械防烟系统的正压送风机进行单机调试，下列调试方法和结果中，不符合现行国家标准《建筑防烟排烟系统技术标准》（GB 51251）的是（　）。

A. 模拟火灾报警后，相应防烟分区的正压送风口打开并联动正压送风机启动

B. 手动开启正压送风机，风机正常运转 1.0h 后，手动停止风机

C. 经现场测定，正压送风机的风量值、风压值分别为风机铭牌值的 97%、105%

D. 在消防控制室远程手动启、停正压送风机，风机启动、停止功能正常

【正确答案】B

【解析】根据《建筑防烟排烟系统技术标准》第 7.2.5 条，送分机、排烟风机调试方法及要求应符合下列规定：（1）手动开启风机，风机应正常运转 2.0h，叶轮旋转方向应正确、运转平稳、无异常振动与声响。（2）核对风机的铭牌值，并测定风机的风量、风压、电流和电压，其结果应与设计相符。（3）能在消防控制室手动控制风机的启动、停止，风机的启动、停止状态信号应能反馈到消防控制室。（4）当风机进、出管上安装单向风阀或者电动风阀时，风阀的启动与关闭应同风机的启动、停止同步。

第七节　系统验收

<table>
<tr><th>考　点</th><th colspan="2">内　容</th></tr>
<tr><td rowspan="4">系统工程质量验收判定条件</td><td>A 类不合格</td><td>（1）系统的设备、部件型号、规格与设计不符；
（2）无出厂质量合格证明文件及符合消防产品准入制度规定的文件；
（3）系统设备手动功能验收、联动功能验收、自然通风及自然排烟设施验收、机械防烟系统的验收、机械排烟系统验收中任一款功能及主要性能参数要求不符合规范要求</td></tr>
<tr><td>B 类不合格</td><td>资料查验内容任何一款不符合要求</td></tr>
<tr><td>C 类不合格</td><td>系统观感质量综合验收任一款不符合要求</td></tr>
<tr><td colspan="2">A=0 且 B ≤ 2，B+C ≤ 6 为合格，否则为不合格</td></tr>
</table>

第八节　系统维护管理

<table>
<tr><th>考　点</th><th colspan="3">内　容</th></tr>
<tr><td>系统日常巡查</td><td colspan="3">针对系统组件外观、现场状态、系统检测装置准工作状态、安装部位环境条件等的日常巡查</td></tr>
<tr><td rowspan="5">系统周期性检查维护</td><td>周期</td><td>检查项目</td><td>检查内容</td></tr>
<tr><td>每季度</td><td>防烟排烟风机、活动挡烟垂壁、自动排烟窗</td><td>功能检测启动试验及供电线路检查</td></tr>
<tr><td>每半年</td><td>排烟防火阀、送风阀（口）、排烟阀（口）</td><td>自动和手动启动试验一次</td></tr>
<tr><td>每年</td><td>全部防烟排烟系统</td><td>进行一次联动试验和性能检测</td></tr>
<tr><td colspan="3">当防烟排烟系统采用无机玻璃钢风管时，应每年对该风管进行质量检查，检查面积应不少于风管面积的 30%；排烟窗的温控释放装置、排烟防火阀的易熔片应有 10% 的备用件，且不少于 10 只</td></tr>
</table>

【强化练习】

【单选题】

1.（**2018 年真题**）消防技术服务机构对某医院设置的机械防烟系统进行维护保养的做法中，符合现行国家标准《建筑防烟排烟系统技术标准》（GB 51251）的是（　）。

A. 每年对全部送风口进行一次自动启动试验

B. 每年对机械防烟系统进行一次联动试验

C. 每半年对全部正压送风机进行一次功能检测启动试验

D. 每半年对正压送风机的供电线路进行一次检查

【正确答案】B

【解析】防烟排烟系统的系统周期性检查维护：（1）每季度应对防烟排烟风机、活动挡烟垂壁、自动排烟窗进行一次功能检测启动试验及供电线路检查。（2）每半年应对全部排烟防火阀、送风阀或送风口、排烟阀或排烟口进行自动和手动启动试验一次。（3）每年应对全部防烟排烟系统进行一次联动试验和性能检测，其联动功能和性能参数应符合原设计要求。（4）当防烟排烟系统采用无机玻璃钢风管时，应每年对该风管进行质量检查，检查面积应不少于风管面积的 30%；风管表面应光洁，无明显泛霜、结露和分层现象。（5）排烟窗的温控释放装置、排烟防火阀的易熔片应有 10% 的备用件，且不少于 10 只。

第十二章　消防供配电与电气防火

第一节　消防用电及负荷等级

<table>
<tr><th>考　点</th><th colspan="3">内　容</th></tr>
<tr><td>消防用电</td><td colspan="3">消防电源的基本要求：可靠性、耐火性、有效性、安全性、科学性和经济性</td></tr>
<tr><td rowspan="5">消防用电的负荷等级</td><td>基本概念</td><td colspan="2">消防用电负荷是指消防用电设备根据供电可靠性及中断供电所造成的损失或影响的程度，分为一级负荷、二级负荷和三级负荷</td></tr>
<tr><td>分类</td><td>适用场所</td><td>供电方式</td></tr>
<tr><td>一级负荷</td><td>（1）建筑高度 > 50m 的乙、丙类生产厂房和丙类物品库房；
（2）一类高层民用建筑；
（3）一级大型石油化工厂；
（4）大型钢铁联合企业；
（5）大型物资仓库</td><td>由两个电源供电，且符合：（1）当一个电源发生故障时，另一个电源不应同时受到破坏；（2）增设应急电源</td></tr>
<tr><td>二级负荷</td><td>（1）室外消防用水量 > 30L/s 的厂房（仓库）；
（2）室外消防用水量 > 35L/s 的可燃材料堆场、可燃气体储罐（区）和甲、乙类液体储罐（区）；
（3）粮食仓库及粮食筒仓；
（4）二类高层民用建筑；
（5）座位数超过 1500 个的电影院、剧场，座位数超过 3000 个的体育馆，任一层建筑面积 > $3000m^2$ 的商店和展览建筑，省（市）级及以上的广播电视、电信和财贸金融建筑，室外消防用水量 > 25L/s 的其他公共建筑</td><td>尽可能采用两回路供电；在负荷较小或地区供电条件较困难的情况下，允许有一回路 6kV 以上专线架空线或电缆供电</td></tr>
<tr><td>三级负荷</td><td>—</td><td>消防水泵、消防电梯、防烟排烟风机等消防设备，应急电源可采用第二路电源、带自启动的应急发电机组或由两者组成的系统供电方式</td></tr>
<tr><td>可视为一级负荷供电</td><td colspan="3">（1）电源来自两个不同的发电厂；
（2）电源来自两个区域变电站（电压在 35kV 及以上）；
（3）电源来自一个区域变电站，同时另设一台自备发电机组</td></tr>
<tr><td>消防备用电源</td><td colspan="3">消防备用电源通常有：（1）独立于工作电源的带电回路；（2）柴油发电机；（3）应急供电电源（EPS）</td></tr>
</table>

【强化练习】

【单选题】

1.（**2018 年真题**）消防用电负荷按供电可靠性及中断供电所造成的损失或影响程

度分为一级负荷、二级负荷和三级负荷。下列供电方式中，不属于一级负荷的是（ ）。

A. 来自两个不同发电厂的电源

B. 来自同一变电站的两个 6kV 回路

C. 来自两个 35kV 的区域变电站的电源

D. 来自一个区域变电站和一台柴油发电机的电源

【正确答案】B

【解析】具备下列条件之一的供电，可视为一级负荷：(1) 电源来自两个不同发电厂；(2) 电源来自两个区域变电站（电压一般在 35kV 及以上）；(3) 电源来自一个区域变电站，另一个设置自备发电设备。

第二节　消防电源供配电系统

考　点		内　容
消防用电设备的配电方式	消防负荷的电源设计	(1) 消防电源要在变压器的低压出线端设置**单独的主断路器**，不能与非消防负荷共用同一路进线断路器和同一低压母线段； (2) 消防电源应独立设置
	消防备用电源的设计	(1) 当消防电源由自备应急发电机组提供备用电源时，消防用电负荷为一级或二级的要设置自动和手动启动装置，并在 30s 内供电；当采用中压柴油发电机组时，确认火灾后要在 60s 内供电； (2) 工作电源与应急电源之间要采用自动切换方式，同时按照负载容量由大到小的原则顺序启动。电动机类负载启动间隔宜在 10 ~ 20s； (3) 当采用消防设备应急电源（FEPS）作为备用电源时，电池初装容量应为使用容量的 3 倍；三相供电的 EPS 单机容量不宜 > 120kW，单相供电的 EPS 单机容量不宜＞ 30kW，且应有单节电池保护和电能均衡装置
	配电设计	(1) 消防水泵、喷淋水泵、水幕泵和消防电梯要由变配电站或主配电室直接出线，采用**放射式**供电；防烟排烟风机、防火卷帘以及疏散照明可采用**放射式**或**树干式**供电； (2) 消防水泵、防烟排烟风机及消防电梯的两路低压电源应能在**设备机房内**自动切换，其他消防设备的电源应能在每个防火分区**配电间内**自动切换；消防控制室的两路低压电源应能在**消防控制室内**自动切换； (3) 消防水泵、防烟排烟风机和正压送风机等设备不能采用**变频调速器**作为控制装置。电动机类的消防设备不能采用 EPS/UPS 作为备用电源； (4) 主消防泵为电动机水泵，备用消防泵为柴油机水泵，主消防泵可采用**一路电源**供电； (5) 消防负荷的配电线路所设置的保护电器要具有短路保护功能，但不宜设置**过负荷保护装置**； (6) 消防负荷的配电线路**不能设置剩余电流动作保护和过、欠电压保护**； (7) 消防设备的配电装置与非消防设备的配电装置宜**分列安装**；若必须并列安装，则分界处应设防火隔断

续表

<table>
<tr><th>考　点</th><th colspan="2">内　容</th></tr>
<tr><td>电线电缆选择</td><td colspan="2">（1）火灾报警与消防联动控制系统的布线要选择铜芯绝缘导线或铜芯电缆；
（2）消防配电干线宜按防火分区划分，消防配电支线不宜穿越防火分区，当跨越防火分区时应采取防止火灾延燃的措施</td></tr>
<tr><td rowspan="3">供配电系统的设置</td><td>配电装置检查</td><td>消防用电设备的配电装置，应设置在建筑物的电源进线处或配变电所处，应急电源配电装置要与主电源配电装置分开设置</td></tr>
<tr><td>启动装置检查</td><td>当消防用电负荷为一级时，应设置自动启动装置，并在主电源断电后 30s 内供电</td></tr>
<tr><td>自动切换功能检查</td><td>消防控制室、消防水泵房、防烟和排烟风机房的消防用电设备及消防电梯等的供电设备，应在其配电线路的最末一级配电箱处设置自动切换装置。水泵控制柜、风机控制柜等消防电气控制装置不应采用变频启动方式</td></tr>
<tr><td>备供电线路的敷设</td><td colspan="2">（1）当采用矿物绝缘电缆时，可直接采用明敷设或在吊顶内敷设；
（2）当线路暗敷设时，要穿金属导管或难燃性刚性塑料导管保护，并要敷设在不燃烧结构内，保护层厚度≥ 30mm</td></tr>
</table>

【强化练习】

【单选题】

1.（**2017 年真题**）下列消防配电设计方案中，符合规范要求的是（　）。

A. 消防水泵电源由建筑一层低压分配电室出线

B. 消防电梯配电线路采用树干式供电

C. 消防配电线路设置过负载保护装置

D. 排烟风机两路电源在排烟机房内自动切换

【正确答案】D

【解析】选项 A、B 错误，消防水泵、喷淋水泵、水幕泵和消防电梯要由变配电站或主配电室直接出线，采用放射式供电；选项 C 错误，消防负荷的配电线路所设置的保护电器要具有短路保护功能，但不宜设置过负荷保护装置。选项 D 正确，排烟风机两路电源在设备机房内自动切换。

第三节　防火措施的检查

<table>
<tr><th>考　点</th><th colspan="2">内　容</th></tr>
<tr><td rowspan="3">变、配电装置防火措施的检查</td><td>变压器保护</td><td>变压器应设置短路保护装置，当发生事故时，能及时切断电源</td></tr>
<tr><td>接地措施</td><td>在中性点不接地的低压配电网络中，采用保护接地。高压电气设备，一般实行保护接地</td></tr>
<tr><td>过电流保护措施</td><td>防护电器的额定电流或整定电流不应小于回路的计算负载电流；防护电器的额定电流或整定电流不应大于回路的允许持续载流量；保证防护电器有效动作的电流不应大于回路载流量的 1.45 倍</td></tr>
</table>

续表

考　点		内　容
低压配电和控制电器防火措施的检查		低压配电和控制电器的导线绝缘应无老化、腐蚀和损伤现象；同一端子上导线连接**不应多于两根**，且两根导线线径相同，防松垫圈等部件齐全
电气线路防火措施的检查	预防电气线路短路的措施	距地面 2m 高以内的电线，应用钢管或硬质塑料保护，以防绝缘遭受损坏；在线路上应按规定安装断路器或熔断器，以便在线路发生短路时能及时、可靠地切断电源
	预防电气线路过负荷的措施	根据负载情况，选择合适的电线；严禁滥用铜丝、铁丝代替熔断器的熔丝；不准乱拉电线和接入过多或功率过大的电气设备；严禁随意增加用电设备尤其是大功率用电设备；应根据线路负荷的变化及时更换适宜容量的导线；可根据生产程序和需要，采取排列先后的方法，把用电时间调开，以使线路不超过负荷
	预防电气线路接触电阻过大的措施	导线与导线、导线与电气设备的连接必须牢固可靠；铜、铝线相接，宜采用铜铝过渡接头，也可在铜线接头处搪锡；通过较大电流的接头，应采用油质或氧焊接头，在连接时加弹力片后拧紧；要定期检查和检测接头，防止接触电阻过大，对重要的连接接头要加强监视
插座与照明开关的检查		（1）在潮湿场所应采用密封型并带保护地线触头的保护型插座，安装高度不低于 1.5m； （2）在使用 I 类电器的场所，必须设置带有保护线触头的电源插座，并将该触头与保护地线（PE 线）连成电气通路； （3）车间及试（实）验室的插座安装高度距地面≥ 0.3m；特殊场所暗装的插座安装高度距地面≥ 0.15m
照明器具的检查		（1）**卤素灯、60W 以上**的白炽灯等高温照明灯具不应设置在火灾危险性场所。超过 60W 的白炽灯、卤素灯、荧光高压汞灯等照明灯具（包括镇流器）不应安装在可燃材料和可燃构件上，聚光灯的聚光点不应落在可燃物上。灯饰材料的燃烧性能等级**不应低于** B_1 级； （2）产生腐蚀性气体的蓄电池室等场所应采用**密闭型**灯具； （3）嵌入顶棚内的灯具，灯头引线应采用柔性金属管保护，其保护长度不宜超过 1m； （4）舞台的高温灯具，灯头引线应采用**耐高温导线**或**穿瓷管保护**。霓虹灯与建筑物、构筑物表面距离≥ 20mm； （5）可燃材料仓库内宜使用低温照明灯具，并应对灯具的发热部件采取隔热等防火措施，不应使用卤钨灯等高温照明灯具。配电箱及开关**应设置在仓库外**

【强化练习】

【单选题】

1.（**2016 年真题**）为防止电气火灾发生，应采取有效措施，预防电气线路过载。下列预防电气线路过载的措施中，正确的是（　）。

A. 安装电气火灾监控器　　B. 根据负载的情况选择合适的电线

C. 安装剩余电流保护装置　　D. 安装测温式电气火灾监控探测器

【正确答案】B

【解析】预防电气线路过负荷的措施：根据负载情况，选择合适的电线；严禁滥用铜丝、铁丝代替熔断器的熔丝；不准乱拉电线和接入过多或功率过大的电气设备；严禁随意增加用电设备尤其是大功率用电设备；应根据线路负荷的变化及时更换适宜容量的导线；可根据生产程序和需要，采取排列先后的方法，把用电时间调开，以使线路不超过负荷。

第十三章　消防应急照明和疏散指示系统

第一节　系统分类与构成

<table>
<tr><th>考　点</th><th colspan="3">内　容</th></tr>
<tr><td rowspan="6">消防应急灯具分类</td><td colspan="2">分类依据</td><td>分　类</td></tr>
<tr><td colspan="2">按电源电压等级分类</td><td>A 型、B 型</td></tr>
<tr><td colspan="2">按蓄电池电源供电方式分类</td><td>自带电源型、集中电源型</td></tr>
<tr><td colspan="2">按适用系统类型分类</td><td>集中控制型、非集中控制型</td></tr>
<tr><td colspan="2">按工作方式分类</td><td>持续型、非持续型</td></tr>
<tr><td colspan="2">按用途分类</td><td>消防应急照明灯具、消防应急标志灯具</td></tr>
<tr><td rowspan="4">系统的分类与组成</td><td rowspan="2">集中控制型系统</td><td>集中电源供电方式</td><td>由应急照明控制器、应急照明集中电源、集中电源集中控制型消防应急灯具及相关附件组成</td></tr>
<tr><td>自带蓄电池供电方式</td><td>由应急照明控制器、应急照明配电箱、自带电源集中控制型消防应急灯具及相关附件组成</td></tr>
<tr><td rowspan="2">非集中控制型系统</td><td>集中电源供电方式</td><td>由应急照明集中电源、集中电源非集中控制型消防应急灯具及相关附件组成</td></tr>
<tr><td>自带蓄电池供电方式</td><td>由应急照明配电箱、自带电源非集中控制型消防应急灯具及相关附件组成</td></tr>
</table>

【强化练习】

【单选题】

1.（2017 年真题）集中电源集中控制型消防应急照明和疏散指示系统不包括（　）。

A. 分配电装置　　B. 应急照明控制器

C. 输入模块　　D. 疏散指示灯具

【正确答案】C

【解析】集中电源集中控制型系统由应急照明控制器、应急照明集中电源、应急照明分配电装置和消防应急灯具组成。

第二节　系统的功能与性能要求

<table>
<tr><th>考　点</th><th colspan="4">内　容</th></tr>
<tr><td>系统功能</td><td colspan="4">（1）应急启动功能；
（2）集中控制型系统的应急状态保持功能</td></tr>
<tr><td rowspan="5">性能要求</td><td rowspan="4">持续应急时间</td><td colspan="3">（1）建筑高度＞100m 的民用建筑，不应 < 1.5h；
（2）医疗建筑、老年人照料设施、总建筑面积＞100000m^2 的公共建筑和总建筑面积＞20000m^2 的地下、半地下建筑，不应 < 1h；
（3）其他建筑，不应 < 0.5h；
（4）城市交通隧道应符合下列规定：</td></tr>
<tr><td>隧道类别</td><td>隧道</td><td>隧道端口外接的站房</td></tr>
<tr><td>一、二类</td><td>≥ 1.5h</td><td>≥ 2h</td></tr>
<tr><td>三、四类</td><td>≥ 1h</td><td>≥ 1.5h</td></tr>
<tr><td>灯具光源应急点亮、熄灭的响应时间</td><td colspan="3">在火灾状态下，灯具光源应急点亮、熄灭的响应时间应符合下列规定：
（1）高危险场所灯具光源应急点亮的响应时间不应 > 0.25s；
（2）其他场所灯具光源应急点亮的响应时间不应 > 5s；
（3）具有两种及以上疏散指示方案的场所，标志灯光源点亮、熄灭的响应时间不应 > 5s</td></tr>
</table>

【强化练习】

【单选题】

1. 高危险场所灯具光源应急点亮的响应时间不应＞（　）s。

A. 0.15　　B. 0.25　　C. 0.5　　D. 1

【正确答案】B

【解析】高危险场所灯具光源应急点亮的响应时间不应＞ 0.25s，其他场所灯具光源应急点亮的响应时间不应＞ 5s。

第三节　系统设计要求

考　点	内　容		
灯具的选型	规定	（1）应选采用节能光源的灯具，消防应急照明灯具的光源色温不应低于 2700K； （2）不应采用蓄光型指示标志替代消防应急标志灯具； （3）标志灯应选择**持续型**灯具； （4）交通隧道和地铁隧道宜选择带有**米标**的方向标志灯	
	距地面 8m 及以下灯具的电压等级及供电方式	（1）应选择 **A 型**灯具； （2）地面上设的标志灯应选择**集中电源 A 型**灯具； （3）未设消防控制室的住宅，疏散走道、楼梯间等场所可选**自带电源 B 型**灯具	
	标志灯的规格	**室内高度**	**标志灯**
		> 4.5m	特大型或大型
		3.5 ～ 4.5m	大型或中型
		< 3.5m	中型或小型
	灯具及其附件的防护等级	**场所**	**防护等级**
		室外或地面	不应低于 IP67
		隧道场所、潮湿场所	不应低于 IP65
		B 型灯具	不应低于 IP34
灯具配电回路设计原则	水平疏散区域	（1）应以防火分区、同一防火分区的楼层、隧道区间、地铁站台和站厅等为基本单元设置配电回路； （2）除住宅建筑外，不同的防火分区、隧道区间、地铁站台和站厅不能共用同一配电回路； （3）避难走道应单独设置配电回路； （4）防烟楼梯间前室及合用前室内设置的灯具应由前室所在楼层的配电回路供电； （5）配电室、消防控制室、消防水泵房、自备发电机房等发生火灾时仍需工作、值守的区域和相关疏散通道，应单独设置配电回路	
	竖向疏散区域	（1）封闭楼梯间、防烟楼梯间、室外疏散楼梯应**单独设置**配电回路； （2）敞开楼梯间内设置的灯具应由灯具所在楼层或就近楼层的配电回路供电； （3）避难层和避难层连接的下行楼梯间应**单独设置**配电回路	
	灯具配电回路配接灯具数量和供电范围	（1）配接灯具的数量**不宜超过** 60 只； （2）道路交通隧道内，配接灯具的范围**不宜超过** 1000m； （3）地铁隧道内，配接灯具的范围不应超过一个区间的 1/2	
	灯具配电回路额定配接功率和额定工作电流	（1）配接灯具的额定功率总和**不应大于**配电回路额定功率的 80%； （2）**A 型**灯具配电回路的额定电流**不应** > 6A，**B 型**灯具配电回路的额定电流**不应** > 10A	

续表

考　点	内　容		
灯具供配电装置的设计	应急照明配电箱	选型	在**隧道**场所、**潮湿**场所，应选择防护等级不低于 IP65 的产品；在**电气竖井**内，应选择防护等级不低于 IP33 的产品
		设置	宜设置在值班室、设备机房、配电间或电气竖井内。人员密集场所、防烟楼梯间、封闭楼梯间，每个防火分区应设置独立的应急照明配电箱
		供电	集中控制型系统——**专用应急回路**/消防电源配电箱供电；非集中控制型系统——**正常照明配电箱**供电
		输出回路	（1）A 型应急照明配电箱，不应超过 **8 路**；B 型应急照明配电箱，不应超过 **12 路**。 （2）沿电气竖井垂直方向为不同楼层的灯具供电时，应急照明配电箱的每个输出回路在公共建筑中的供电范围**不宜超过 8 层**，在住宅的供电范围**不宜超过 18 层**
	应急照明集中电源	选择	集中电源额定输出功率**不应** > 5kW；设置在电缆竖井中的集中电源额定输出功率**不应** > 1kW；在**隧道**场所、**潮湿**场所，应选择防护等级不低于 IP65 的产品；在**电气竖井**内，应选择防护等级不低于 IP33 的产品
		设置	灯具总功率＞ 5kW 的系统，应分散设置集中电源。集中电源的额定输出功率≤ 1kW 时，可设置在电气竖井内
		供电	（1）集中控制型系统，集中设置的集中电源应由消防电源的**专用应急回路供电**；分散设置的集中电源，**消防电源配电箱供电**。 （2）非集中控制型系统，集中设置的集中电源应由**正常照明线路供电**，分散设置的集中电源应由所在防火分区、同一防火分区的楼层、隧道区间、地铁站台和站厅的**正常照明配电箱供电**
		输出回路	（1）集中电源的输出回路**不应超过 8 路**； （2）沿电气竖井垂直方向为不同楼层的灯具供电时，集中电源的每个输出回路在公共建筑中的供电范围**不宜超过 8 层**，在住宅建筑中的供电范围**不宜超过 18 层**
应急照明控制器及集中控制型系统通信线路的设计	应急照明控制器	选型	应选择具有能接收火灾报警控制器或消防联动控制器干接点信号或 DC24V 信号接口的产品； 在**隧道**场所、**潮湿**场所，应选择防护等级不低于 IP65 的产品；在**电气竖井**内，应选择防护等级不低于 IP33 的产品
		容量	直接控制灯具的总数量**不应** > 3200 只

续表

<table>
<tr><th>考　点</th><th colspan="4">内　容</th></tr>
<tr><td rowspan="3">应急照明控制器及集中控制型系统通信线路的设计</td><td rowspan="3">应急照明控制器</td><td rowspan="2">设置</td><td colspan="2">1. 在消防控制室**地面**上设置
（1）设备面盘前的操作距离，**单列**布置时不应＜ 1.5m，**双列**布置时不应＜ 2m；
（2）在值班人员经常工作的一面，设备面盘至墙的距离不应＜ 3m；
（3）设备面盘后的维修距离不宜＜ 1m；
（4）设备面盘的排列长度＞ 4m 时，其两端应设置宽度 ≥ 1m 的通道</td></tr>
<tr><td colspan="2">2. 在消防控制室**墙面**上设置
（1）设备主显示屏高度宜为 1.5 ～ 1.8m；
（2）设备靠近门轴的侧面距墙不应＜ 0.5m；
（3）设备正面操作距离不应＜ 1.2m</td></tr>
<tr><td>供电</td><td colspan="2">主电源应由**消防电源**供电，控制器的自带蓄电池电源应至少使控制器在主电源**中断后工作 3h**</td></tr>
<tr><td rowspan="9">系统线路的选择</td><td rowspan="3">系统线路电压等级的选择</td><td colspan="2">**额定工作电压等级**</td><td>**线缆**</td></tr>
<tr><td colspan="2">50V 以下</td><td>不低于交流 300/500V</td></tr>
<tr><td colspan="2">220/380V</td><td>不低于交流 450/750V</td></tr>
<tr><td rowspan="6">系统线路的选择</td><td colspan="2">**系统线路**</td><td>**铜芯导线或铜芯电缆**</td></tr>
<tr><td colspan="2">地面上设置的**标志灯**的配电线路和通信线路</td><td>耐腐蚀**橡胶线缆**</td></tr>
<tr><td rowspan="2">集中控制型系统</td><td>配电线路</td><td>**耐火**线缆</td></tr>
<tr><td>通信线路</td><td>耐火线缆 / 耐火光纤</td></tr>
<tr><td rowspan="2">非集中控制型系统</td><td>灯具采用自带蓄电池供电时</td><td>**阻燃或耐火**线缆</td></tr>
<tr><td>灯具采用集中电源供电时</td><td>**耐火**线缆</td></tr>
<tr><td rowspan="3">集中控制型系统的控制设计</td><td>系统正常工作模式（非火灾状态）</td><td colspan="3">（1）应保持**主电源**为灯具供电；
（2）系统内所有非持续型照明灯宜保持**熄灭状态**，持续型照明灯的光源应保持**节电点亮**模式；
（3）具有一种疏散指示方案的区域，区域内所有标志灯应按该区域疏散指示方案保持**节电点亮**模式</td></tr>
<tr><td>主电源断电（非火灾状态）</td><td colspan="3">集中电源或应急照明配电箱应联锁控制其配接的非持续型照明灯的光源应急点亮，持续型灯具的光源由节电点亮模式转入应急点亮模式；灯具持续应急点亮时间应符合相关规定，且**不应超过 0.5h**</td></tr>
<tr><td>正常照明电源断电（非火灾状态）</td><td colspan="3">集中电源或应急照明配电箱应在主电源供电状态下，联锁控制其配接的非持续型照明灯的光源应急点亮，持续型灯具的光源由节电点亮模式转入应急点亮模式</td></tr>
</table>

续表

<table>
<tr><th>考　点</th><th colspan="2">内　容</th></tr>
<tr><td rowspan="4">集中控制型系统的控制设计</td><td rowspan="2">自动应急启动控制</td><td>1. 应由火灾报警控制器或火灾报警控制器（联动型）的火灾报警输出信号作为系统自动应急启动的触发信号</td></tr>
<tr><td>2. 应急照明控制器接收到火灾报警控制器的火灾报警输出信号后，应自动执行下列控制操作：
（1）控制系统所有非持续型照明灯的光源应急点亮，持续型灯具的光源由节电点亮模式转入应急点亮模式；
（2）控制B 型集中电源转入蓄电池电源输出，B 型应急照明配电箱切断主电源输出；
（3）A 型集中电源应保持主电源输出，待接收到其主电源断电信号后，自动转入蓄电池电源输出；A 型应急照明配电箱应保持主电源输出，待接收到其主电源断电信号后，自动切断主电源输出</td></tr>
<tr><td rowspan="2">需要借用相邻防火分区疏散的防火分区，改变相应标志灯具指示状态的控制设计</td><td>1. 应由消防联动控制器发送的被借用防火分区的火灾报警区域信号作为控制改变该区域相应标志灯具指示状态的触发信号</td></tr>
<tr><td>2. 应急照明控制器接收到被借用防火分区的火灾报警区域信导后，应自动执行下列控制操作：
（1）按对应的疏散指示方案，控制该区域内需要变换指示方向的方向标志灯改变箭头指示方向；
（2）控制被借用防火分区入口处设置的出口标志灯的“出口指示标志”的光源熄灭、“禁止入内”指示标志的光源应急点亮；
（3）该区域内其他标志灯的工作状态不应改变</td></tr>
<tr><td>备用照明设计</td><td colspan="2">（1）备用照明灯具可采用正常照明灯具，在火灾时应保持正常的照度；
（2）备用照明灯具应由正常照明电源和消防电源专用应急回路互投后供电</td></tr>
</table>

【强化练习】

【单选题】

1. 避难层及航空疏散场所的消防应急照明由变配电所（　）。

A. 水平配电方式　　B. 放射式供电

C. 树干式供电方式　　D. 垂直配电方式

【正确答案】B

【解析】避难层及航空疏散场所的消防应急照明由变配电所放射式供电。

第四节 系统安装与调试

<table>
<tr><th>考 点</th><th colspan="3">内 容</th></tr>
<tr><td rowspan="6">系统安装</td><td rowspan="5">布线</td><td>系统线路的防护方式</td><td>（1）系统线路暗敷时，应采用金属管、可弯曲金属电气导管或 B_1 级及以上的刚性塑料管保护；
（2）系统线路明敷时，应采用金属管、可弯曲金属电气导管或槽盒保护；
（3）矿物绝缘类不燃性电缆可直接明敷</td></tr>
<tr><td>（明敷）设置吊点或支点部位</td><td>（1）管路始端、终端及接头处；
（2）距接线盒 0.2m 处；
（3）管路转角或分支处；
（4）直线段≤ 3m 处
（吊杆直径不应＜ 6mm）</td></tr>
<tr><td>（槽盒敷设）设置吊点或支点部位</td><td>（1）槽盒始端、终端及接头处；
（2）槽盒转角或分支处；
（3）直线段≤ 3m 处</td></tr>
<tr><td>管路在便于接线处装设接线盒的条件</td><td>（1）管子长度每超过 30m，无弯曲时；
（2）管子长度每超过 20m，有 1 个弯曲时；
（3）管子长度每超过 10m，有 2 个弯曲时；
（4）管子长度每超过 8m，有 3 个弯曲时</td></tr>
<tr><td colspan="2">管路暗敷时，应敷设在不燃性结构内，且保护层厚度不应＜ 30mm；
槽盒接口应平直、严密，槽盖应齐全、平整、无翘角</td></tr>
<tr><td>灯具安装</td><td>一般规定</td><td>（1）灯具应固定安装在不燃性墙体或不燃性装修材料上，不应安装在门、窗或其他可移的物体上；
（2）灯具在顶棚、疏散走道或通道的上方安装时，应符合下列规定：照明灯可采用嵌顶、吸顶和吊装式安装。标志灯可采用吸顶和吊装式安装。室内高度＞ 3.5m 的场所，特大型、大型、中型标志灯宜采用吊装式安装；
（3）灯具在侧面墙或柱上安装时：可采用壁挂式或嵌入式安装。安装高度距地面≤ 1m 时，灯具表面凸出墙面或柱面的部分不应有尖锐角、毛刺等凸出物，凸出墙面或柱面最大水平距离不应超过 20mm；
（4）非集中控制型系统中，自带电源型灯具采用插头连接时，应采取使用专用工具方可拆卸的连接方式连接</td></tr>
</table>

续表

考　点	内　容		
系统安装	灯具安装	标志灯的安装	1. 标志灯安装时宜保证**标志面与疏散方向垂直**
			2. **出口标志灯**：（1）室内高度≤ 3.5m 的场所，标志灯底边离门框距离**不应 > 200mm**；室内高度＞ 3.5m 的场所，特大型、大型、中型标志灯底边距地面高度不宜＜ 3m，且**不宜 > 6m**。（2）采用吸顶或吊装式安装时，标志灯距安全出口或疏散门所在墙面的距离**不宜 > 50mm**
			3. **方向标志灯** （1）应保证标志灯的箭头指示方向与疏散指示方案一致； （2）安装在疏散走道、通道两侧的墙面或柱面上时，标志灯底边距地面的高度应＜ 1m； （3）安装在疏散走道、通道上方时，室内高度≤ 3.5m 的场所，标志灯底边距地面的高度**宜为 22 ~ 2.5m**；室内高度＞ 3.5m 的场所，特大型、大型、中型标志灯底边距地面高度**不宜 < 3m**，且**不宜 > 6m**； （4）安装在疏散走道、通道转角处的上方或两侧时，标志灯与转角处边墙的距离**不应 > 1m**
			4. **楼层标志灯**：应安装在楼梯间内朝向楼梯的正面墙上，标志灯底边距地面的高度宜为 2.2 ~ 2.5m
		照明灯的安装	（1）照明灯宜安装在**顶棚**上； （2）当条件限制时，照明灯可安装在走道侧面墙上，但安装高度**不应在距地面 1 ~ 2m 处**；在距地面 1m 以下侧面墙上安装时，应保证灯具光线照射在灯具的水平线以下； （3）照明灯**不应安装在地面上**
	应急照明控制器、集中电源、应急照明配电箱安装		安装应符合下列规定： （1）应安装牢固，不得倾斜； （2）在轻质墙上应采用壁挂方式安装时，应采取加固措施； （3）落地安装时，其底边应高出地（楼）面 100 ~ 200mm； （4）设备在电气竖井内安装时，应采用下出口进线方式； （5）设备接地应牢固，并应设置明显标识
			接线应符合下列规定： （1）引入设备的电缆或导线，配线应整齐，不宜交叉，并应固定牢靠； （2）线缆芯线的端部，均应标明编号，并与图样一致，字迹应清晰且不易褪色； （3）端子板的每个接线端，**接线不得超过 2 根**； （4）线缆应留有≥ 200mm 的余量； （5）导线应绑扎成束； （6）线缆穿管、槽盒后，应将管口、槽口封堵
系统调试	一般规定		（1）包括系统部件的功能调试和系统功能调试； （2）系统调试结束后，应编写调试报告；施工单位、设备制造企业应向建设单位提交系统竣工图，材料、系统部件及配件进场检查记录，安装质量检查记录，调试记录及产品检验报告，合格证明材料等相关材料

续表

考　点	内　容	
系统调试	调试	**应急照明控制器调试** （1）自检功能； （2）操作级别； （3）主、备电源的自动转换功能； （4）故障报警功能； （5）消音功能； （6）一键式检查功能
		集中电源调试 （1）操作级别； （2）故障报警功能； （3）消音功能； （4）电源分配输出功能； （5）集中控制型集中电源电源转换手动测试功能； （6）集中控制型集中电源通信故障连锁控制功能； （7）集中控制型集中电源灯具应急状态保持功能
		应急照明配电箱调试 （1）主电源分配输出功能； （2）集中控制型应急照明配电箱主电源输出关断测试功能； （3）集中控制型应急照明配电箱通信故障连锁控制功能； （4）集中控制型应急照明配电箱灯具应急状态保持功能
	集中控制型系统的系统功能调试	**非火灾状态下，系统正常工作模式调试：** 系统功能调试前，集中电源的蓄电池组、灯具自带的蓄电池应连续充电 24h。灯具采用集中电源供电时，集中电源应保持**主电源**输出；灯具采用自带蓄电池供电时，应急照明配电箱应保持主电源输出
		非火灾状态下，系统主电源断电控制功能调试： 集中电源、应急照明配电箱配接的所有非持续型照明灯的光源应应急点亮，持续型灯具的光源应由节电点亮模式转入应急点亮模式；灯具持续应急点亮时间应符合设计文件的规定，且不应＞ 0.5h
		非火灾状态下，系统正常照明电源断电控制功能调试： 该区城所有非持续型照明灯的光源应应急点亮，持续型灯具的光源应由节电点亮模式转入应急点亮模式
		火灾状态下，系统自动应急启动功能调试： 系统内所有的非持续型照明灯的光源应应急点亮，持续型灯具的光源应由节电点亮模式转入应急点亮模式，**高危险场所**灯具光源应急点亮的响应时间不应＞ 0.25s，其他场所灯具光源应急点亮的响应时间不应＞ 5s。系统配接的 B 型集中电源应转入**蓄电池**电源输出，B 型应急照明配电箱应切断**主电源**输出。系统配接的 A 型集中电源、A 型应急照明配电箱应保持**主电源**输出；系统主电源断电后，A 型集中电源应转入**蓄电池电源**输出
		火灾状态下，借用相邻防火分区疏散的防火分区，标志灯指示状态改变功能调试： 该防火分区内，按不可借用相邻防火分区疏散工况条件对应的疏散指示方案，需要变换指示方向的方向标志灯应改变箭头指示方向，通向被借用防火分区入口的出口标志灯的“出口指示标志”的光源应熄灭、“禁止入内”指示标志的光源应应急点亮；灯具改变指示状态的响应时间不应＞ 5s

【强化练习】

【单选题】

1.（2018 年真题）对一家大型医院安装的消防应急照明和疏散指示系统的安装质量进行检查。下列检查结果中，符合现行国家标准《建筑设计防火规范》（GB 50016）的是（　）。

A. 消防控制室内的应急照明灯使用插头连接在侧墙上部的插座上

B. 疏散走道的灯光疏散指示标志安装在距离地面 1.1m 的墙面上

C. 主要疏散走道的灯光疏散指示标志的安装距离为 30m

D. 门诊大厅、疏散走道的应急照明灯嵌入式安装在吊顶上

【正确答案】D

【解析】《建筑设计防火规范》（GB 5006—2014）第 10.3.4 条，疏散照明灯具应设置在出口的顶部、墙面的上部或顶棚上；备用照明灯具应设置在墙面的上部或顶棚上。第 10.3.5 条，公共建筑、建筑高度大于 54m 的住宅建筑、高层厂房（库房）和甲乙丙类单、多层厂房，应设置灯光疏散指示标志，并应符合下列规定：①应设置在安全出口和人员密集的场所的疏散门的正上方；②应设置在疏散走道及其转角处距地面高度 1.0m 以下的墙面或地上。灯光疏散指示标志的间距不应＞ 20m；对于袋形走道不应＞ 10m；在走道转角区不应＞ 1m。应急照明灯不应使用插头连接。

第五节　系统检测验收与运行维护

一、系统检测验收

<table>
<tr><th colspan="2">考　点</th><th colspan="3">内　容</th></tr>
<tr><th colspan="2">检测、验收对象</th><th>检测、验收项目</th><th>检测数量</th><th>验收数量</th></tr>
<tr><td colspan="2">布线</td><td>（1）线路的防护方式；
（2）槽盒、管路安装质量；
（3）系统线路选型；
（4）电线电缆敷设质量</td><td rowspan="5">全部防火分区、楼层、隧道区间、地铁站台和站厅</td><td rowspan="5">建、构筑物中含有5个及以下防火分区、楼层、隧道区间、地铁站台和站厅的，应全部检验；超过5个防火分区、楼层、隧道区间、地铁站台和站厅的，应按实际区域数量20%的比例抽验，但抽验总数不应＜5个</td></tr>
<tr><td rowspan="4">非集中控制型系统</td><td rowspan="2">未设置火灾自动报警系统的场所</td><td>1. 非火灾状态下的系统功能
（1）系统正常工作模式；
（2）灯具的感应点亮功能</td></tr>
<tr><td>2. 火灾状态下的系统手动应急启动功能
（1）照明灯设置部位地面的最低水平照度；
（2）系统在蓄电池电源供电状态下的应急工作时间</td></tr>
<tr><td rowspan="2">设置区域火灾自动报警系统的场所</td><td>1. 非火灾状态下的系统功能
（1）系统正常工作模式；
（2）灯具的感应点亮功能</td></tr>
<tr><td>2. 火灾状态下的系统应急启动功能
（1）系统自动应急启动功能；
（2）系统手动应急启动功能：
①照明灯设置部位地面的最低水平照度；
②系统在蓄电池电源供电状态下的应急工作时间</td></tr>
<tr><td rowspan="3">集中控制型系统</td><td>应急照明控制器</td><td>（1）应急照明控制器设计；
（2）设备选型；
（3）消防产品准入制度；
（4）设备设置；
（5）设备供电；
（6）安装质量；
（7）基本功能</td><td rowspan="3">实际安装数量</td><td rowspan="3">与抽查防火分区、楼层、隧道区间、地铁站台和站厅相关的设备数量</td></tr>
<tr><td rowspan="2">系统功能</td><td>1. 非火灾状态下的系统功能
（1）系统正常工作模式；
（2）系统主电源断电控制功能；
（3）系统正常照明电源断电控制功能</td></tr>
<tr><td>2. 火灾状态下的系统控制功能
（1）系统自动应急启动功能；
（2）系统手动应急启动功能：
①照明灯设置部位地面的最低水平照度；
②系统在蓄电池电源供电状态下的应急工作时间</td></tr>
</table>

二、验收标准

项　目	规　定
A 类项目	（1）系统中的应急照明控制器、集中电源、应急照明配电箱和灯具的选型与设计文件的符合性； （2）系统中的应急照明控制器、集中电源、应急照明配电箱和灯具消防产品准入制度的符合性； （3）应急照明控制器的应急启动、标志灯指示状态改变控制功能； （4）集中电源、应急照明配电箱的应急启动功能； （5）集中电源、应急照明配电箱的连锁控制功能； （6）灯具应急状态的保持功能； （7）集中电源、应急照明配电箱的电源分配输出功能
B 类项目	（1）资料的齐全性、符合性； （2）系统在蓄电池电源供电状态下的持续应急工作时间
C 类项目	其余项目均为 C 类项目
判定标准	A=0 且 B ≤ 2，B+C ≤ 5% 为合格，否则为不合格
当有不合格时，应修复或更换，并进行复验。复验时，对有抽验比例要求的，应**加倍**检验	

三、检查项目及数量

检查对象	检查项目	检查数量	
集中控制型系统	手动应急启动功能	**每月、季**	系统
	火灾状态下自动应急启动功能	**每年**	每一个防火分区
	持续应急工作时间	**每月**	每一台灯具
非集中控制型系统	手动应急启动功能	**每月、季**	系统
	持续应急工作时间	**每月**	每一台灯具

第十四章　火灾自动报警系统

第一节　火灾探测器、手动火灾报警按钮和火灾自动报警系统分类

<table>
<tr><th>考　点</th><th colspan="2">内　容</th></tr>
<tr><td rowspan="5">火灾探测器分类</td><td>分类标准</td><td>分　类</td></tr>
<tr><td>探测火灾特征参数</td><td>感温、感烟、感光、气体和复合火灾探测器</td></tr>
<tr><td>监视范围</td><td>点型、线型火灾探测器</td></tr>
<tr><td>是否有复位功能</td><td>可复位和不可复位探测器</td></tr>
<tr><td>是否具有可拆卸性</td><td>可拆卸和不可拆卸探测器</td></tr>
<tr><td>手动火灾报警按钮分类</td><td colspan="2">编码型与非编码型报警按钮</td></tr>
<tr><td rowspan="4">火灾自动报警系统分类</td><td>系　统</td><td>组　成</td></tr>
<tr><td>区域报警系统</td><td>由火灾探测器、手动火灾报警按钮、火灾声光警报器、火灾报警控制器等组成</td></tr>
<tr><td>集中报警系统</td><td>由火灾探测器、手动火灾报警按钮、火灾声光警报器、消防应急广播、消防专用电话、消防控制室图形显示装置、火灾报警控制器、消防联动控制器等组成</td></tr>
<tr><td>控制中心报警系统</td><td>由火灾探测器、手动火灾报警按钮、火灾声光警报器、消防应急广播、消防专用电话、消防控制室图形显示装置、火灾报警控制器、消防联动控制器等组成，且包含两个以上集中报警系统</td></tr>
</table>

【强化练习】

【单选题】

1.（2017 年真题）某酒店厨房的火灾探测器经常误报火警，最可能的原因是（　）。

A. 厨房内安装的是感烟火灾探测器

B. 厨房内的火灾探测器编码地址错误

C. 火灾报警控制器供电电压不足

D. 厨房内的火灾探测器通信信号总线故障

【正确答案】A

【解析】感烟火灾探测器，即响应悬浮在大气中的燃烧和/或热解产生的固体或液体微粒的探测器，进一步分为离子感烟、光电感烟、红外光束、吸气型等火灾探测器。厨房平时存在油烟，宜安装点型感温火灾探测器，如安装感烟火灾探测器极易造成误报警。选项 B、C、D 中的情况，会造成漏报。

第二节　系统组成及适用范围

考　点	内　容		
火灾自动报警系统的组成	火灾探测报警系统	触发器件	主要包括火灾探测器和手动火灾报警按钮
		火灾报警装置	用于接收、显示和传递火灾报警信号，并能发出控制信号和具有其他辅助功能的控制指示设备
		火灾警报装置	用于发出区别于环境声、光的火灾警报信号的装置
		电源	主电源应当采用消防电源，备用电源可采用蓄电池
	消防联动控制系统	消防联动控制器	（核心组件）通过接收火灾报警控制器发出的火灾报警信息，按预设逻辑对建筑中设置的自动消防系统（设施）进行联动控制
		消防控制室图形显示装置	用于接收并显示各类消防设备运行的动态信息和消防管理信息，同时还具有信息传输和记录功能
		消防电气控制装置	控制各类消防电气设备
		消防电动装置	实现电动消防设施的电气驱动或释放
		消防联动模块	用于消防联动控制器和其所连接的受控设备或部件之间信号传输的设备，包括输入模块、输出模块和输入输出模块
		消火栓按钮	手动启动消火栓系统的控制按钮
		消防应急广播设备	向现场人员通报火灾，指挥并引导现场人员疏散
		消防电话	由消防电话总机、消防电话分机、消防电话插孔组成
适用范围	系　统		适用范围
	区域报警系统		仅需要报警，不需要联动自动消防设备的保护对象
	集中报警系统		具有联动要求的保护对象
	控制中心报警系统		建筑群或体量很大的保护对象

【强化练习】

【单选题】

1.（**2018年真题**）根据现行国家标准《火灾自动报警系统设计规范》(GB 50116)，（　）不应作为联动火灾声光警报器的触发器件。

A. 手动火灾报警按钮　　B. 红紫外线复合火灾探测器

C. 吸气式火灾探测器　　D. 输出模块

【正确答案】D

【解析】输出模块是用来将控制器的控制信号传输给连接的受控设备或受控部件的模块。手动报警按钮与探测器都属于能够联动触发火灾声光报警器的触发器件。故答案为D。

第三节　系统设计要求

一、系统形式选择与设计要求

<table>
<tr><th>考　点</th><th colspan="3">内　容</th></tr>
<tr><td rowspan="4">火灾自动报警系统形式的选择</td><td>报警</td><td>联动自动消防设备</td><td>报警系统</td></tr>
<tr><td>需要</td><td>不需要</td><td>区域报警系统</td></tr>
<tr><td>需要</td><td>需要</td><td>集中报警系统</td></tr>
<tr><td colspan="2">设置两个及以上消防控制室的保护对象 / 或已设置两个及以上集中报警系统的保护对象</td><td>控制中心报警系统</td></tr>
<tr><td>火灾自动报警系统的设计</td><td>控制中心报警系统的设计</td><td colspan="2">（1）有两个及以上消防控制室时，应确定其中一个为主消防控制室；
（2）主消防控制室应能显示所有火灾报警信号和联动控制状态信号，并应能控制重要的消防设备；各分消防控制室内的消防设备之间可以互相传输并显示状态信息，但不应互相控制</td></tr>
<tr><td rowspan="5">报警区域和探测区域的划分</td><td>报警区域划分</td><td colspan="2">（1）可将一个防火分区或一个楼层划分为一个报警区域，也可将发生火灾时需要同时联动消防设备的相邻几个防火分区或楼层划分为一个报警区域；
（2）电缆隧道的一个报警区域宜由一个封闭长度区间组成，一个报警区域不应超过相连的 3 个封闭长度区间；道路隧道的报警区域应根据排烟系统或灭火系统的联动需要确定，且不宜超过 150m；
（3）甲、乙、丙类液体储罐区的报警区域应由一个储罐区组成，每个 50000m³ 及以上的外浮顶储罐应单独划分为一个报警区域</td></tr>
<tr><td rowspan="4">探测区域的划分</td><td colspan="2">1. 探测区域应按独立房（套）间划分</td></tr>
<tr><td colspan="2">2. 一个探测区域的面积不宜超过 500m²；从主要入口能看清其内部，且面积不宜超过 1000m² 的房间，也可划为一个探测区域</td></tr>
<tr><td colspan="2">3. 红外光束感烟和缆式线型感温火灾探测器的探测区域的长度，不宜超过 100m；空气管差温火灾探测器的探测区域长度宜为 20 ～ 100m</td></tr>
<tr><td colspan="2">4. 下列场所应单独划分探测区域：
（1）敞开或封闭楼梯间、防烟楼梯间；
（2）防烟楼梯间前室、消防电梯前室、消防电梯与防烟楼梯间合用的前室、走道、坡道；
（3）电气管道井、通信管道井、电缆隧道；
（4）建筑物闷顶、夹层</td></tr>
</table>

二、火灾探测器的选择

<table>
<tr><th>考　点</th><th colspan="5">内　容</th></tr>
<tr><td rowspan="6">一般规定</td><td>阶段</td><td>烟</td><td>热</td><td>火焰辐射</td><td>火灾探测器</td></tr>
<tr><td>初期有阴燃</td><td>大量</td><td>少量</td><td>没有</td><td>感烟火灾探测器</td></tr>
<tr><td>发展迅速</td><td>大量</td><td>大量</td><td>大量</td><td>感温、感烟、火焰探测器或组合</td></tr>
<tr><td>发展迅速</td><td>少量</td><td>少量</td><td>强烈</td><td>火焰探测器</td></tr>
<tr><td colspan="4">火灾初期有阴燃阶段，且需要早期探测</td><td>增设一氧化碳火灾探测器</td></tr>
<tr><td colspan="4">使用、生产可燃气体或可燃蒸气的场所</td><td>可燃气体探测器</td></tr>
</table>

续表

考　点	内　容	
点型火灾探测器的选择	点型感烟	**适宜场所**：饭店、旅馆、教学楼、办公楼的厅堂、卧室、办公室、商场等；计算机房、通信机房、电影或电视放映室等；楼梯、走道、电梯机房、车库等；书库、档案库等
	点型离子感烟	**不适宜场所**：相对湿度经常 > 95%，气流速度 > 5m/s；有大量粉尘、水雾滞留；可能产生腐蚀性气体；在正常情况下有烟滞留；产生醇类、醚类、酮类等有机物质
	点型光电感烟	**不适宜场所**：有大量粉尘、水雾滞留；可能产生蒸气和油雾；高海拔地区；在正常情况下有烟滞留等
	点型感温	**适宜场所**：相对湿度经常＞95%；可能发生无烟火灾；有大量粉尘；吸烟室等在正常情况下有烟或蒸气滞留的场所；厨房、锅炉房、发电机房、烘干车间等不宜安装感烟火灾探测器的场所；需要联动熄灭“安全出口”标志灯的安全出口内侧；其他无人滞留且不适合安装感烟火灾探测器，但发生火灾时需要及时报警的场所
		不适宜场所：可能产生阴燃或发生火灾不及时报警将造成重大损失的场所。温度在 0℃以下的场所，不宜选择定温探测器；温度变化较大的场所，不宜选择具有差温特性的探测器
	点型火焰或图像型火焰	**适宜场所**：发生火灾时有强烈的火焰辐射，可能发生液体燃烧等无阴燃阶段的火灾，需要对火焰做出快速反应
		不适宜场所：在火焰出现前有浓烟扩散，探测器的镜头易被污染，探测器的“视线”易被油雾、烟雾、水雾和冰雪遮挡；探测区域内的可燃物是金属和无机物，探测器易受阳光、白炽灯等光源直接或间接照射
	单波段红外火焰	**不适宜场所**：探测区域内正常情况下有高温物体的场所
	紫外火焰	**不适宜场所**：正常情况下有明火作业，探测器易受 X 射线、弧光和闪电等影响的场所
	可燃气体	**适宜场所**：使用可燃气体的场所，燃气站和燃气表房以及储存液化石油气罐的场所，其他散发可燃气体和可燃蒸气的场所
	点型一氧化碳	**适宜场所**：烟不容易对流或顶棚下方有热屏障的场所；在棚顶上无法安装其他点型火灾探测器的场所；需要多信号复合报警的场所
线型火灾探测器的选择	线型光束感烟	**适宜场所**：无遮挡的大空间或有特殊要求的房间
		不适宜场所：有大量粉尘、水雾滞留，可能产生蒸气和油雾；在正常情况下有烟滞留；固定探测器的建筑结构由于振动等原因会产生较大位移的场所
	缆式线型感温	**适宜场所**：电缆隧道、电缆竖井、电缆夹层、电缆桥架，不易安装点型探测器的夹层、闷顶；各种皮带输送装置；其他环境恶劣不适合点型探测器安装的场所
	线型光纤感温	**适宜场所**：除液化石油气外的石油储罐；需要设置线型感温火灾探测器的易燃易爆场所；需要监测环境温度的地下空间等场所；公路隧道、敷设动力电缆的铁路隧道和城市地铁隧道等
	线型定温	**要求**：应保证其不动作温度符合设置场所的最高环境温度的要求
吸气式感烟火灾探测器的选择	吸气式感烟	**适宜场所**：具有高速气流的场所；点型感烟、感温火灾探测器不适宜的大空间、舞台上方、建筑高度超过 12m 或有特殊要求的场所；低温场所；需要进行隐蔽探测的场所；需要进行火灾早期探测的重要场所；人员不宜进入的场所
		不适宜场所：灰尘比较大的场所

三、系统设备的设计及设置

<table>
<tr><th>考　点</th><th colspan="2">内　容</th></tr>
<tr><td rowspan="2">火灾报警控制器和消防联动控制器的设计容量</td><td>火灾报警控制器</td><td>任意一台火灾报警控制器所连接的火灾探测器、手动火灾报警按钮和模块等设备总数和地址总数，均不应超过 3200 点，其中每一总线回路连接设备的总数不宜超过 200 点，且应留有不少于额定容量 10% 的余量</td></tr>
<tr><td>消防联动控制器</td><td>任意一台消防联动控制器地址总数或火灾报警控制器（联动型）所控制的各类模块总数不应超过 1600 点，每一联动总线回路连接设备的总数不宜超过 100 点，且应留有不少于额定容量 10% 的余量</td></tr>
<tr><td>总线短路隔离器的设计参数</td><td colspan="2">每只总线短路隔离器保护的火灾探测器、手动火灾报警按钮和模块等消防设备的总数不应超过 32 点；总线穿越防火分区时，应在穿越处设置总线短路隔离器</td></tr>
<tr><td>火灾报警控制器和消防联动控制器的设置</td><td colspan="2">（1）应设置在消防控制室内或有人员值班的房间或场所；
（2）火灾报警控制器和消防联动控制器安装在墙上时，其主显示屏高度宜为 1.5 ~ 1.8m，其靠近门轴的侧面距墙不应＜ 0.5m，正面操作距离不应＜ 1.2m</td></tr>
<tr><td rowspan="6">火灾探测器的设置</td><td>点型感烟、感温火灾探测器的安装间距</td><td>(1)在宽度＜ 3m 的内走道顶棚上设置点型探测器时，宜居中布置。感温火灾探测器的安装间距不应超过 10m；感烟火灾探测器的安装间距不应超过 15m；探测器至端墙的距离，不应大于探测器安装间距的 1/2；
（2）点型探测器至墙壁、梁边的水平距离，不应＜ 0.5m；
（3）点型探测器周围 0.5m 内，不应有遮挡物；
（4）点型探测器至空调送风口边的水平距离不应＜ 1.5m，并宜接近回风口安装。探测器至多孔送风顶棚孔口的水平距离不应＜ 0.5m</td></tr>
<tr><td rowspan="4">点型感烟、感温火灾探测器的设置数量</td><td>1. 探测区域的每个房间应至少设置一只火灾探测器</td></tr>
<tr><td>2. 在有梁的顶棚上设置点型感烟火灾探测器、感温火灾探测器时，应符合下列规定：
（1）当梁凸出顶棚的高度 < 200mm 时，可不计梁对探测器保护面积的影响；
（2）当梁凸出顶棚的高度 > 600mm 时，被梁隔断每个梁间区域应至少设置一只探测器；
（3）当梁间净距 < 1m 时，可不计梁对探测器保护面积的影响</td></tr>
<tr><td>3. 锯齿形屋顶和坡度＞ 15° 的人字形屋顶，应在每个屋脊处设置一排点型探测器</td></tr>
<tr><td>4. 房间被书架、设备或隔断等分隔，其顶部至顶棚或梁的距离小于房间净高的 5%时，每个被隔开的部分应至少安装一只点型探测器</td></tr>
<tr><td>线型光束感烟火灾探测器的设置</td><td>（1）探测器的光束轴线至顶棚的垂直距离宜为 0.3 ~ 1m，距地面高度不宜超过 20m；
（2）相邻两组探测器的水平距离不应＞ 14m，探测器至侧墙水平距离不应＞ 7m，且不应＜ 0.5m，探测器的发射器和接收器之间的距离不宜超过 100m；
（3）探测器应设置在固定结构上；
（4）探测器的设置应保证其接收端避开日光和人工光源的直接照射</td></tr>
</table>

续表

<table>
<tr><th>考 点</th><th colspan="3">内 容</th></tr>
<tr><td rowspan="8">火灾探测器的设置</td><td>线型感温火灾探测器的设置</td><td colspan="2">（1）探测器在保护电缆、堆垛等类似保护对象时，应采用接触式布置；在各种皮带输送装置上设置时，宜设置在装置的过热点附近；
（2）设置在顶棚下方的线型感温火灾探测器，至顶棚的距离宜为 0.1m。探测器的保护半径应符合点型感温火灾探测器的保护半径要求，探测器至墙壁的距离宜为 1 ~ 1.5m</td></tr>
<tr><td>管路采样吸气式感烟火灾探测器的设置</td><td colspan="2">（1）非高灵敏型探测器的采样管网安装高度不应超过 16m；高灵敏型探测器的采样管网安装高度可超过 16m；
（2）一个探测单元的采样管总长不宜超过 200m，单管长度不宜超过 100m；采样孔总数不宜超过 100 个，单管上的采样孔数量不宜超过 25 个；
（3）当采样管道采用毛细管布置方式时，毛细管长度不宜超过 4m；
（4）当采样管道布置形式为垂直采样时，每 2℃温差间隔或 3m 间隔（取最小者）应设置一个采样孔，采样孔不应背对气流方向</td></tr>
<tr><td rowspan="6">感烟火灾探测器在格栅吊顶场所的位置</td><td>镂空面积与总面积的比例</td><td>探测器设置位置</td></tr>
<tr><td>≤ 15%</td><td>吊顶下方</td></tr>
<tr><td>> 30%</td><td>吊顶上方</td></tr>
<tr><td>15% ~ 30%</td><td>根据实际试验结果确定</td></tr>
<tr><td>30% ~ 70%（地铁站台等有活塞风影响的场所）</td><td>吊顶上方和下方</td></tr>
<tr><td colspan="2">探测器设置在吊顶上方且火警确认灯无法观察到时，应在吊顶下方设置火警确认灯</td></tr>
<tr><td rowspan="2">手动火灾报警按钮的设置</td><td>安装间距</td><td colspan="2">每个防火分区应至少设置一只。从一个防火分区内的任何位置到最邻近的手动火灾报警按钮的步行距离不应 > 30m</td></tr>
<tr><td>设置部位</td><td colspan="2">（1）设置在疏散通道或出入口处。列车上设置的手动火灾报警按钮，应设置在每节车厢的出入口和中间部位；
（2）手动火灾报警按钮应设置在明显和便于操作的部位。当安装在墙上时，其底边距地面高度宜为 1.3 ~ 1.5m，且应有明显的标志</td></tr>
<tr><td>区域显示器（火灾显示盘）的设置</td><td colspan="3">每个报警区域宜设置一台；区域显示器应设置在出入口等明显和便于操作的部位。当安装在墙上时，其底边距地面高度宜为 1.3 ~ 1.5m</td></tr>
<tr><td>火灾警报器的设置</td><td colspan="3">（1）每个报警区域内应均匀设置火灾警报器，其声压级不应＜ 60dB；在环境噪声 > 60dB 的场所，其声压级应高于背景噪声 15dB；
（2）火灾警报器设置在墙上时，其底边距地面高度应＞ 2.2m</td></tr>
<tr><td>消防应急广播的设置</td><td colspan="3">（1）每个扬声器的额定功率不应 < 3W，数量应保证从一个防火分区的任何部位到最近一个扬声器的直线距离≤ 25m，走道末端距最近的扬声器距离≤ 12.5m；
（2）在环境噪声 > 60dB 的场所，在其播放范围内最远点的播放声压级应高于背景噪声 15dB；
（3）壁挂扬声器的底边距地面应 > 2.2m</td></tr>
<tr><td>消防专用电话的设置</td><td colspan="3">（1）各避难层每隔 20m 设置一个消防专用电话分机或电话插孔；
（2）电话插孔在墙上安装时，其底边距地面高度宜为 1.3 ~ 1.5m</td></tr>
<tr><td>防火门监控器的设置</td><td colspan="3">电动开门器的手动控制按钮应设置在防火门内侧墙面上，距门不宜超过 0.5m，底边距地面高度宜为 0.9 ~ 1.3m</td></tr>
</table>

四、布线设计要求

<table>
<tr><th>考　点</th><th>内　容</th></tr>
<tr><td rowspan="5">一般规定</td><td>1. 火灾自动报警系统的传输线路和 50V 以下供电的控制线路，应采用电压等级不低于交流 300/500V 的铜芯绝缘导线或铜芯电缆</td></tr>
<tr><td>2. 采用交流 220/380V 的供电和控制线路，应采用电压等级不低于交流 450/750V 的铜芯绝缘导线或铜芯电缆</td></tr>
<tr><td>3. 火灾自动报警系统的供电线路和传输线路设置在室外时，应埋地敷设</td></tr>
<tr><td>4. 火灾自动报警系统的供电线路和传输线路设置在地（水）下隧道或湿度大于 90% 的场所时，线路及接线处应做防水处理</td></tr>
<tr><td>5. 采用无线通信方式的系统设计，应符合下列规定：
（1）无线通信模块的设置间距不应大于额定通信距离的 75%；
（2）无线通信模块应设置在明显部位，且应有明显标识</td></tr>
<tr><td>室内布线设计</td><td>（1）火灾自动报警系统的传输线路应采用金属管、可挠（金属）电气导管、B_1 级以上的刚性塑料管或封闭式线槽保护；
（2）线路暗敷设时，应采用金属管、可挠（金属）电气导管或 B_1 级以上的刚性塑料管保护，并应敷设在不燃烧体的结构层内，且保护层厚度不宜 < 30mm；线路明敷设时，应采用金属管、可挠（金属）电气导管或金属封闭线槽保护。矿物绝缘类不燃性电缆可明敷</td></tr>
</table>

五、消防联动控制设计要求

<table>
<tr><th>考　点</th><th colspan="4">内　容</th></tr>
<tr><td>一般规定</td><td colspan="4">（1）火灾报警→逻辑确认→消防联动控制器应在 3s 内准确发出联动控制信号→消防设备动作→动作信号反馈给消防控制室并显示；
（2）消防联动控制器的电压控制输出应采用直流 24V，其电源容量应满足受控消防设备同时启动且维持工作的控制容量要求，当供电线路电压降超过 5% 时，其直流 24V 电源应由现场提供；
（3）应根据消防设备的启动电流参数，结合设计的消防供电线路负荷或消防电源的额定容量，分时启动电流较大的消防设备；
（4）需要火灾自动报警系统联动控制的消防设备，其联动触发信号应采用两个独立的报警触发装置报警信号的“与”逻辑组合</td></tr>
<tr><td rowspan="6">自动喷水灭火系统</td><td>系统名称</td><td colspan="2">联动触发信号</td><td>联动控制信号</td></tr>
<tr><td>湿式和干式系统</td><td colspan="2">（1）压力开关＋探测器
（2）压力开关＋手报</td><td>启动喷淋泵（同样适用于预作用和雨淋系统启泵）</td></tr>
<tr><td>预作用系统</td><td colspan="2">（1）两只感烟
（2）一只感烟＋一只手报</td><td>开启预作用阀组、开启快速排气阀前的电磁阀</td></tr>
<tr><td>雨淋系统</td><td colspan="2">（1）两只感温
（2）一只感温＋一只手报</td><td>开启雨淋阀组</td></tr>
<tr><td rowspan="2">水幕系统</td><td>保护防火卷帘</td><td>（1）卷帘下落到楼板面＋探测器
（2）卷帘下落到楼板面＋手报</td><td rowspan="2">开启水幕系统控制阀组</td></tr>
<tr><td>防火分隔</td><td>两只感温</td></tr>
<tr><td colspan="2">消火栓系统</td><td colspan="2">（1）消火栓按钮＋探测器
（2）消火栓按钮＋手报</td><td>启动消火栓泵</td></tr>
</table>

续表

<table>
<tr><th colspan="2">考 点</th><th colspan="2">内 容</th></tr>
<tr><td colspan="2" rowspan="3">气体（泡沫）灭火系统</td><td>一只感烟、其他类型或手报</td><td>启动该防护区内的火灾声光警报器</td></tr>
<tr><td>相邻感温、火焰探测器或手报</td><td>（1）关闭通风和空调、防火阀、门窗；
（2）≤ 30s 的延迟喷射时间；
（3）启动气体灭火装置</td></tr>
<tr><td colspan="2">无人防护区：1 路信号报警 + 关闭 2 路信号无延迟启动</td></tr>
<tr><td colspan="2">防烟系统</td><td>（1）两只探测器
（2）一只探测器 + 一只手报</td><td>开启送风口和加压送风机</td></tr>
<tr><td colspan="2" rowspan="2">排烟系统</td><td>（1）两只探测器
（2）一只探测器 + 一只手报</td><td>排烟口、排烟窗或排烟阀开启</td></tr>
<tr><td>排烟口（阀）、排烟窗开启</td><td>排烟风机启动</td></tr>
<tr><td colspan="2">挡烟垂壁</td><td>两只感烟</td><td>电动挡烟垂壁降落</td></tr>
<tr><td rowspan="4">防火卷帘</td><td rowspan="3">疏散通道上</td><td>两只感烟</td><td rowspan="2">防火卷帘下降至 1.8m 处</td></tr>
<tr><td>任一只专用的感烟</td></tr>
<tr><td>任一只专用的感温</td><td>防火卷帘下降至楼板</td></tr>
<tr><td>非疏散通道</td><td>两只探测器</td><td>防火卷帘直接下降至楼板</td></tr>
<tr><td colspan="2">防火门</td><td>（1）两只探测器
（2）一只探测器 + 一只手报</td><td>关闭常开防火门</td></tr>
<tr><td colspan="2">电梯</td><td>/</td><td>所有电梯停于首层或转换层</td></tr>
</table>

【强化练习】

【单选题】

1.（**2017 年真题**）关于控制中心报警系统的说法，不符合规范要求的是（　）。

A. 控制中心报警系统至少包含两个集中报警系统

B. 控制中心报警系统具备消防联动控制功能

C. 控制中心报警系统至少设置一个消防主控制室

D. 控制中心报警系统各分消防控制室之间可以相互传输信息并控制重要设备

【正确答案】D

【解析】控制中心报警系统的设计：（1）有两个及以上消防控制室时，应确定其中一个为主消防控制室。（2）主消防控制室应能显示所有火灾报警信号和联动控制状态信号，并应能控制重要的消防设备；各分消防控制室内的消防设备之间可以互相传输并显示状态信息，但不应互相控制。

2.（**2017 年真题**）湿式自动喷水灭火系统的喷淋泵，应由（　）信号直接控制启动。

A. 信号阀　　B. 水流指示器

C. 压力开关　　D. 消防联动控制器

【正确答案】C

【解析】湿式系统的联动控制方式，应由湿式报警阀压力开关的动作信号作为触发信号，直接控制启动喷淋消防泵，联动控制不应受消防联动控制器处于自动或手动状态影响。

第四节　可燃气体探测报警系统

考　点	内　容	
可燃气体探测器分类	**分类依据**	**可燃气体探测器类型**
	防爆要求	防爆型和非防爆型
	使用方式	固定式和便携式
	探测器的分布特点	点型和线型
	探测气体特征	探测爆炸气体和探测有毒气体
可燃气体报警控制器分类	**类　型**	**内　容**
	多线制可燃气体报警控制器	即采用多线制方式与可燃气体报警控制器连接
	总线制可燃气体报警控制器	即采用总线（一般为 2 ～ 4 根）方式与可燃气体探测器连接
可燃气体探测器的设置	**探测气体密度**	**探测器设置位置**
	探测气体密度＜空气密度	空间**顶部**
	探测气体密度＞空气密度	空间**下部**
	探测气体密度与空气密度相当	空间**中部或顶部**
	线型可燃气体探测器的保护区域长度不宜 > 60m	
可燃气体报警控制器的设置	**消防控制室**	**设置位置**
	有	保护区域附近
	无	有人员值班的场所

【强化练习】

【单选题】

1.（**2016 年真题**）对于可能散发相对密度为 1 的可燃气体的场所，可燃气体探测器应设置在该场所室内空间的（　）。

A. 中间高度位置　　B. 中间高度位置或顶部

C. 下部　　D. 中间高度位置或下部

【正确答案】B

【解析】探测气体密度小于空气密度的可燃气体探测器应设置在被保护空间的顶部；探测气体密度大于空气密度的可燃气体探测器应设置在被保护空间的下部；探测气体密度与空气密度相当的可燃气体探测器可设置在被保护空间的中间部位或顶部。

第五节　电气火灾监控系统

<table>
<tr><th>考　点</th><th colspan="2">内　容</th></tr>
<tr><td rowspan="3">电气火灾监控探测器的分类</td><td>分类依据</td><td>电气火灾监控探测器类型</td></tr>
<tr><td>工作方式</td><td>独立式和非独立式</td></tr>
<tr><td>工作原理</td><td>剩余电流保护式、测温式和故障电弧式</td></tr>
<tr><td rowspan="3">电气火灾监控器的分类</td><td>类　型</td><td>内　容</td></tr>
<tr><td>多线制电气火灾监控器</td><td>采用多线制方式与电气火灾监控探测器连接</td></tr>
<tr><td>总线制电气火灾监控器</td><td>采用总线（一般为 2 ～ 4 根）方式与电气火灾监控探测器连接</td></tr>
<tr><td>剩余电流式电气火灾监控探测器的设置</td><td colspan="2">（1）以设置在低压配电系统首端为基本原则，宜设置在第一级配电柜（箱）的出线端。在供电线路泄漏电流 > 500mA 时，宜在其下一级配电柜（箱）上设置；
（2）剩余电流式电气火灾监控探测器不宜设置在 IT 系统的配电线路和消防配电线路中。探测器报警值宜为 300 ～ 500mA；
（3）具有探测线路故障电弧功能的电气火灾监控探测器，其保护线路的长度不宜 > 100m</td></tr>
<tr><td rowspan="4">测温式电气火灾监控探测器的设置</td><td>保护对象</td><td>测温式电气火灾监控探测器</td></tr>
<tr><td>1000v 及以下的配电线路</td><td>接触式设置</td></tr>
<tr><td>1000v 以上的供电线路</td><td>宜选择光栅光纤测温式（设置在保护对象的表面）/ 红外测温式电气火灾监控探测器</td></tr>
<tr><td colspan="2">设置在电缆接头、端子、重点发热部件等部位</td></tr>
<tr><td>独立式电气火灾监控探测器的设置</td><td colspan="2">设有火灾自动报警系统时，独立式电气火灾监控探测器的报警信息和故障信息应在消防控制室图形显示装置或集中火灾报警控制器上显示，但该类信息与火灾报警信息的显示应有所区别。未设火灾自动报警系统时，独立式电气火灾监控探测器应将报警信号传至有人员值班的场所</td></tr>
<tr><td rowspan="3">电气火灾监控器的设置</td><td>消防控制室</td><td>设置位置</td></tr>
<tr><td>有</td><td>消防控制室内 / 保护区域附近</td></tr>
<tr><td>无</td><td>有人员值班的场所</td></tr>
</table>

【强化练习】

【单选题】

1.（2017 年真题）根据规范要求，剩余电流式电气火灾监控探测器应设置在（　）。

A. 高压配电系统末端　　B. 采用 IT、TN 系统的配电线路上

C. 泄漏电流＞ 500mA 的供电线路上　　D. 低压配电系统首端

【正确答案】D

【解析】剩余电流式电气火灾监控探测器应以设置在低压配电系统首端为基本原则，宜设置在第一级配电柜（箱）的出线端。

第六节　消防控制室

<table>
<tr><th>考　点</th><th colspan="3">内　容</th></tr>
<tr><td>建筑防火设计</td><td colspan="3">（1）单独建造的消防控制室，其耐火等级**不应低于二级**；
（2）附设在建筑内的消防控制室，宜设置在建筑内**首层的靠外墙**部位，也可设置在建筑的**地下一层**，但应采用耐火极限**不低于 2h** 的隔墙和**不低于 1.5h 的**楼板，与其他部位隔开，并应设置直通室外的安全出口；
（3）消防控制室送、回风管的穿墙处应设**防火阀**；
（4）消防控制室内严禁有与消防设施无关的电气线路及管路穿过；
（5）消防控制室不应设置在电磁场干扰较强及其他可能影响消防控制设备工作的设备用房附近</td></tr>
<tr><td>消防控制室的设备布置</td><td colspan="3">（1）消防控制室内设备面盘前的操作距离，**单列布置**时不应＜ 1.5m，**双列布置**时不应＜ 2m；
（2）在值班人员经常工作的一面，设备面盘至墙的距离不应＜ 3m；
（4）设备面盘后的维修距离不宜＜ 1m；
（5）设备面盘的排列长度＞ 4m 时，其两端应设置宽度≥ 1m 的通道；
（6）在与建筑其他弱电系统合用的消防控制室内，消防设备应集中设置，并应与其他设备之间有明显的间隔</td></tr>
<tr><td rowspan="3">消防控制室的控制与显示功能</td><td>图形显示装置</td><td colspan="2">应在 **10s 内**显示输入的火灾报警信号和反馈信号的状态信息，在 **100s 内**显示其他输入信号的状态信息；应采用中文标注和中文界面，界面对角线长度不应＜ 430mm；应能显示可燃气体探测报警系统、电气火灾监控系统的报警信息、故障信息和相关联动反馈信息</td></tr>
<tr><td>火灾报警控制器</td><td colspan="2">火灾报警控制器应能显示火灾探测器、火灾显示盘、手动火灾报警按钮的正常工作状态，火灾报警状态，屏蔽状态及故障状态等相关信息；应能控制火灾声光警报器的启动和停止</td></tr>
<tr><td>消防联动控制器</td><td>自动喷水灭火系统</td><td>（1）应能显示喷淋泵电源的工作状态；
（2）应能显示喷淋泵（稳压或增压泵）的启、停状态和故障状态，并显示水流指示器、信号阀、报警阀、压力开关等设备的正常工作状态和动作状态；
（3）应能显示消防水箱（池）最低水位信息和管网最低压力报警信息；
（4）应能手动控制喷淋泵的启、停，并显示其手动启、停和自动启动的动作反馈信号</td></tr>
<tr><td>信息传输要求</td><td colspan="3">消防控制室图形显示装置应能在接收到火灾报警信号或联动信号后 **10s 内**将相应信息按规定的通信协议格式传送给监控中心；应能在接收到建筑消防设施运行状态信息后 **100s 内**将相应信息按规定的通信协议格式传送给监控中心。当具有自动向监控中心传输消防安全管理信息功能时，消防控制室图形显示装置应能在发出传输信息指令后 100s 内将相应信息按规定的通信协议格式传送给监控中心。
消防控制室图形显示装置应有信息传输指示灯，在处理和传输信息时，该指示灯应**闪亮**，在得到监控中心的正确接收并确认后，该指示灯应**常亮**并保持直至该状态复位。当信息传送失败时应有**声、光指示**。火灾报警信息应优先于其他信息传输。信息传输不应受保护区域内消防系统及设备任何操作的影响</td></tr>
</table>

【强化练习】

【单选题】

1.（**2015 年真题**）根据《火灾自动报警系统设计规范》（GB 50116—2013）的规定，消防控制室内的设置面盘至墙的距离不应＜（　）m。

A. 1.5　　B. 3　　C. 2　　D. 2.5

【正确答案】B

【解析】消防控制室内设备面盘前的操作距离，单列布置时不应小于 1.5m，双列布置时不应小于 2m；在值班人员经常工作的一面，设备面盘至墙的距离不应小于 3m；设备面盘后的维修距离不宜小于 1m；设备面盘的排列长度大于 4m 时，其两端应设置宽度不小于 1m 的通道；在与建筑其他弱电系统合用的消防控制室内，消防设备应集中设置，并应与其他设备之间有明显的间隔。

第七节　系统安装调试

<table>
<tr><th>考　点</th><th colspan="2">内　容</th></tr>
<tr><td rowspan="7">布线</td><td colspan="2">1. 火灾自动报警系统应单独布线，系统内不同电压等级、不同电流类别的线路，不应布在同一管内或线槽的同一槽孔内</td></tr>
<tr><td colspan="2">2. 导线在管内或线槽内不应有接头或扭结。导线的接头应在接线盒内焊接或用端子连接</td></tr>
<tr><td colspan="2">3. 管路超过下列长度时，应在便于接线处装设接线盒
（1）管子长度每＞ 30m，无弯曲时；
（2）管子长度每＞ 20m，有 1 个弯曲时；
（3）管子长度每＞ 10m，有 2 个弯曲时；
（4）管子长度每＞ 8m，有 3 个弯曲时</td></tr>
<tr><td colspan="2">4. 金属管子入盒，盒外侧应套锁母，内侧应装护口；在吊顶内敷设时，盒的内外侧均应套锁母</td></tr>
<tr><td colspan="2">5. 线槽敷设时，应在下列部位设置吊点或支点：线槽始端、终端及接头处；距接线盒 0.2m 处；线槽转角或分支处；直线段≤ 3m 处</td></tr>
<tr><td colspan="2">6. 线槽接口应平直、严密，槽盖应齐全、平整、无翘角</td></tr>
<tr><td colspan="2">7. 火灾自动报警系统导线敷设后，应用 500V 绝缘电阻表测量每个回路导线对地的绝缘电阻，且绝缘电阻值不应 < 20MΩ。电源线正极应为红色，负极应为蓝色或黑色</td></tr>
<tr><td>控制器类设备的安装要求</td><td>在消防控制室内的布置要求</td><td>（1）设备面盘前的操作距离，单列布置时≥ 1.5m，双列布置时≥ 2m；
（2）在值班人员经常工作一面，设备面盘至墙的距离≥ 3m；
（3）设备面盘后的维修距离≥ 1m；
（4）设备面盘的排列长度 > 4m 时，两端应设置宽度≥ 1m 的通道；
（5）与建筑其他弱电系统合用的消防控制室内，消防设备应集中设置，并应与其他设备间有明显间隔</td></tr>
</table>

续表

考 点	内 容	
控制器类设备的安装要求	壁挂方式安装	其主显示屏高度宜为 1.5~1.8m；其靠近门轴的侧面距墙不应小于 0.5m，正面操作距离不应＜ 1.2m；落地安装时，其底边宜高出地（楼）面 0.1~0.2m
	电缆或导线的安装要求	端子板的每个接线端，接线不得超过 **2 根**，电缆芯线和导线应留有≥ 200mm 的余量，并应绑扎成束
火灾探测器的安装要求	点型感烟、感温火灾探测器	（1）探测器至墙壁、梁边的水平距离，不应＜ 0.5m； （2）探测器周围水平距离 0.5m 内，不应有遮挡物； （3）探测器至空调送风口最近边的水平距离，不应＜ 1.5m； （4）至多孔送风顶棚孔口的水平距离，不应＜ 0.5m； （5）在宽度小于 3m 的内走道顶棚上安装探测器时，宜**居中**安装； （6）点型感温火灾探测器的安装间距不应超过 10m； （7）点型感烟火灾探测器的安装间距不应超过 15m； （8）探测器至端墙的距离不应大于安装间距的一半； （9）探测器宜水平安装，当确实需倾斜安装时，倾斜角**不应** ＞ 45°
	敷设在顶棚下方的线型感温火灾探测器	探测器至顶棚距离宜为 0.1m，探测器的保护半径应符合点型感温火灾探测器的保护半径要求；探测器至墙壁距离宜为 1~1.5m
手动火灾报警按钮的安装要求	（1）手动火灾报警按钮应安装在明显和便于操作的部位。当安装在墙上时，其底边距地（楼）面高度宜为 1.3~1.5m； （2）手动火灾报警按钮的连接导线，应留有≥ 150mm 的余量，且在其端部应有明显标志	
消防电气控制装置的安装要求	手动火灾报警按钮应安装在明显和便于操作的部位。当安装在墙上时，其主显示屏高度宜为 1.5~1.8m，其靠近门轴的侧面距墙不应＜ 0.5m，正面操作距离**不应** ＜ 1.2m；落地安装时，其底边宜高出地（楼）0.1~0.2m	
模块的安装要求	（1）同一报警区域内的模块宜集中安装在金属箱内； （2）模块的连接导线，应留有≥ 150mm 的余量，其端部应有明显标志	
消防应急广播扬声器和火灾警报器的安装要求	（1）火灾光警报器应安装在安全出口附近明显处，底边距地（楼）面高度应在 2.2m 以上； （2）光警报器与消防应急疏散指示标志不宜在同一面墙上，安装在同一面墙上时，距离应＞ 1m	
消防专用电话的安装要求	消防电话、电话插孔、带电话插孔的手动报警按钮宜安装在明显、便于操作的位置，当在墙面上安装时，底边距地（楼）面高度宜为 1.3 ~ 1.5m	
系统接地要求	交流供电和 36V **以上**直流供电的消防用电设备的金属外壳应有接地保护，其接地线应与电气保护接地干线（PE 线）相连接	

续表

考　点		内　容
系统调试要求	火灾报警控制器	（1）使控制器与探测器之间的连线断路和短路，控制器应在 100s 内发出故障信号；在故障状态下，使任一非故障部位的探测器发出火灾报警信号，控制器应在 1min 内发出火灾报警信号，并应记录火灾报警时间。 （2）使控制器与备用电源之间的连线断路和短路，控制器应在 **100s 内**发出故障信号。 （3）使任一总线回路上**不少于 10 只**的火灾探测器同时处于火灾报警状态，检查控制器的负载功能
	点型感烟、感温火灾探测器	采用专用的检测仪器或采用模拟火灾的方法，逐个检查每只火灾探测器的报警功能，探测器应能发出火灾报警信号
	管路采样吸气式感烟火灾探测器	逐一在采样管最末端（最不利处）采样孔加入试验烟，采用秒表测量探测器的报警响应时间，探测器或其控制装置应在 **120s 内**发出火灾报警信号。采用秒表测量探测器的报警响应时间，探测器或其控制装置应在 **100s 内**发出故障信号
	点型火焰探测器和图像型火灾探测器	采用专用检测仪器或模拟火灾的方法逐一在探测器监视区域内**最不利处**检查探测器的报警功能，探测器应能正确响应
	手动火灾报警按钮	对可恢复的手动火灾报警按钮，施加适当的推力使报警按钮动作，报警按钮应发出火灾报警信号。对不可恢复的手动火灾报警按钮应采用模拟动作的方法使报警按钮动作（当有备用启动零件时，可抽样进行动作试验），报警按钮应发出火灾报警信号
	消防联动控制器	（1）当消防联动控制器与各模块之间的连线断路和短路时，消防联动控制器应能在 **100s 内**发出故障信号； （2）当消防联动控制器与备用电源之间的连线断路和短路时，消防联动控制器应能在 **100s 内**发出故障信号； （3）使**至少 50 个**输入 / 输出模块同时处于动作状态（模块总数**少于 50 个时**，使所有模块动作），检查消防联动控制器的最大负载功能
	区域显示器（火灾显示盘）	区域显示器（火灾显示盘）应在 **3s 内**正确接收和显示火灾报警控制器发出的火灾报警信号
	消防应急广播控制设备	使消防应急广播控制设备与扬声器间的广播信息传输线路断路、短路，消防应急广播控制设备应在 **100s 内**发出故障信号，并显示出故障部位
	火灾声光警报器	操作火灾报警控制器使火灾声光警报器启动，采用仪表测量其声压级，非住宅内使用室内型和室外型火灾声警报器的声信号至少在一个方向上 **3m 处**的声压级（A 计权）应≥ 75dB 且在任意方向上 **3m 处**的声压（A 计权）不应＞ 120dB。具有两种及以上不同音调的火灾声警报器，其每种音调应有明显区别。火灾光警报器的光信号在 100~500lx 环境光线下，**25m 处**应清晰可见
	传输设备	切断传输设备与监控中心间的通信线路（或信道），传输设备应在 100s 内发出故障信号
	消防控制室图形显示装置	使消防控制室图形显示装置与控制器及其他消防设备（设施）之间的通信线路断路、短路，消防控制室图形显示装置应在 **100s 内**发出故障信号

续表

考　点		内　容
系统调试要求	气体（泡沫）灭火控制器	（1）使气体（泡沫）灭火控制器与声光报警器、驱动部件、现场启动和停止接键（按钮）之间的连接线断路、短路，气体（泡沫）灭火控制器应在 **100s 内**发出故障信号； （2）使气体（泡沫）灭火控制器与备用电源之间的连线断路、短路，气体（泡沫）灭火控制器应能在 **100s 内**发出故障信号； （3）输入启动模拟反馈信号，控制器应在 **10s 内**接收并显示
	防火卷帘控制器	用于疏散通道的防火卷帘控制器应具有两步关闭的功能，并应向消防联动控制器发出反馈信号。防火卷帘控制器接收到**首次**火灾报警信号后，应能控制防火卷帘自动下降至距楼板面 **1.8m 处**；接收到二次报警信号后，应能控制防火卷帘继续下降至楼板面
	防火门监控器	（1）使火灾报警控制器发出火灾报警信号，监控器应能接收来自火灾自动报警系统的火灾报警信号，并在 **30s 内**向释放器发出启动信号，点亮启动总指示灯，接收释放器（或门磁开关）的反馈信号； （2）检查防火门监控器的故障状态总指示灯，使防火门处于半开闭状态，该指示灯应点亮并发出声光报警信号，采用仪表测量声信号的声压级（正前方 1m 处），应为 **65~85dB**，故障声信号每分钟至少提示 **1 次**，每次持续时间应为 **1~3s**
	系统备用电源	使各备用电源放电终止，再充电 **48h** 后断开设备主电源，备用电源至少应保证设备工作 **8h**，且应满足相应的标准及设计求
	消防设备应急电源	（1）手动启动应急电源输出，应急电源的主电源和备用电源应不能同时输出，且应在 **5s 内**完成应急转换。 （2）给具有联动自动控制功能的应急电源输入联动启动信号，应急电源应在 5s 内转入到应急工作状态，且主电源和备用电源、应不能同时输出；输入联动停止信号，应急电源应恢复到主电源工作状态。 （3）将应急电源接上等效于满负载的模拟负载，使其处于应急工作状态，应急工作时间应大于设计应急工作时间的 **1.5 倍**，且不小于产品标称的应急工作时间。 （4）使应急电源充电回路与电池之间、电池与电池之间连线断线，应急电源应在 **100s 内**发出声光故障信号，声故障信号应能手动消除
	可燃气体报警控制器	（1）控制器与探测器之间的连线断路和短路时，控制器应在 **100s 内**发出故障信号。 （2）在故障状态下，使任一非故障探测器发出报警信号，控制器应在 **60s 内**发出报警信号，并应记录报警时间；再使其他探测器发出报警信号，检查控制器的再次报警功能。 （3）控制器与备用电源之间的连线断路和短路时，控制器应在 **100s 内**发出故障信号。 （4）控制器最大负载功能，使**至少 4 只**可燃气体探测器同时处于报警状态
	可燃气体探测器	依次逐个对探测器施加达到响应浓度值的可燃气体标准样气，采用秒表测量、观察方法检查探测器的报警功能，探测器应在 **30s 内**响应；撤去可燃气体，探测器应在 60s 内恢复到正常监视状态。对于线型可燃气体探测器除按要求检查报警功能外，还应将发射器发出的光全部遮挡，采用秒表测量、观察方法检查探测器的故障报警功能，探测器相应的控制装置应在 100s 内发出故障信号
	电气火灾监控器	使监控器与探测器之间的连线断路和短路，监控器应在 **100s 内**发出故障信号；在故障状态下，使任一非故障部位的探测器发出报警信号，控制器应在 **60s 内**发出报警信号

【强化练习】

【单选题】

1.（2017 年真题）某消防设施检测机构对建筑内火灾自动报警系统进行检测时，对手动火灾报警按日进行检查。根据现行国家消防技术标准，关于手动火灾报警按钮安装的说法中，正确的是（　）。

A. 墙上手动火灾报警按钮的底边距离楼面高度应为 1.5m

B. 手动火灾报警按钮的连接导线的余量不应＜ 150mm

C. 墙上手动火灾报警按钮的底边距离楼面高度应为 1.7m

D. 手动火灾报警按钮的连接导线的余量不应＞ 100mm

【正确答案】B

【解析】手动火灾报警按钮的安装要求：（1）手动火灾报警按钮应安装在明显和便于操作的部位。当安装在墙上时，其底边距地（楼）面高度宜为 1.3 ～ 1.5m。手动火灾报警按钮应安装牢固，不应倾斜。（2）手动火灾报警按钮的连接导线，应留有不小于 150mm 的余量，且在其端部应有明显标志。

2.（2016 年真题）某建筑物内的火灾自动报警系统施工结束后，调试人员对通过管路采样的吸气式火灾探测器进行调试，以下调试方法和结果中，不符合现行国家消防技术标准要求的是（　）。

A. 在其中一根采样管最末端（最不利处）采样孔加入实验烟，控制器在 120s 内发出火灾报警信号

B. 断开其中一根探测器的采样管路，控制器在 100s 内发出故障信号

C. 断开其中一根探测器的采样管路，控制器在 120s 内发出故障信号

D. 在其中一根采样管最末端（最不利处）采样孔加入实验烟，控制器在 100s 内发出火灾报警信号

【正确答案】C

【解析】《火灾自动报警系统施工及验收规范》中说明，在其中一根采集管最末端（最不利处）采样孔加入试验烟，控制器或其控制装置应在 120s 内发出火灾报警信号。A、D 选项符合要求。根据产品说明书，改变探测器的采样管路气流，使探测器处于故障状态，采用秒表测量探测器的报警响应时间，探测器或其控制装置应在 100s 内发出故障信号。断开其中一根探测器的采样管路，控制器在 100s 内发出故障信号；C 选项错误，B 选项正确。

第八节　系统检测与维护

<table>
<tr><th>考　点</th><th colspan="2">内　容</th></tr>
<tr><td rowspan="12">系统设备检测数量要求</td><td colspan="2">1. 各类消防用电设备主、备用电源的自动转换装置，应进行 3 次转换试验，每次试验均应正常</td></tr>
<tr><td colspan="2">2. 消防联动控制系统中其他各种用电设备、区域显示器应按下列要求进行功能检验：
（1）实际安装数量在 5 台以下者，全部检验；
（2）实际安装数量在 6~10 台者，抽验 5 台；
（3）实际安装数量超过 10 台者，按实际安装数量 30% ～ 50% 的比例抽验，但抽验总数不应少于 5 台</td></tr>
<tr><td colspan="2">3. 火灾探测器（含可燃气体探测器和电气火灾监控探测器）和手动火灾报警按钮，应按下列要求进行模拟火灾响应（可燃气体报警、电气故障报警）和故障信号检验：
（1）实际安装数量在 100 只以下者，抽验 20 只（每个回路都应抽验）；
（2）实际安装数量超过 100 只，每个回路按实际安装数 10% ～ 20% 的比例抽验，但抽验总数不少于 20 只</td></tr>
<tr><td colspan="2">4. 室内消火栓，抽验下列控制功能：
（1）在消防控制室内操作启、停泵 1 ～ 3 次；
（2）在消火栓处操作消火栓启动按钮，按实际安装数量 5% ～ 10% 的比例抽验</td></tr>
<tr><td colspan="2">5. 自动喷水灭火系统，抽验下列控制功能：
（1）在消防控制室内操作启、停泵 1 ～ 3 次；
（2）水流指示器、信号阀等按实际安装数量的 30% ～ 50% 的比例抽验；
（3）压力开关、电动阀、电磁阀等按实际安装数量全部进行检验</td></tr>
<tr><td colspan="2">6. 气体、泡沫、干粉等灭火系统，按安装数量的 20% ～ 30% 的比例抽验下列控制功能:
（1）自动、手动启动和紧急切断试验 1 ～ 3 次；
（2）与固定灭火设备联动控制的其他设备动作（包括关闭防火门窗、停止空调风机、关闭防火阀等）试验 1 ～ 3 次</td></tr>
<tr><td colspan="2">7. 电动防火门、防火卷帘，5 樘以下应全部检验，超过 5 樘的应按实际安装数量 20% 的比例抽验，但抽验总数不应小于 5 樘，并抽验联动控制功能</td></tr>
<tr><td colspan="2">8. 防烟排烟风机应全部检验，通风空调和防排烟设备的阀门应按实际安装数量 10% ～ 20% 的比例抽验，并抽验联动功能：
（1）报警联动启动、消防控制室直接启停、现场手动启动联动防烟排烟风机 1 ～ 3 次；
（2）报警联动停止、消防控制室远程停止通风空调送风 1 ～ 3 次；
（3）报警联动开启、消防控制室开启、现场手动开启防排烟阀门 1 ～ 3 次</td></tr>
<tr><td colspan="2">9. 消防电梯应进行 1 ～ 2 次联动返回首层功能检验，其控制功能、信号均应正常</td></tr>
<tr><td colspan="2">10. 消防应急广播设备应按实际安装数量的 10% ～ 20% 的比例抽验</td></tr>
<tr><td colspan="2">11. 消防专用电话的检验，应符合下列要求：
（1）消防控制室与所设的消防专用电话分机进行 1 ～ 3 次通话试验；
（2）电话插孔按实际安装数量 10% ～ 20% 的比例进行通话试验；
（3）消防控制室的外线电话与另一部外线电话进行 1 ～ 3 次模拟报警电话通话试验</td></tr>
<tr><td colspan="2">12. 消防应急照明和疏散指示系统控制装置应进行 1 ～ 3 次使系统转入应急状态检验，系统中各消防应急照明灯具均应能转入应急状态</td></tr>
<tr><td rowspan="4">系统工程质量检测判定标准</td><td>A 类不合格</td><td>系统内的设备及配件型号、规格与设计不符，无国家相关证书和检验报告的；系统内的任一控制器和火灾探测器无法发出报警信号，无法实现要求的联动功能的</td></tr>
<tr><td>B 类不合格</td><td>检测前提供的资料不符合相关要求的</td></tr>
<tr><td>C 类不合格</td><td>其余不合格项</td></tr>
<tr><td>判定标准</td><td>A=0，且 B ≤ 2，且 B + C ≤检查项的 5% 为合格，否则为不合格</td></tr>
</table>

续表

考 点	内 容	
系统维护管理	季度检查	1. 采用专用检测仪器分期分批试验探测器的动作及确认灯显示
		2. 试验火灾警报器的声光显示
		3. 试验水流指示器、压力开关等报警功能、信号显示
		4. 对主电源和备用电源进行 1 ~ 3 次自动切换试验
		5. 用自动或手动检查下列消防控制设备的控制显示功能： （1）室内消火栓、自动喷水、泡沫、气体、干粉等灭火系统的控制设备； （2）抽验电动防火门、防火卷帘门，数量不小于总数的 25%； （3）选层试验消防应急广播设备，并试验公共广播强制转入火灾应急广播的功能，抽检数量不小于总数的 25% （4）消防应急照明与疏散指示标志的控制装置 （5）送风机、排烟机和自动挡烟垂壁的控制设备
		6. 消防电梯迫降功能
		7. 应抽取不小于总数 25% 的消防电话和电话插孔在消防控制室进行对讲通话试验
	年度检查	（1）应用专用检测仪器对所安装的全部探测器和手动报警装置试验至少 1 次； （2）自动和手动打开排烟阀，关闭电动防火阀和空调系统； （3）对全部电动防火门、防火卷帘的试验至少 1 次； （4）强制切断非消防电源功能试验； （5）对其他有关的消防控制装置进行功能试验
	系统检测与维修	产品使用说明书没有明确要求的，应每 2 年清洗或标定 1 次。不同类型的探测器应有 10% 且不少于 50 只的备品

【强化练习】

【多选题】

1.（**2017 年真题**）根据现行国家标准《火灾自动报警系统施工及验收规范》（GB 50166），下列火灾自动报警系统的功能中，应每季度进行检查和试验的有（　）。

A. 分期分批试验探测器的动作及确认灯显示功能

B. 试验火灾警报装置的声光显示功能

C. 试验主、备电源自动切换功能

D. 试验非消防电源强制切断功能

E. 试验相关消防控制设备的控制显示功能

【正确答案】ABCE

【解析】火灾自动报警系统季度检查要求：（1）采用专用检测仪器分期分批试验探测器的动作及确认灯显示。（2）试验火灾警报器的声光显示。（3）试验水流指示器、压力开关等报警功能、信号显示。（4）对主电源和备用电源进行 1~3 次自动切换试验。（5）用自动或手动检查消防控制设备的控制显示功能。

选项 D 属于年度检查要求，其余均为季度检查要求。

第十五章　城市消防远程监控系统

第一节　系统组成

考　点	内　容	
系统组成	由用户信息传输装置、报警传输网络、监控中心以及火警信息终端等几部分组成。监控中心的主要设备包括报警受理系统、信息查询系统、用户服务系统，同时还包括通信服务器、数据库服务器、网络设备、电源设备等	
系统分类	分类标准	分　类
	信息传输方式	有线、无线、有线 / 无线兼容
	报警传输网络形式	基于公用通信网、基于专用通信网、基于公用 / 专用兼容通信网

【强化练习】

【单选题】

1.（2017 年真题）城市消防远程监控系统不包括（　）。

A. 用户信息传输装置　　B. 报警传输网络

C. 火警信息终端　　D. 火灾报警控制器

【正确答案】D

【解析】城市消防远程监控系统由用户信息传输装置、报警传输网络、监控中心以及火警信息终端等几部分组成。

第二节　系统设计

考　点	内　容
设计原则	实时性、适用性、安全性、可扩展性
主要性能要求	（1）监控中心能同时接收和处理不少于 3 个联网用户的火灾报警信息； （2）从用户信息传输装置获取火灾报警信息到监控中心接收显示的响应时间 ≤ 20s； （3）监控中心向城市消防通信指挥中心或其他接处警中心转发经确认的火灾报警信息的时间 ≤ 3s； （4）监控中心与用户信息传输装置之间的通信巡检周期 ≤ 2h，并能够动态设置巡检方式和时间； （5）监控中心的火灾报警信息、建筑消防设施运行状态信息等记录应进行备份，其保存周期不少于 1 年； （6）信息按年度进行统计处理后，保存至光盘、磁带等储存介质上； （7）录音文件的保存周期不少于 6 个月； （8）远程监控系统进行统一的时钟管理，累计误差 ≤ 5s

续表

考　点	内　容
信息传输要求	日常防火巡查信息和消防设施定期检查信息应在检查完毕后的**当日**内发送至监控中心，其他发生变化的消防安全管理信息应在**3日内**发送至监控中心
系统设置与设备配置	城市消防远程监控系统的设置，地级及以上城市应设置**一个或多个**远程监控系统，并且单个远程监控系统的联网用户数量**不宜多于5000个**。县级城市宜设置远程监控系统，或与地级及以上城市远程监控系统合用。监控中心设置在耐火等级为**一、二级**的建筑中，且宜设置在比较安全的位置；监控中心不能布置在电磁场干扰较强处或其他影响监控中心正常工作的设备用房周围
系统的电源要求	监控中心的电源应按所在建筑物的**最高负荷等级**配置，且不低于**二级负荷**，并应保证不间断供电。备用电源的电池容量应能保证传输装置在正常监视状态下工作**不少于8h**
系统的主要设备	包括用户信息传输装置、报警受理系统、信息查询系统、用户服务系统、火警信息终端、通信服务器和数据库服务器等

【强化练习】

【单选题】

1.（**2018年真题**）下列关于城市消防远程监控系统设计正确的是（　）。

A. 城市消防远程监控系统应能同时接收和处理不少于3个联网用户的火灾报警信息

B. 城市消防远程监控系统向城市消防通信指挥中心或其他接处警中心转发经确认的火灾报警信息的时间不应＞5s

C. 城市消防远程监控系统的火灾报警信息、建筑消防设施运行状态信息等记录应备份，其保存周期不应少于6个月

D. 城市消防远程监控系统录音文件的保存周期不应少于3个月

【正确答案】A

【解析】监控中心能同时接收和处理不少于3个联网用户的火灾报警信息；监控中心向城市消防通信指挥中心或其他接处警中心转发经确认的火灾报警信息的时间≤3s；监控中心的火灾报警信息、建筑消防设施运行状态信息等记录应进行备份，其保存周期不少于1年；录音文件的保存周期不少于6个月；远程监控系统进行统一的时钟管理，累计误差≤5s。

第三节　系统安装与调试

考　点	内　容
组件安装	用户信息传输装置在墙上安装时，其底边距地（楼）面高度宜为1.3~1.5m，其靠近门轴的侧面距墙不应小于0.5m，正面操作距离不应＜1.2m；落地安装时，其底边宜高出地（楼）面0.1~0.2m
系统接地检查	在城市消防远程监控系统中的各设备金属外壳设置接地保护，其接地线应与电气保护接地干线（PE线）相连接
系统调试	（1）系统在各项功能调试后进行试运行，试运行时间不少于1个月； （2）系统调试按安装地点不同分为联网用户端、监控中心端、消防通信指挥中心端三部分； （3）手动报警功能，用户信息传输装置应能在10s内将手动报警信息传送至监控中心。传输期间，应发出手动报警状态光信号，该光信号应在信息传输成功后至少保持5min； （4）模拟火灾报警，检查用户信息传输装置接收火灾报警信息的完整性，用户信息传输装置应在10s内将信息传输至监控中心。该光信号应在火灾报警信息传输成功或火灾自动报警系统复位后至少保持5min； （5）模拟与监控中心间的报警传输网络故障，传输装置应在100s内发出故障信号； （6）使传输装置与备用电源之间的连线断路和短路，传输装置应在100s内发出故障信号

第四节　系统检测与维护

考　点	内　容
概述	城市消防远程监控系统竣工后，由**建设单位**负责组织相关单位进行工程检测，选择测试联网用户数量为5~10个，检测不合格的工程不得投入使用
用户信息传输装置使用与检查	（1）**每日**进行**1次**自检功能检查； （2）由火灾自动报警系统等建筑消防设施模拟生成火警，进行火灾报警信息发送试验，**每个月**试验次数不应少于**2次**
通信服务器软件使用与检查	（1）与监控中心报警受理系统的通信测试为1次/日； （2）与设置在城市消防通信指挥中心或其他接处警中心的火警信息终端之间的通信测试为1次/日； （3）与报警受理系统、火警信息终端、用户信息传输装置等其他终端之间时钟检查1次/日； （4）**每月**检查系统数据库使用情况，必要时对硬盘进行扩充； （5）**每月**进行通信服务器软件运行日志整理
报警受理系统、火警信息终端软件使用与检查	（1）与通信服务器软件的通信测试为1次/日； （2）与通信服务器软件时钟检查为1次/日； （3）**每月**进行报警受理系统软件运行日志整理
信息查询系统、用户服务系统软件使用与检查	（1）与监控中心的通信测试为1次/日； （2）与监控中心的时钟检查为1次/日； （3）**每月**进行信息查询系统软件运行日志整理

续表

考　点	内　容	
年度检查与维护	每半年	（1）对用户信息传输装置的主电源和备用电源进行切换试验，试验次数不少于 1 次； （2）检查录音文件的保存情况，必要时清理保存周期超过 6 个月的录音文件； （3）对通信服务器、报警受理系统、信息查询系统、用户服务系统、火警信息终端等组件进行检查、测试
	每年	（1）检查系统运行及维护记录等文件是否完备； （2）检查系统网络安全性； （3）检查监控系统日志并进行整理备份； （4）检查数据库使用情况，必要时对硬盘存储记录进行整理； （5）对监控中心的火灾报警信息、建筑消防设施运行状态信息等记录进行备份，必要时**清理保存周期超过 1 年**的备份信息

【强化练习】

【单选题】

1. 在城市消防远程监控系统中，通信服务器软件与监控中心报警受理系统的通信测试要求为（　）。

A. 1 次 / 日　　B. 2 次 / 日

C. 1 次 / 周　　D. 2 次 / 周

【正确答案】A

【解析】通信服务器软件与监控中心报警受理系统的通信测试要求为 1 次 / 日。因此，本题正确答案为 A。